工业和信息化普通高等教育"十三五"规划教材立项项目

普通高等学校计算机教育"十三五"规划教材

大学计算机基础教程

A Coursebook on Fundamentals of Computer

朱建芳 主编

沈明 李新燕 蒋翔 副主编

U0300163

人民邮电出版社

北 京

图书在版编目（CIP）数据

大学计算机基础教程 / 朱建芳主编. -- 北京：人
民邮电出版社，2018.9（2020.9重印）
普通高等学校计算机教育"十三五"规划教材
ISBN 978-7-115-48811-4

Ⅰ．①大… Ⅱ．①朱… Ⅲ．①电子计算机－高等学校
－教材 Ⅳ．①TP3

中国版本图书馆CIP数据核字(2018)第203178号

内 容 提 要

　　本书根据高校非计算机专业计算机基础教学改革的需要，结合多所高校近年来大学计算机基础
课程教学改革实践经验编写而成。全书共分 7 章，分别为计算机基础知识、Windows 7 操作系统、
文字处理软件 Word 2010、电子表格处理软件 Excel 2010、演示文稿软件 PowerPoint 2010、计算机网
络和信息检索、计算机新技术简介。

　　本书可作为高校非计算机专业计算机基础教育课程的教材或教学参考用书，也可供准备参加全
国计算机等级考试（一级）的人员或计算机初学者自学使用。

◆ 主　　编　朱建芳
　　副主编　沈　明　李新燕　蒋　翔
　　责任编辑　张　斌
　　责任印制　彭志环

◆ 人民邮电出版社出版发行　　北京市丰台区成寿寺路 11 号
　　邮编　100164　　电子邮件　315@ptpress.com.cn
　　网址　http://www.ptpress.com.cn
　　涿州市京南印刷厂印刷

◆ 开本：787×1092　1/16
　　印张：20　　　　　　　　　　　2018 年 9 月第 1 版
　　字数：538 千字　　　　　　　　2020 年 9 月河北第 4 次印刷

定价：55.00 元
读者服务热线：(010)81055256　印装质量热线：(010)81055316
反盗版热线：(010)81055315

计算机与信息技术应用已深入各个领域，并引发了深刻的社会变革。互联网、云计算、大数据、物联网、人工智能等计算机新技术的快速发展和广泛运用，已颠覆了传统产业结构模式，促进了产业之间的融合以及许多新兴产业的兴起，这些变化以惊人的速度改变着人们的工作方式、学习方式、思维方式、交往方式及生活方式。因此，计算机基础教育应面向全社会，同时应与时俱进，紧跟计算机与信息科技发展的前沿。

"大学计算机基础"是高校非计算机专业一门重要的计算机公共基础课程。目前，我国绝大多数地区在中小学阶段已基本普及计算机与信息技术基础教育，但程度差异很大，这种情况造成大学生入校时计算机水平参差不齐。为了更好地因材施教，同时把当今计算机与信息技术的最新发展成果写进教材，我们根据教育部高等学校计算机基础课程教学指导委员会提出的《关于进一步加强高校计算机基础教学的意见》中有关"大学计算机基础"课程教学的要求，结合多所高校近年来大学计算机基础课程教学改革实践经验，编写了本书。

本书内容新颖，突出对学生应用能力的培养，反映了计算机与信息技术的最新成果，兼顾实用性和前沿性。本书以丰富的案例讲解计算机与信息技术的应用，条理清晰，图文并茂，并针对重要知识点和难点，配套了辅助视频，读者可以通过手机扫描知识点对应的二维码，随时随地自主学习。本书在介绍计算机基础知识、Windows 7 操作系统、Microsoft Office 2010、计算机网络应用基础的同时，还介绍了云计算、大数据、物联网、人工智能等计算机相关技术最新发展动态。本课程建议教学时数为 36～72 学时。本书所有案例资源，均可在人邮教育社区（www.ryjiaoyu.com）下载。

本书由广州航海学院朱建芳任主编，沈明、李新燕、蒋翔任副主编，朱建芳负责全书的统稿和定稿，其中，第 1、2、7 章由朱建芳编写，第 3 章由李新燕编写，第 4 章由沈明编写，第 5 章由蒋翔编写，第 6 章由原峰山、沈明、朱建芳共同编写。

由于编者水平有限，书中难免有疏漏和不妥之处，恳请读者和专家批评指正。

编者

2018 年 6 月

目录 CONTENTS

第1章　计算机基础知识 ··········· 1

任务一　计算机概述 ················· 1
1. 计算机的发展历程 ·············· 2
2. 未来计算机的发展趋势 ········ 3
3. 计算机的特点 ··················· 6
4. 计算机在各个领域的应用 ····· 6
5. 计算机系统组成 ················ 7
6. 计算机的工作原理 ············· 10

任务二　计算机中的数制和信息编码 ······ 10
1. 数制的概念 ···················· 10
2. 计算机常用数制及其标识 ···· 11
3. 不同数制间的转换 ············ 11
4. 计算机中的信息编码 ········· 14
5. 计算机中的数据单位 ········· 16

任务三　个人计算机 ·············· 17
1. 个人计算机的硬件组成 ······ 17
2. 个人计算机的主要性能指标 ···· 20

任务四　键盘和鼠标的操作使用 ········· 20
1. 键盘的操作使用 ··············· 20
2. 鼠标的操作使用 ··············· 22

任务五　中文输入法简介 ········· 23
1. 区位码输入法 ·················· 23
2. 拼音输入法 ···················· 24

任务六　计算机信息安全 ········· 26
1. 计算机病毒与防治 ············ 26
2. 网络黑客与防范 ··············· 27

任务七　多媒体技术基础 ········· 28
1. 多媒体技术概述 ··············· 28
2. 多媒体技术的应用 ············ 29
3. 多媒体计算机的硬件组成 ···· 30

任务八　数据库技术基础 ········· 30
1. 数据库的基本概念 ············ 30
2. 数据库系统的特点 ············ 32
3. 常用的数据库管理系统 ······ 33

任务九　程序设计基础 ············ 33
1. 程序设计语言 ·················· 33
2. 数据结构与算法 ··············· 34
3. 结构化程序设计方法 ········· 39
4. 程序设计的基本步骤 ········· 42

思考与习题 ························· 43

第2章　Windows 7 操作系统 ················· 45

任务一　认识 Windows 7 操作系统 ······· 45
1. Windows 7 系统的特性 ······· 45
2. Windows 操作系统的基本概念 ···· 46

任务二　管理桌面 ················· 47
1. 桌面组成 ······················· 47
2. 个性化桌面 ···················· 48

任务三　窗口的组成与操作 ········· 53
1. 窗口的组成 ···················· 54
2. 窗口的操作使用 ··············· 54
3. 对话框的操作使用 ············ 55

任务四　"开始"菜单的操作使用 ········· 56
1. 程序列表的操作使用 ········· 56
2. 搜索框的操作使用 ············ 56
3. 常用对象列表的操作使用 ···· 56

任务五　安装或删除硬件和软件 ········· 57
1. 添加新硬件 ···················· 57
2. 安装和使用打印机 ············ 57
3. 安装或删除软件 ··············· 59

任务六　文件和文件夹管理 ········· 60
1. 认识文件和文件夹 ············ 60
2. 管理文件和文件夹 ············ 60

3. 库的操作使用 ……………… 68
4. 创建或删除快捷方式 ……… 69
5. 压缩和解压缩文件 ………… 70

任务七 优化计算机性能 ………… **71**
1. 清理磁盘和整理磁盘碎片 … 71
2. 使用 Windows 优化大师 … 72
3. 使用 360 安全卫士 ………… 73

任务八 Windows 7 附件工具软件的
使用 …………………………… **73**
1. 记事本 ………………………… 73
2. 画图 …………………………… 74
3. 截图工具 ……………………… 75
4. 写字板 ………………………… 75

思考与习题 ……………………………… **76**

第3章 文字处理软件
Word 2010 ………… 79

任务一 认识 Word 2010 ………… **79**
1. 启动 Word 2010 …………… 79
2. Word 2010 的窗口组成 …… 80
3. 退出 Word 2010 …………… 83
4. 新建文档 ……………………… 84
5. 使用模板建立固定格式的文档 … 84
6. 保存文档 ……………………… 86
7. 打开已有文档 ………………… 87

任务二 文档的输入与编辑 ……… **89**
1. 输入普通字符 ………………… 89
2. 输入标点符号 ………………… 89
3. 插入操作 ……………………… 89
4. 选定文本 ……………………… 91
5. 文本的删除、移动和复制 …… 92
6. 输入项目符号和编号 ………… 93
7. 查找与替换 …………………… 94
8. 撤销与恢复 …………………… 95

任务三 文档的格式化与排版 …… **97**
1. 字符格式化 …………………… 97
2. 段落格式化 …………………… 99

3. 底纹与边框格式设置 ……… 101
4. 首字（悬挂）下沉操作 …… 103
5. 使用"样式"格式化文档 … 103
6. 页面格式化 ………………… 105
7. 分页控制和分节控制 ……… 108
8. 分栏操作 …………………… 110

任务四 在文档中插入多种元素 … **113**
1. 插入文本框 ………………… 113
2. 插入图片 …………………… 114
3. 插入绘制图形 ……………… 118
4. 插入艺术字 ………………… 121
5. 插入 SmartArt 图形 ……… 122
6. 插入公式 …………………… 124
7. 插入书签 …………………… 125
8. 插入超链接 ………………… 126
9. 插入表格和图表 …………… 127

任务五 Word 2010 的其他功能 … **141**
1. 自动更正和自动图文集 …… 141
2. 邮件合并 …………………… 143
3. 目录与索引 ………………… 146
4. 脚注和尾注 ………………… 149
5. 修订的使用 ………………… 151
6. 宏的使用 …………………… 154

思考与习题 …………………………… **156**

第4章 电子表格处理软件
Excel 2010 ………… 162

任务一 认识 Excel 2010 ………… **162**
1. 认识 Excel 2010 的工作界面 …… 162
2. 工作簿、工作表、单元格和单元格
区域 ………………………… 164
3. 工作簿的基本操作 ………… 165
4. 工作表的基本操作 ………… 167
5. 单元格的基本操作 ………… 169
6. 查找与替换 ………………… 172
7. Excel 的自动保存功能 …… 173
8. 工作簿的保护设置与取消 …… 174

任务二　工作表的数据输入 ·············175
　1.　输入单元格的数据 ···············175
　2.　编辑单元格中的数据 ···········176
　3.　快速输入数据 ···················176
　4.　数据格式的设置 ···············181
　5.　公式的输入 ·····················183
　6.　函数的输入 ·····················185
　7.　在公式和函数中引用单元格 ···187
　8.　在公式中使用名称 ·············189
　9.　获取外部数据 ···················191
任务三　工作表的格式化 ···············192
　1.　工作表的格式设置 ·············192
　2.　工作表行高和列宽设置 ·······197
　3.　条件格式设置 ···················197
　4.　单元格样式设置 ···············198
任务四　函数的使用 ·····················199
　1.　常用函数 ·························199
　2.　逻辑函数 ·························202
　3.　财务函数 ·························204
　4.　日期和时间函数 ···············206
　5.　数据库函数 ·····················207
任务五　数据统计与分析 ···············210
　1.　数据的排序 ·····················210
　2.　数据的筛选 ·····················213
　3.　数据的分类汇总 ···············217
　4.　数据透视表 ·····················219
　5.　切片器 ···························223
任务六　图表的应用 ·····················224
　1.　图表的建立、类型及组成元素 ···225
　2.　图表的编辑与格式化 ·········227
　3.　迷你图 ···························233
思考与习题 ·······························234

第5章　演示文稿软件
　　　　PowerPoint
　　　　2010 ·················239

任务一　PowerPoint 2010 的基本
　　　　概念 ·················239

　1.　PowerPoint 2010 的工作窗口 ·······240
　2.　视图方式 ·························240
　3.　幻灯片版式与占位符 ···········241
　4.　演示文稿打印 ···················242
任务二　PowerPoint 2010 的基本
　　　　操作 ·················242
　1.　新建演示文稿 ···················242
　2.　保存演示文稿 ···················243
　3.　页面设置 ·························244
　4.　演示文稿布局 ···················244
　5.　为幻灯片添加内容 ·············245
任务三　演示文稿的设计与制作 ·········250
　1.　设置背景 ·························250
　2.　设计母版 ·························251
　3.　应用文档主题 ···················251
　4.　设置动画效果 ···················252
　5.　交互式演示文稿与插入动作按钮 ···255
　6.　设置幻灯片的切换效果 ·········258
任务四　演示文稿的放映 ···············258
　1.　设置放映方式 ···················258
　2.　自定义放映方式 ···············259
　3.　设置放映时间 ···················259
任务五　演示文稿的打印和打包 ·········261
　1.　打印演示文稿 ···················261
　2.　打包演示文稿 ···················262
思考与习题 ·······························262

第6章　计算机网络和信息
　　　　检索 ·················265

任务一　计算机网络基础 ···············265
　1.　计算机网络的概念 ·············265
　2.　计算机网络的分类 ·············266
　3.　无线计算机网络 ···············266
　4.　Internet 简介 ···················267
　5.　Internet 的基本概念 ···········267
任务二　信息检索基础 ···················271
　1.　信息检索概述 ···················271

2. 信息时代与大学生信息素养要求……272

任务三　Internet 接入 ……………………272
　1. Internet 接入方式 ……………………272
　2. 接入 Internet 的网络设备 …………273
　3. ADSL 接入操作 ……………………273
　4. 多用户共享宽带上网 …………………276

任务四　Internet 浏览与信息检索 ………280
　1. 使用 Internet 浏览信息 ……………280
　2. 使用 Internet 检索信息 ……………283

任务五　文件的下载与上传……………284
　1. 文件下载方式 …………………………284
　2. 使用迅雷下载文件 …………………286
　3. 使用 FTP 上传文件 ………………287

任务六　即时通信与网络交流 …………290
　1. 电子邮件 ………………………………290
　2. 腾讯 QQ ………………………………292
　3. 博客 ……………………………………296
　4. 微博 ……………………………………296
　5. 微信 ……………………………………298

思考与习题 ………………………………301

第 7 章　计算机新技术简介 ……303

任务一　云计算 …………………………303
　1. 云计算的基本概念 …………………303
　2. 云计算的基本形式 …………………304
　3. 云计算的基本特性 …………………304

任务二　大数据 …………………………305
　1. 大数据的基本概念 …………………305
　2. 大数据的特征 ………………………305
　3. 大数据的相关技术 …………………305
　4. 大数据与云计算 ……………………306

任务三　物联网 …………………………307
　1. 物联网的基本概念 …………………307
　2. 物联网的相关技术 …………………307
　3. 物联网的用途 ………………………308
　4. 物联网的发展 ………………………308

任务四　人工智能 ………………………308
　1. 人工智能的基本概念 ………………308
　2. 人工智能研究的基本内容 …………309
　3. 人工智能的主要研究领域 …………310

思考与习题 ………………………………311

参考文献 …………………………… 312

第1章　计算机基础知识

内容概述

在当今信息时代，计算机应用技术已广泛应用于社会的各个领域，各行各业对大学毕业生计算机应用能力和信息素养的要求越来越高。本章主要介绍计算机的发展与应用、计算机系统的组成、计算机中信息表示、个人计算机性能指标、键盘使用方法、汉字基本输入方法、计算机信息安全，以及多媒体技术、数据库技术和程序设计的基本知识，让学生了解和掌握计算机的基础知识，为今后进一步学习应用计算机技术做好准备。

学习目标

- 了解计算机的发展与应用。
- 掌握计算机系统的组成和工作原理。
- 掌握计算机中信息的表示和数制之间的转换方法。
- 掌握个人计算机的硬件组成和主要性能指标。
- 掌握键盘的使用方法和汉字的基本输入方法。
- 掌握计算机信息安全的基本知识。
- 了解多媒体技术、数据库技术和程序设计的基本知识。

任务一　计算机概述

计算机（Computer）是能够自动、高速处理海量数据的现代化智能电子设备。它能够把程序和输入的数据存放在存储器中，按照程序设定的步骤，对数据进行加工处理、存储或传送并获得输出信息，部分地代替人的脑力劳动，所以计算机也被称为电脑。

自 20 世纪 40 年代人类发明了第一台计算机之后，计算机技术以强大的生命力飞速发展，对人类的生产活动和社会活动产生了极其重要的影响。经过 70 多年的发展，计算机的应用领域从最初的军事、科研领域扩展到社会的各个领域，已形成了规模巨大的计算机产业，带动了全球的技术进步，引发了深刻的社会变革。计算机及其应用技术已经成为当今信息社会中人们工作、学习和生活必不可少的工具。因此，计算机基础知识、基本原理、基本操作和利用计算机解决实际问题的方法是当代大学生需要掌握的最基本的知识和能力。

1. 计算机的发展历程

计算机发展历程

在第二次世界大战期间，为了研制和开发新型大炮和导弹，美国陆军军械部在马里兰州的阿伯丁设立了"弹道研究实验室"。美国军方要求该实验室每天为陆军提供 6 张火力表以便对导弹的研制进行技术鉴定，每张火力表要计算出几百条弹道，而每条弹道的数学模型是一组非常复杂的非线性方程组（这些方程组是没有办法求出准确解的，因此只能用数值方法近似地进行计算）。按当时的计算工具，实验室即使雇用 200 多名计算人员加班加点工作，也需要两个多月的时间才能算完一张火力表。

为了提高计算速度，当时任职于宾夕法尼亚大学莫尔电机工程学院的莫希利（John Mauchly）于 1942 年提出了研制第一台电子计算机——高速电子管计算装置的初始设想。美国军方得知这一设想，马上拨款大力支持，成立了一个以莫希利、埃克特（Eckert）为首的研制小组。后来，当时任弹道研究所顾问、正在参加美国第一颗原子弹研制工作的美籍匈牙利数学家冯·诺依曼（John von Neumann，1903—1957 年）在研制过程中期加入了研制小组。

1945 年，冯·诺依曼和他的研制小组在共同讨论的基础上，发表了一个全新的存储程序通用电子计算机方案（Electronic Discrete Variable Automatic Computer，EDVAC），在此过程中，他对计算机的许多关键性问题的解决做出了重要贡献，从而保证了计算机的顺利问世。

1946 年 2 月，世界上第一台通用电子计算机在美国宾夕法尼亚大学诞生，取名为电子数值积分计算机（Electronic Numerical Integrator And Calculator，ENIAC），如图 1-1 所示。这台计算机共使用了 17000 多个电子管、10000 多个电容、7000 多个电阻、1500 多个继电器，耗用功率 150 多千瓦，需要占用 160 多平方米的房间。它每秒可完成加法运算 5000 多次，计算炮弹发射轨迹时，手工操作机械进行计算需要 7～10 小时，利用 ENIAC 只需要 3 秒，计算速度大幅提高。

ENIAC 奠定了计算机的发展基础，在计算机发展史上具有划时代的意义，它的问世标志着计算机时代的到来。自 ENIAC 的诞生到今天，计算机及其应用技术得到了飞速发展，计算机的发展历程一般划分为以下 5 个阶段。

（1）第一代计算机

第一代计算机（1946—1958 年）如图 1-2 所示，它采用的主要元器件是电子管，主要应用于军事科研领域科学计算。

图 1-1　ENIAC

图 1-2　电子管数字计算机

第一代计算机的特点是：体积大、功耗高、可靠性差、运算速度慢（一般为每秒数千次至数万次）、价格昂贵。但它为以后的计算机发展奠定了基础。

（2）第二代计算机

第二代计算机（1959—1964 年）采用的主要元器件是晶体管，它除用于科学计算外，还应用于数据处理和实时控制等，其应用范围开始进入工业控制领域。

与第一代计算机相比，第二代计算机的特点是：体积缩小、能耗降低、可靠性提高、运算速度提高（一般为每秒数十万次，最高可达每秒 300 万次）。

（3）第三代计算机

第三代计算机（1965—1970 年）开始采用中小规模的集成电路，开始进入文字处理和图形图像处理等领域，应用范围扩大到企业管理和辅助设计等。

与第二代计算机相比，第三代计算机的特点是：运算速度更快（一般为每秒数百万次至数千万次），可靠性有了显著提高，价格进一步下降，产品走向通用化、系列化和标准化。

（4）第四代计算机

第四代计算机（1971 年至今）采用大规模集成电路和超大规模集成电路作为基本电子元器件。1971 年，世界上第一台微处理器在美国硅谷诞生，开创了微型计算机的新时代。计算机应用拓展到办公自动化、数据库管理、图像动画（视频）处理、语音识别等方面，应用范围扩展到社会的各个领域，计算机开始进入家庭。

利用大规模、超大规模集成电路芯片制成的微型计算机，体积小、价格便宜、使用方便，功能和运算速度已经达到甚至超过了过去的大型计算机；利用大规模、超大规模集成电路芯片制成的巨型计算机，体积比微型计算机大，运算速度可达每秒一亿次甚至几十亿次。

（5）第五代计算机

前四代计算机最本质的区别在于基本部件的改变，即从电子管、晶体管、集成电路到超大规模集成电路。第五代计算机（20 世纪 80 年代至今）除了基本部件创新外，更注重人工智能技术的应用，是具有"人类思维"能力的智能机器。

第五代计算机的特点是：它把信息采集、存储、处理、通信与人工智能结合在一起，除了能进行数值计算或处理一般的信息外，还具有形式化推理、联想、学习和解释的能力，能够帮助人们进行判断、决策，开拓未知领域和获得新的知识。

2. 未来计算机的发展趋势

未来计算机的发展趋势是：在系统结构上突破传统的冯·诺依曼机器的概念；在软件系统上将研制各种智能化的支援系统，包括智能程序设计系统、知识库设计系统、智能超大规模集成电路辅助设计系统，以及各种智能应用系统、集成专家系统等；在硬件方面，将出现一系列新技术，例如先进的微细加工和封装测试技术、砷化镓器件、约瑟夫森器件、光学器件、光纤通信技术等。尽管在相当长的一段时间内，传统的电子计算机还不会退出历史舞台，但光子计算机、DNA 计算机、超导计算机、纳米计算机和量子计算机的研究已经取得了突破性进展，预计在不久的将来，各种新型计算机将登上世界舞台，有望成为人类的新工具。

（1）光子计算机

光子计算机是一种由光信号进行数字运算、逻辑操作、信息存储和处理的新型计算机。它由激光器、光学反射镜、透镜、滤波器等光学元件和设备构成，靠激光束进入反射镜和透镜组成的阵列进行信息处理，以光子代替电子，光运算代替电运算。光的并行、高速，天然地决定了光子计算机的并行处理能力很强，具有超高运算速度。光子计算机还具有与人脑相似的容错性，系统中某一元件损坏或出错时，并不影响最终的计算结果。光子在光介质中传输所造成的信息畸变和失真极小，光传输、转换时能量消耗和散发热量极低，对环境条件的要求比电子计算机低得多。

1990 年年初，美国贝尔实验室成功研制了世界上第一台光子计算机。光子计算机的运行速度可高达每秒一万亿次。它的存储量是现代主流计算机的几万倍，还可以对语言、图形和手势进行识别与合成。目前，许多国家都投入巨资进行光子计算机的研究。随着现代光学与计算机技术、微电子技术相结合，相信在不久的将来，光子计算机将成为人类普遍使用的工具（见图1-3）。

（2）DNA 计算机

DNA 计算机是一种生物形式的计算机（见图1-4）。它是利用 DNA（脱氧核糖核酸）建立的一种完整的信息技术形式，以编码的 DNA 序列（通常意义上指计算机内存）为运算对象，通过分子生物学的运算操作以解决复杂的数学难题。最初的 DNA 计算机由一堆装着有机液体的试管组成，因此又称之为"试管计算机"。

图 1-3　光子计算机

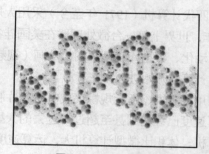

图 1-4　DNA 计算机

1994 年科学家首次提出了 DNA 计算机概念。科学家用一支装有特殊 DNA 的试管，解决了著名的"推销员问题"：有 n 个城市，一个推销员要从其中某一个城市出发，不重复地走遍所有城市，再回到他出发的城市，求最短的路线。这个问题在当时即使用最快的计算机来推算，也需要两年以上的时间，但是科学家用"DNA 试管"来计算只花了 7 天时间，令人叹为观止，开辟了 DNA 计算机研究的新纪元。

DNA 计算机具有体积小、存储量大、运算快、耗能低、并行处理能力强等特点，其在逻辑研究、密码破译、基因编程、疑难病症防治等问题的处理上具有独特优势，应用前景十分广阔。DNA 计算机的出现，使在体内或细胞内运行计算机成为可能。DNA 计算机能够充当监控装置，发现潜在的病变，还可以在人体内合成所需的药物，治疗癌症、心脏病、动脉硬化等各种疑难病症，甚至在恢复盲人视觉方面，也能大显身手。DNA 计算机已经成为许多科研人员研究的热点之一，而且取得了突破性进展。DNA 计算技术被认为是代替传统电子技术的各种新技术中的主要候选技术之一。

（3）超导计算机

超导计算机（见图1-5）是利用超导技术生产的计算机，由超导开关器件、超导存储器等元器件和电路构成。1911 年，荷兰物理学家昂内斯首先发现了超导现象——某些铊系、铌系、陶瓷合金等材料，在接近-273℃时会失去电阻值而成为畅通无阻的导体。后来，科学家们经过不断实验，发现了一些"高温"超导材料，如一种陶瓷合金在-238℃时出现了超导现象；我国物理学家找到一种材料，在-141℃就出现超导现象。有些超导材料，例如铊系、铌系等，可以利用溅射技术或蒸发技术在非常薄的绝缘体上形成薄膜，并制成超导计算机器件。利用这种器件制成超导计算机可使计算机的体积大幅缩小、能耗大幅下降，且计算速度大幅提高。目前制成的超导开关器件的开关速度，已达到微秒（$10^{-6}s$）级的高水平，超导计算机运算速度比现在的电子计算机快几百倍，而电能消耗仅是电子计算机的千分之一。

研制超导计算机的关键在于寻找到合适的超导材料。现在超导计算机的组件还一定要在低温下工作。科学家正在寻找常温的超导材料，一旦这些材料被找到，人们就可以制成能在常温下工作的超导计算机，计算机世界就将发生巨大改变。

（4）纳米计算机

纳米计算机是指利用纳米技术研制生产的新型计算机。应用纳米技术研制的计算机内存芯片，其体积不过数百个原子大小，相当于人的头发丝直径的千分之一。纳米计算机不仅体积小，能源耗费极低，而且其性能要比今天的计算机强大得多，其运算速度可达硅芯片计算机的1万倍以上。

2013年9月，斯坦福大学宣布，人类首台基于碳纳米晶体管技术的计算机已成功测试运行。该项实验的成功证明了人类有望在不远的将来，摆脱当前硅晶体技术的限制，生产出性能更强的新型纳米计算机。

（5）量子计算机

量子计算机是利用量子力学规律进行高速数学和逻辑运算、存储及处理量子信息的新型计算机（见图1-6）。经典计算机靠控制集成电路来记录和运算信息，量子计算机则利用原子的量子特性进行信息处理。即在经典计算机中，基本信息单位为比特（0或1），运算对象是各种比特序列。与此类似，在量子计算机中，基本信息单位是量子比特，运算对象是量子比特序列。所不同的是，量子比特序列不但可以处于各种正交态的叠加态上，而且还可以处于纠缠态上。这些特殊的量子态，不仅提供了量子并行计算的可能，而且还将带来许多奇妙的性质。与经典计算机不同，量子计算机可以做任意的幺正变换，在得到输出态后，进行测量得出计算结果。因此，量子计算对经典计算做了极大的扩充，在数学形式上，经典计算可看作一类特殊的量子计算。量子计算机对每一个叠加分量进行变换，所有这些变换同时完成，并按一定的概率幅叠加起来，给出结果，这种计算称作量子并行计算。除了进行并行计算外，量子计算机的另一重要用途是模拟量子系统，这项工作是经典计算机无法胜任的。

图1-5 超导计算机

图1-6 量子计算机

2009 年 11 月 15 日，世界首台可编程的通用量子计算机正式在美国诞生。初步的测试程序显示，该计算机还存在部分难题需要进一步解决和改善。科学家们认为，可编程量子计算机距离实际应用已为期不远。

3. 计算机的特点

计算机具有以下几个方面的特点。

（1）运算速度快。计算机的运算速度已从最初的每秒几千次加法运算发展到现在的每秒几千亿次加法运算。

（2）计算精度高。从理论上说计算机可以实现任何精度要求，但实际会受到技术水平的制约。目前比较普遍的是 64 位计算机，计算机精度可达 63 位有效数字。

（3）具有存储记忆能力。计算机可以对数据和程序进行存储、处理，与人的大脑相比，其存储容量要大得多，记忆的持久性要长得多。像人造卫星的轨道计算、卫星图像处理、信息检索等需要对巨量数据进行存储、处理的问题，只有借助计算机才能解决。

（4）具有逻辑判断能力。计算机除了进行数值计算之外，还能够进行逻辑运算，做出逻辑判断，模仿人类的部分思维活动，对问题进行分析判断和推理。

4. 计算机在各个领域的应用

计算机的应用已经渗透到社会的各行各业和人们的日常生活中，不断改变着人们的工作、学习、生活和思维方式，推动着人类社会的快速进步和发展。计算机的应用主要有以下几个方面。

（1）科学计算

科学计算又称数值计算，是指利用计算机来完成科学研究和工程技术中提出的复杂数学问题的计算。借助计算机解决人力难以完成的复杂数值计算问题是人类发明计算机的最直接目的。在现代科学技术工作中，存在大量复杂的科学计算问题。由于计算机具有高速度、高精度的运算能力和大存储容量等特点，利用计算机可以实现人工无法解决的各种科学计算问题，如高能物理、工程设计、地震预测、气象预报、航天技术等。由于计算机在科学计算方面的广泛应用，衍生了计算力学、计算物理、计算化学、生物控制论等新的学科。

（2）数据处理

数据处理又称信息处理，它是利用计算机对各种数据进行收集、存储、整理、分类、统计、加工、利用、传播等一系列活动的统称。数据处理已广泛应用于办公自动化、企业管理、事务处理、情报检索等，是计算机在各个领域中最广泛的应用。数据处理从简单到复杂可分为 3 个层次，具体如下。

① 电子数据处理（Electronic Data Processing，EDP）。它是以文件系统为手段，实现一个部门或一个任务的单项管理。

② 管理信息系统（Management Information System，MIS）。它是以数据库技术为工具，实现一个部门、一个项目或一个任务的全面信息化管理，以提高工作效率。

③ 决策支持系统（Decision Support System，DSS）。它以数据库、模型库和方法库为基础，帮助决策者提高管理与运营决策的正确性与有效性，提高决策水平。

（3）过程控制

过程控制又称实时控制，它利用计算机实时采集数据，对数据进行分析处理，并对控制对象及时进行自动调节或自动控制。采用计算机进行过程控制，不仅可以大大提高控制的自动化水平，而且可以提高控制的及时性和准确性，从而改善劳动条件、提高产品质量。实时控制已普遍应用于机械、冶金、石油、化工、纺织、水电、航天等领域的现代化生产过程和远程控制之中。

例如，在汽车工业方面，利用计算机控制机床、控制整个装配流水线，不仅可以实现精度要求高、形状复杂的零件加工自动化，而且可以使整个车间或工厂实现自动化。

（4）计算机辅助

计算机辅助包括计算机辅助设计、计算机辅助制造、计算机辅助教学等。

① 计算机辅助设计（Computer Aided Design，CAD）。计算机辅助设计是利用计算机系统辅助设计人员进行工程或产品设计，以实现最佳设计效果的一种技术。它已广泛地应用于飞机、汽车、机械、电子、建筑和轻工等领域。例如，在电子计算机的设计过程中，利用 CAD 技术进行体系结构模拟、逻辑模拟、插件划分、自动布线等，从而大大提高了设计工作的自动化程度。又如，在建筑设计过程中，可以利用 CAD 进行力学计算、结构计算、绘制建筑图纸等，这样不但可以提高设计速度，而且可以大大提高设计质量。

② 计算机辅助制造（Computer Aided Manufacturing，CAM）。计算机辅助制造是利用计算机系统进行生产设备的管理、控制和操作的过程。例如，在产品的制造过程中，用计算机控制机器的运行，处理生产过程中所需的数据，控制和处理材料的流动及对产品进行检测等。使用 CAM 技术可以提高产品质量，降低成本，缩短生产周期，提高生产率和改善劳动条件。

将 CAD 和 CAM 技术集成，实现设计生产自动化，这种技术被称为计算机集成制造系统（CIMS）。它将实现真正的无人化工厂（或车间）。

③ 计算机辅助教学（Computer Aided Instruction，CAI）。计算机辅助教学是指利用计算机来辅助教学，常见的有 PPT 课件等。课件可以用办公软件来开发制作，它能引导学生循序渐进地学习，轻松自如地从课件中学到所需要的知识。CAI 的主要特色是交互教育、个别指导和因人施教。

（5）人工智能

人工智能是指用计算机来模拟人类的智能活动，诸如感知、判断、理解、学习、问题求解和图像识别等。现在人工智能的研究已取得不少成果，有些已开始走向实用阶段，例如能模拟高水平医学专家进行疾病诊疗的专家系统，具有一定思维能力的智能机器人等。

（6）网络应用

计算机技术与现代通信技术的结合构成了计算机网络。计算机网络的建立，不仅解决了一个单位、一个地区、一个国家乃至全世界的计算机与计算机之间的通信，各种软、硬件资源的共享，也大大促进了国家间的文字、图像、视频和声音等各类数据的传输与处理。尤其是互联网的产生，使全世界各个角落的计算机通过网络互联，让世界变成了"地球村"，极大地推动了社会的发展与进步。

5. 计算机系统组成

一个计算机系统包括硬件系统和软件系统两大部分，如图 1-7 所示。

硬件系统（Hardware System）是指构成计算机的各种物理装置，包括计算机系统中的一切电子、机械、光电等设备，是计算机工作的物质基础。软件系统（Software System）是指为运行、维护、管理、应用计算机所编制的所有程序和数据的集合。硬件系统是计算机的"躯干"，软件系统是建立在计算机的"躯干"之上的"灵魂"。通常，不安装任何软件的计算机被称为"裸机"，只有安装了必要的软件后，用户才能方便地使用计算机。

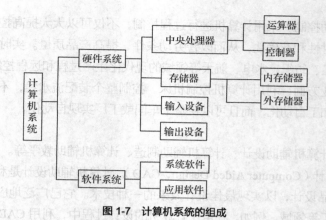

图 1-7　计算机系统的组成

（1）计算机硬件系统

计算机硬件系统由运算器、控制器、存储器、输入设备和输出设备五大部分组成，如图 1-8 所示。图中实线表示数据流，虚线表示控制信号。

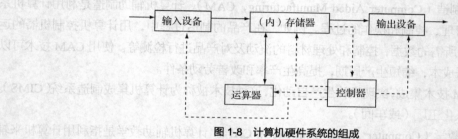

图 1-8　计算机硬件系统的组成

输入设备用于输入各种原始数据；存储器用于存储程序和数据；输出设备用于输出运算处理后的结果；运算器用于执行指定的运算；控制器负责从存储器中取出指令，对指令进行分析、解释，然后发出控制信号，指挥计算机各部件协同工作，控制整个计算机系统逐步地完成各种操作。

① 运算器。运算器是对数据进行加工处理的部件，通常由算术逻辑部件（Arithmetic Logic Unit，ALU）、累加器、状态寄存器、通用寄存器等组成。它的功能是在控制器的控制下对内存或内部寄存器中的数据进行算术运算（加、减、乘、除）和逻辑运算（与、或、非、比较、移位）。

② 控制器。控制器是计算机的神经中枢和指挥中心，在它的控制下，整个计算机才能有条不紊地工作。控制器的功能是依次从存储器中取出指令、翻译指令、分析指令，并向其他部件发出控制信号，指挥计算机各部件协同工作。

运算器、控制器通常被集成在一块集成电路芯片上，称为中央处理器（Central Processing Unit，CPU）。

③ 存储器。存储器用来存储程序和数据，是计算机中各种信息的存储和交流中心。存储器通常分为内部存储器和外部存储器。

● 内部存储器简称内存，又称主存储器，主要用于存放计算机运行期间所需要的程序和数据。内存的存取速度较快，但容量相对较小。因内存是 CPU 与其他主要部件进行信息交流的中转站，故内存的大小及其性能的优劣直接影响计算机的运行速度。内存又分为只读存储器（Read Only Memory，ROM）和随机存储器（Random Access Memory，RAM）两类。ROM 中的程序和数据是固化在芯片内的，只可以读取，不可以修改，计算机掉电时其数据也不会丢失。平常所说的内存一般指 RAM，既可以随时写入数据，也可以随时读出数据，电源断开后 RAM 中保存的数据将全部丢失。

● 外部存储器又称辅助存储器，用于存储需要长期保存的信息，这些信息往往以文件的形式保存。外部存储器中的数据不能直接被 CPU 访问，必须先被送入内存后才能被 CPU 使用。与内存比较，外部存储器容量大、速度慢、价格低。外部存储器类型很多，主要有硬盘、移动硬盘、光盘、闪存盘等。

● 高速缓冲存储器（Cache）是为内存与 CPU 交换数据提供的缓冲区，以解决内存与 CPU 速度的不匹配问题。Cache 和 CPU 之间的数据交换速度比内存与 CPU 之间的数据交换速度快得多。

④ 输入设备和输出设备。输入/输出（I/O）设备是计算机系统与外界进行信息交流的工具。

● 输入设备的作用是将信息输入计算机，并将原始信息转化为计算机能识别的二进制代码存放在存储器中。常用的输入设备有键盘、鼠标、扫描仪、触摸屏、数字化仪、摄像头、话筒、数码照相机、光笔、条形码阅读机等。

● 输出设备的功能是将计算机的处理结果转换为人们所能接受的形式并输出。常用的输出设备有显示器、打印机、绘图仪、影像输出系统和语音输出系统等。

● 基本输入/输出系统（Basic Input/Output System，BIOS）是存储在主板上一块 ROM 芯片中的一组程序和数据，包括计算机系统最重要的基本输入/输出程序、系统信息设置、开机上电自检程序和系统启动自举程序等，主要功能是为计算机提供最底层的、最直接的硬件设置和控制。

（2）计算机软件系统

计算机软件系统通常按功能分为系统软件和应用软件两大类。

① 系统软件。系统软件是为计算机提供管理、控制、维护和服务等的软件，例如操作系统、系统支持软件等。

● 操作系统（Operating System，OS）是最基本、最核心的系统软件，计算机和其他软件都必须在操作系统的支持下才能运行。操作系统的作用是管理计算机系统中所有的硬件和软件资源，合理地组织计算机的工作流程；同时，操作系统又是用户和计算机之间的接口，为用户提供一个使用计算机的工作环境。目前，常见的操作系统有 macOS、UNIX、Linux、Windows 等，其中 Windows 系统是个人计算机用户普遍使用的操作系统。所有的操作系统都具有并发性、共享性、虚拟性和不确定性四个基本特征，而不同操作系统的结构和形式存在很大差别，但一般都有处理机管理（进程管理）、作业管理、文件管理、存储管理和设备管理这五项功能。

智能手机就像一台体积很小的个人计算机，它几乎具备了个人计算机的所有功能。像个人计算机一样，智能手机也有自己的操作系统，如 Android 和 iOS 等。它们都具有良好的用户界面，拥有很强的应用扩展性，能方便地安装和删除应用程序。

● 系统支持软件是介于系统软件和应用软件之间，用来支持软件开发、计算机维护和运行的软件，为应用层的软件和最终用户处理程序和数据提供服务。例如语言的编译程序（如汇编语言汇编器、C 语言编译、连接器）、软件开发工具（如 Java 开发工具、.Net 软件开发工具）、数据库管理软件（如 Foxpro、Access、Oracle、Sybase、DB2 和 Informix）等。

② 应用软件。应用软件是为解决某个应用领域中的具体任务而开发的软件，例如各种科学计算程序、企业管理程序、生产过程自动控制程序、数据统计与处理程序、情报检索程序等。常见的应

用软件包括：办公软件，例如微软 Office、金山 WPS；图像处理软件，例如 Adobe Photoshop、美图秀秀；图像浏览工具，例如 ACDSee；截图工具，例如 HyperSnap；媒体播放器，例如 Windows Media Player、暴风影音；其他软件，例如通信工具 QQ、微信。

6. 计算机的工作原理

1946 年，冯·诺依曼提出了计算机的 3 个重要设计思想。

（1）计算机由运算器、控制器、存储器、输入设备和输出设备五个基本部分组成。

（2）计算机采用二进制表示指令和数据。

（3）计算机将程序和数据存放在存储器中，并在不需要人工干预的情况下自动执行程序。

计算机的工作原理是将需要执行的任务用计算机程序设计语言写成程序，与需要处理的原始数据一起通过输入设备输入并存储在计算机的存储器中；在需要执行时，由控制器取出程序并按照程序规定的步骤或用户提出的要求，向计算机的有关部件发布命令并控制它们执行相应的操作，执行的过程不需要人工干预就能自动连续地一条指令接一条指令地运行。冯·诺依曼计算机工作原理的核心是"程序存储"和"程序控制"。按照这一原理设计的计算机称为冯·诺依曼计算机，其体系结构称为冯·诺依曼结构。

目前，计算机虽然已发展到了第四代和第五代，但基本上仍然遵循冯·诺依曼原理和结构。但是，为了提高计算机的运行速度，实现高度并行化，当今的计算机系统已对冯·诺依曼结构进行了许多变革，例如指令流水线技术、多核处理技术、并行计算技术等。

任务二　计算机中的数制和信息编码

1. 数制的概念

数制（Number System）是人们用一组统一规定的符号和规则来表示数的方法。人们通常使用的是进位计数制，即按进位的规则进行计数。下面是与进位计数制相关的几个概念。

（1）基数。基数指某种数制中所需要使用的计数符号的总个数。如十进制的基数为 10，二进制的基数为 2。

（2）位权。数制中一个计数符号处在不同位置所代表的值是不同的，它的实际数值是计数符号乘以某一个固定的常数，这个常数就叫作"位权"。位权与基数的关系是：各数制中位权的值是基数的若干次幂，每一位的计数符号与该位"位权"的乘积表示该位数值的大小。如十进制数 111，从右往左，第一个 1 的位权是 10^0，值为 1；第二个 1 的位权是 10^1，值为 10；第三个 1 的位权是 10^2，值为 100。

（3）进位。各数制中计数达到了基数值时即向高一位进 1。如十进制逢十进一，二进制逢二进一。任意 N 进制，则逢 N 进一。

（4）数制的位权表示法。任意一种进位计数制表示的数，都可以写成按其位权展开的多项式之和。任意一个 R 进制数 N 可表示为

$$N = \sum_{i=-m}^{n-1} D_i R^i$$

式中，R 是基数；D_i 为该数的计数符号，可以是 $0,1,\cdots,R-1$；R^i 为位权；m、n 均为正整数，n 为整数位数，m 为小数位数。

2. 计算机常用数制及其标识

（1）几种常用的数制

日常生活中最常使用的是十进制，而在计算机的内部，任何类型的数据最终都要转变成为二进制的形式来存储和处理。在计算机科学中除了十进制，经常使用的数制还有二进制、八进制和十六进制。

① 十进制。十进制有 0、1、2、3、4、5、6、7、8、9 共 10 个计数符号，基数是 10，位权是 10 的幂次方，计数时按"逢十进一"的原则进位。例如（3333.33）$_{10}$=$3×10^3+3×10^2+3×10^1+3×10^0+3×10^{-1}+3×10^{-2}$。

② 二进制。二进制只有 0 和 1 两个计数符号，基数是 2，位权是 2 的幂次方，计数时按"逢二进一"的原则进位。例如（1010.11）$_2$=$1×2^3+0×2^2+1×2^1+0×2^0+1×2^{-1}+1×2^{-2}$。

③ 十六进制。十六进制有 0、1、2、3、4、5、6、7、8、9、A、B、C、D、E、F 共 16 个计数符号，基数是 16，位权是 16 的幂次方，计数时按"逢十六进一"的原则进位。例如（3333.AF）$_{16}$=$3×16^3+3×16^2+3×16^1+3×16^0+10×16^{-1}+15×16^{-2}$。

④ 八进制。八进制有 0、1、2、3、4、5、6、7 共 8 个计数符号，基数是 8，位权是 8 的幂次方，计数时按"逢八进一"的原则进位。例如（3333.33）$_8$=$3×8^3+3×8^2+3×8^1+3×8^0+3×8^{-1}+3×8^{-2}$。

（2）数制的标识

在计算机的数制中，为了区分不同数制的数，常采用以下两种方法进行标识。

① 对数加上括号和下标。如（1011）$_2$、（1067）$_8$、（1089）$_{10}$、（10AF）$_{16}$分别表示二进制数、八进制数、十进制数和十六进制数。

② 对数加上英文字母后缀。二进制（Binary）加上字母后缀 B，八进制（Octonary）加上字母后缀 O，十进制（Decimal）加上字母后缀 D，十六进制（Hexadecimal）加上字母后缀 H。如 1011B、1067O、1089D、10AFH 分别表示二进制数、八进制数、十进制数和十六进制数。

常用的 4 种进位计数制表示数的方法及其相互之间的对应关系见表 1-1。

表1-1　　　　　　　　　　　　　　4 种常用数制对照表

十进制	二进制	八进制	十六进制	十进制	二进制	八进制	十六进制
1	1	1	1	9	1001	11	9
2	10	2	2	10	1010	12	A
3	11	3	3	11	1011	13	B
4	100	4	4	12	1100	14	C
5	101	5	5	13	1101	15	D
6	110	6	6	14	1110	16	E
7	111	7	7	15	1111	17	F
8	1000	10	8	16	10000	20	10

3. 不同数制间的转换

（1）十进制数转换为非十进制数

① 十进制整数转换成二进制整数。十进制整数转换成二进制整数，一般采用"除 2 取余"法。所谓"除 2 取余"法，就是将十进制数反复除以 2，每次相除后，若余数为 1，则对应二进制数的相应位为 1；若余数为 0，则相应位为 0。首次除法得到的余数是二进制数的最低位，最末一次除法得

到的余数是二进制数的最高位。从低位到高位逐次进行，直到商是 0 为止。若第一次除法所得到的余数为 K_0，最后一次为 K_{n-1}，则 $K_{n-1}K_{n-2}\cdots K_1K_0$ 为所求之二进制数。

【例 1.1】将（137）$_{10}$ 转换成二进制数。

答：将（137）$_{10}$ 转换成二进制数的转换过程可表示如下。

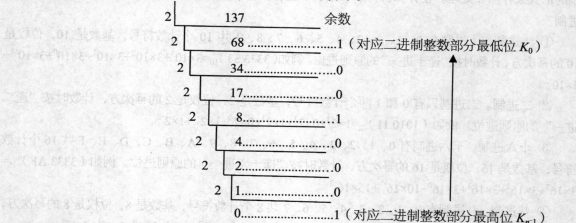

由此可知，（137）$_{10}$=（10001001）$_2$。

② 十进制整数转换成八进制整数、十六进制整数。同样道理，十进制整数转换成八进制整数、十六进制整数可分别采用"除 8 取余"法、"除 16 取余"法。

第一次除法取得的余数为转换后整数的最低位，最后一次除法取得的余数应为转换后整数的最高位。

③ 十进制纯小数转换成二进制纯小数。十进制纯小数转换成二进制纯小数采用"乘 2 取整"法。所谓"乘 2 取整"法，就是将十进制纯小数反复乘以 2，每次乘 2 之后，所得整数部分若为 1，则二进制纯小数的相应位为 1；若整数部分为 0，则相应位为 0。从高位向低位逐次进行，直到满足精度要求或乘 2 后的小数部分是 0 为止。第一次乘 2 所得的整数部分为 K_{-1}，最后一次为 K_{-m}，转换后，所得的纯二进制小数为 $0.K_{-1}K_{-2}\cdots K_{-m}$。

【例 1.2】将（0.125）$_{10}$ 转换成二进制数。

答：将（0.125）$_{10}$ 转换成二进制数的转换过程可表示如下。

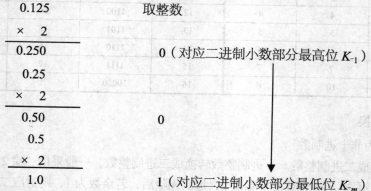

由此可知，（0.125）$_{10}$=（0.001）$_2$。

需要注意的是，在"乘 2 取整"过程中，当乘 2 后能使代表小数的部分等于零时，转换结束；当乘 2 后小数部分总是不等于零时，转换过程将是无限的。遇到这种情况时，应根据精度要求取近似值。无论转换的结果是有限位的小数，还是非有限位的小数，转换结果所取的小数位数都应根据对该二进制小数的精度要求来确定。

④ 同样道理，可将十进制小数通过"乘 8 取整"法和"乘 16 取整"法转换成相应的八进制、十六进制小数。

　　第一个乘法后取得的整数是转换后二进制、八进制或十六进制小数的最高位；最后一个乘法后取得的整数（相对精度要求）是转换后二进制、八进制或十六进制小数的最低位。

⑤ 十进制混合小数转换成非十进制混合小数。混合小数由整数和小数两部分组成。只要按照上述方法分别对整数部分和小数部分进行转换，然后将转换结果组合起来，即可得到所要求的非十进制混合小数。

【例 1.3】将（137.125）$_{10}$ 转换为二进制数。

答：参照例 1.1 和例 1.2 的结果，可知

$$（137.125）_{10}=（137）_{10}+（0.125）_{10}$$
$$=（10001001）_2+（0.001）_2$$
$$=（10001001.001）_2$$

（2）非十进制数转换成十进制数

非十进制数转换成十进制数，只要将该数写成按位权展开的多项式之和，计算出结果即得到相应的十进制数。

【例 1.4】将（11011.11）$_2$ 转换为十进制数。

答：$（11011.11）_2=1×2^4+1×2^3+0×2^2+1×2^1+1×2^0+1×2^{-1}+1×2^{-2}$
$$=（27.75）_{10}$$

【例 1.5】将（123.11）$_8$ 转换为十进制数。

答：$（123.11）_8=1×8^2+2×8^1+3×8^0+1×8^{-1}+1×8^{-2}$
$$=64+16+3+0.125+0.015625$$
$$=（83.140625）_{10}$$

【例 1.6】将（1CF.1）$_{16}$ 转换为十进制数。

答：$（1CF.1）_{16}=1×16^2+12×16^1+15×16^0+1×16^{-1}$
$$=256+192+15+0.0625$$
$$=（463.0625）_{10}$$

（3）非十进制数之间的转换

① 二进制数转换成八进制数。由于 $2^3=8$，所有 3 位二进制数的值分别是 0、1、2、3、4、5、6、7，正好对应八进制数中的 1 位。因此，二进制数转换成八进制数时，只需以小数点为界，分别向左、向右，每 3 位二进制数分为一组，不足 3 位时用 0 补足 3 位（整数在高位补零，小数在低位补零）。然后将每组分别用对应的 1 位八进制数替换，即可完成转换。

【例 1.7】将（11010111.0101）$_2$ 转换为八进制数。

答：由于 （ $\underbrace{011}$，$\underbrace{010}$，$\underbrace{111}$ ．$\underbrace{010}$，$\underbrace{100}$ $)_2$

（ 3 2 7 ．2 4 $)_8$

可知，$(11010111.0101)_2 = (327.24)_8$。

② 八进制数转换成二进制数。由于八进制数的任意 1 位数可对应 3 位二进制数，因此，只要将每位八进制数用相应的 3 位二进制数替换，即可完成转换。

【例 1.8】把八进制数（752.123）$_8$ 转换成二进制数。

答：由于（ 7 5 2 ．1 2 3 $)_8$

（ $\underbrace{111}$，$\underbrace{101}$，$\underbrace{010}$ ．$\underbrace{001}$，$\underbrace{010}$，$\underbrace{011}$ $)_2$

可知，$(752.123)_8 = (111101010.001010011)_2$。

③ 二进制数与十六进制数之间的转换。由于 $2^4=16$，每 4 位二进制数的值分别对应十六进制数中的 1 位。因此，仿照二进制数与八进制数之间的转换方法，很容易得到二进制数与十六进制数之间的转换方法。即将每 4 位二进制数为一组，转换为对应的 1 位十六进制数；或每 1 位十六进制数转换为相应的一组 4 位二进制数。

【例 1.9】把（111101010.001010011）$_2$ 转换为十六进制数。

答：由于 （ $\underbrace{0001}$，$\underbrace{1110}$，$\underbrace{1010}$ ．$\underbrace{0010}$，$\underbrace{1001}$，$\underbrace{1000}$ $)_2$

（ 1 E A ．2 9 8 $)_{16}$

可知，$(111101010.001010011)_2 = (1EA.298)_{16}$。

【例 1.10】把（2CA.6F）$_{16}$ 转换为二进制数。

答：由于 （ 2 C A ．6 F $)_{16}$

（ $\underbrace{0010}$，$\underbrace{1100}$，$\underbrace{1010}$ ．$\underbrace{0110}$，$\underbrace{1111}$ $)_2$

可知，$(2CA.6F)_{16} = (001011001010.01101111)_2$。

4. 计算机中的信息编码

（1）信息编码的概念

在计算机内部的各种信息都必须经过数字编码后才能被存储、处理和传输。

信息编码是指使用规定的一组基本符号，根据一定的原则进行组合，以表示大量复杂多样的信息。信息编码的两个基本要素是基本符号及其组合规则。例如，十进制数使用 10 个阿拉伯数字来表示，英文词汇使用 26 个英文字母来表示，二进制编码使用"0"和"1"两个基本符号来表示。计算机中所有的信息最终都是转换成二进制编码来存储和处理的。

计算机采用二进制编码的主要原因如下。

① 二进制编码在物理上容易实现。例如，可以只用高、低两个电平表示"0"和"1"，也可以用脉冲的有无或者脉冲的正负极性来表示"0"和"1"。

② 用二进制编码来表示的十进制数及其编码、计数、加减运算规则比较简单。

③ 二进制编码的两个符号"0"和"1"正好与逻辑命题的"是"和"否"、"真"和"假"对应，为计算机实现逻辑运算和程序中的逻辑判断提供了便利的条件。

（2）常见的信息编码

① ASCII 码。ASCII 码（American Standard Code for Information Interchange，美国信息交换标准代码）是目前在计算机中最普遍采用的字符信息编码。ASCII 码已被国际标准化组织定为国际标准。

ASCII 码中每个字符使用 7 位二进制数进行编码，一共可以表示 128 个字符。其中包括 94 个可印刷字符（10 个数字字符 0~9，26 个大写英文字母 A~Z，26 个小写英文字母 a~z，32 个标点符号）和 34 个不可印刷的控制符，见表 1-2。

表 1-2　　　　　　　　　　　　　　　　　ASCII 码表

十进制数	十六进制数	八进制数	控制字符	十进制数	十六进制数	八进制数	控制字符	十进制数	十六进制数	八进制数	控制字符	十进制数	十六进制数	八进制数	控制字符
0	0	000	NUL(null)	32	20	040	Space	64	40	100	@	96	60	140	`
1	1	001	SOH(start of heading)	33	21	041	!	65	41	101	A	97	61	141	a
2	2	002	STX(start of text)	34	22	042	"	66	42	102	B	98	62	142	b
3	3	003	ETX(end of text)	35	23	043	#	67	43	103	C	99	63	143	c
4	4	004	EOT(end of transmission)	36	24	044	$	68	44	104	D	100	64	144	d
5	5	005	ENQ(enquiry)	37	25	045	%	69	45	105	E	101	65	145	e
6	6	006	ACK(acknowledge)	38	26	046	&	70	46	106	F	102	66	146	f
7	7	007	BEL(bell)	39	27	047	'	71	47	107	G	103	67	147	g
8	8	010	BS(backspace)	40	28	050	(	72	48	110	H	104	68	150	h
9	9	011	TAB(horizontal tab)	41	29	051	)	73	49	111	I	105	69	151	i
10	A	012	LF(NL line feed, new line)	42	2A	052	*	74	4A	112	J	106	6A	152	j
11	B	013	VT(vertical tab)	43	2B	053	+	75	4B	113	K	107	6B	153	k
12	C	014	FF(NP form feed, new page)	44	2C	054	,	76	4C	114	L	108	6C	154	l
13	D	015	CR(carriage return)	45	2D	055	-	77	4D	115	M	109	6D	155	m
14	E	016	SO(shift out)	46	2E	056	.	78	4E	116	N	110	6E	156	n
15	F	017	SI(shift in)	47	2F	057	/	79	4F	117	O	111	6F	157	o
16	10	020	DLE(data link escape)	48	30	060	0	80	50	120	P	112	70	160	p
17	11	021	DC1(device control 1)	49	31	061	1	81	51	121	Q	113	71	161	q
18	12	022	DC2(device control 2)	50	32	062	2	82	52	122	R	114	72	162	r
19	13	023	DC3(device control 3)	51	33	063	3	83	53	123	S	115	73	163	s
20	14	024	DC4(device control 4)	52	34	064	4	84	54	124	T	116	74	164	t
21	15	025	NAK(negative acknowledge)	53	35	065	5	85	55	125	U	117	75	165	u
22	16	026	SYN(synchronous idle)	54	36	066	6	86	56	126	V	118	76	166	v
23	17	027	ETB(end of trans. block)	55	37	067	7	87	57	127	W	119	77	167	w
24	18	030	CAN(cancel)	56	38	070	8	88	58	130	X	120	78	170	x
25	19	031	EM(end of medium)	57	39	071	9	89	59	131	Y	121	79	171	y
26	1A	032	SUB(substitute)	58	3A	072	:	90	5A	132	Z	122	7A	172	z
27	1B	033	ESC(escape)	59	3B	073	;	91	5B	133	[	123	7B	173	{
28	1C	034	FS(file separator)	60	3C	074	<	92	5C	134	\	124	7C	174		
29	1D	035	GS(group separator)	61	3D	075	=	93	5D	135	]	125	7D	175	}
30	1E	036	RS(record separator)	62	3E	076	>	94	5E	136	^	126	7E	176	~
31	1F	037	US(unit separator)	63	3F	077	?	95	5F	137	_	127	7F	177	DEL

在计算机内部一个 ASCII 字符实际占用一个字节即 8 位二进制位，其最高位保持为"0"，在数据传输过程中用作校验位。

例如，字母 A 的 ASCII 码值为二进制 01000001（十进制 65，十六进制 41，八进制 101），字母 a 的 ASCII 码值为二进制 01100001（十进制 97，十六进制 61，八进制 141），数字 3 的 ASCII 码值为二进制 00110011（十进制 51，十六进制 33，八进制 063）等。

所有的英文大写字母的 ASCII 码值比其对应的小写字母的 ASCII 码值要小 32。

② 中文信息编码。计算机在处理中文信息时需要解决的信息编码问题比西文信息编码要复杂得多。中文信息的编码包括汉字输入码、国家标准汉字信息交换码、汉字机内码、汉字字形码等。

● 汉字输入码。汉字输入码简称外码，是计算机操作人员从键盘上输入的代表汉字的编码，由汉语拼音、数字或一些特殊符号构成。常见的有区位码、五笔字型码、智能拼音等。

● 国家标准汉字信息交换码。国家标准汉字信息交换码简称国标码，是 1980 年我国制定的，用于具有汉字处理功能的计算机系统间交换汉字信息时使用的代码。目前国标码收入 6763 个汉字，其中一级汉字（最常用）3755 个，二级汉字 3008 个，另外还包括 682 个西文字符、图符。一级汉字为常用字，按拼音顺序排列，二级汉字为次常用字，按部首排列。国标码的范围是 2121H～7E7EH。

区位码：将 GB 2312—1980 的全部字符集组成一个 94×94 的方阵，每一行称为一个"区"，编号为 01～94；每一列称为一个"位"，编号为 01～94，这样得到 GB2312—1980 的区位图。用汉字所在区位图的位置的行号和列号来表示的汉字编码，称为区位码。区位码是一个 4 位的十进制数。

国标码：在一个汉字的区码和位码上分别加十六进制数 20H，即构成该汉字的国标码。例如，汉字"啊"位于 16 区 01 位，其区位码为十进制数 1601D，即十六进制数 1001H，由于 10H+20H=30H、01H+20H=21H，所以其对应的国标码为十六进制数 3021H。

为了使中文信息和西文信息相互兼容，需要使用字节的最高位来区分西文或汉字。通常字节的最高位为"0"时表示 ASCII 码；为"1"时表示汉字。可以用第一字节的最高位为"1"表示汉字，也可以用两个字节的最高位为"1"表示汉字。目前采用较多地是用两个字节的最高位都为"1"时表示汉字。

● 汉字机内码。汉字机内码简称内码，是计算机内部存储、处理加工和传输汉字时所使用的统一机内代码，由两个字节的二进制编码组成。无论哪种汉字系统和汉字输入方法，输入的汉字外码都要转换为机内码，才能被存储和进行各种处理。

在一个汉字的国标码加上十六进制数 8080H，就构成该汉字的机内码（内码）。例如，汉字"啊"的国标码为 3021H，其机内码为 B0A1H（3021H+8080H=B0A1H）。

● 汉字字形码。汉字字形码是为了解决汉字的显示或打印输出而设计的汉字编码。汉字字形码是指汉字的点阵代码。用一组排列成方阵的二进制数字来表示一个汉字，有汉字笔画覆盖的位置用"1"表示，否则用"0"表示。根据汉字输出精度要求的不同，点阵的多少也不同，常用的有 16×16、24×24、32×32、48×48 等点阵。汉字点阵又称为汉字字模。

汉字点阵的信息量很大，例如：使用 16×16 点阵表示一个汉字，需要 32 字节；使用 48×48 点阵表示一个汉字，需要 288 个字节；若使用 48×48 点阵表示国标码中 7445 个汉字和图形字符，则需要 7445×288 个字节，约占 2MB 的存储空间。因此，汉字字形码一般不用于机内存储，只在需要输出汉字时通过检索汉字字库获得，通过输出汉字点阵从而得到汉字字形。

5. 计算机中的数据单位

在计算机内所有的数据都是采用二进制的形式进行存储、处理和传输的。计算机中常用的数据单位有位、字节和字等。

（1）位

位（bit）是二进制数中的一个数位，可以是 0 或 1，是计算机中数据的最小单位。

（2）字节

字节（Byte，B）是计算机中数据的基本单位，1 字节由 8 个二进制位组成，即 1 B = 8 bit。计算机中一般以字节表示数据长短和存储容量。例如，1 个 ASCII 码使用 1 字节表示，1 个汉字使用 2 字节表示。比字节更大的数据单位有 KB（Kilobyte，千字节）、MB（Megabyte，兆字节）、GB（Gigabyte，吉字节）和 TB（Terabyte，太字节）。它们的换算关系如下：

$1 \text{ KB} = 1024 \text{ B} = 2^{10}\text{B}$；

$1 \text{ MB} = 1024 \text{ KB} = 2^{10}\text{KB} = 2^{20}\text{B} = 1024 \times 1024\text{B}$；

$1 \text{ GB} = 1024 \text{ MB} = 2^{10}\text{MB} = 2^{30}\text{B} = 1024 \times 1024 \times 1024\text{B}$；

$1 \text{ TB} = 1024 \text{ GB} = 2^{10}\text{GB} = 2^{40}\text{B} = 1024 \times 1024 \times 1024 \times 1024\text{B}$。

（3）字

字（Word）是计算机一次存取、运算、加工和传送的数据长度，是计算机处理信息的基本单位，一个字由若干个字节组成，通常将组成一个字的位数称为字长。例如，一个字由 4 字节组成，则字长为 32 位。

任务三　个人计算机

个人计算机（Personal Computer，PC）是由中央处理器、存储器、输入/输出接口及系统总线，加上基本的输入/输出设备所组成的计算机。

个人计算机可分为台式计算机和便携式计算机。台式计算机（见图 1-9）的主机、键盘和显示器等是分开的，通过电缆连接在一起。其特点是价格便宜，部件标准化程度高，便于系统扩充和维护。便携式计算机把主机、硬盘、光盘、键盘和显示器等部件集成在一起，体积小，便于携带，例如笔记本电脑（见图 1-10）、平板电脑等。现在的智能手机正在向个人计算机方向发展，具备了计算机的基本功能。

图 1-9　台式计算机　　　　　　　　图 1-10　笔记本电脑

1. 个人计算机的硬件组成

个人计算机与一般的电子计算机一样，也是由硬件系统和软件系统两大部分组成的。从逻辑功能上看，个人计算机的硬件系统由运算器、控制器、存储器、输入设备和输出设备五大部分组成。从物理构成上看，个人计算机的硬件系统由中央处理器、内存储器（包括 ROM 和 RAM）、接口电路（包括输入接口和输出接口）和外部设备（包括输入/输出设备和外存储器）几个部分组成，各部分之间通过 3 条总线（BUS）——地址总线（AB）、数据总线（DB）和控制总线（CB）进行连接。从外观来看，个人计算机一般由主机和外部设备组成。以台式机为例，主机包括主板、中央处理器、内存、硬盘、光驱、显卡、电源等；外部设备包括外存储器、键盘、鼠标、显示器和打印机等。

（1）主板

主板（Main Board）又称系统板、母版等，是个人计算机的主要部件。主板安装在主机箱内，是一块多层印制电路板。主板上布置了各种插槽、接口、电子元器件和系统总线。计算机通过主板把各个部件紧密连接在一起，各个部件通过主板进行数据传输。主板性能的好坏对计算机的总体指标有重要影响。

（2）中央处理器

中央处理器是个人计算机的核心部件，其主要功能是解释计算机指令及处理计算机软件中的数据。CPU 由运算器、控制器、寄存器、高速缓存及实现它们之间联系的数据、控制及状态的总线构成。CPU 是决定计算机性能的核心部件，一般以它为标准来判断计算机的档次。

（3）内存

内存又叫内部存储器或者是随机存储器（RAM），分为 DDR 内存和 SDRAM 内存（SDRAM 容量低、存储速度慢、稳定性差，已经被淘汰）。内存属于电子式存储设备，它由电路板和芯片组成，特点是体积小、运行速度快、有电可存、无电清空，即计算机在开机状态时内存中可存储数据，关机后将自动清空其中的所有数据。目前常见的内存有 DDR3、DDR4 等。

（4）硬盘

硬盘属于外部存储器，机械硬盘由金属磁片制成，而磁片有记忆功能，所以存储到磁片上的数据，无论在开机还是关机状态，都不会丢失。硬盘容量很大，现有的已达 TB 级，尺寸有 3.5 英寸、2.5 英寸、1.8 英寸、1.0 英寸等，接口有 IDE、SATA、SCSI 等，SATA 最普遍。

移动硬盘是便携性的硬盘。因为采用硬盘为存储介质，移动硬盘的数据读写模式与标准 IDE 硬盘是相同的。移动硬盘多采用 USB、IEEE1394 等传输速度较快的接口，可以较高的速度与系统进行数据传输。固态硬盘是用固态电子存储芯片阵列制成的硬盘，由控制单元和存储单元（Flash 芯片）组成。固态硬盘在产品外形和尺寸上也完全与普通硬盘一致，但是固态硬盘比机械硬盘的运行速度更快。

（5）光驱

光驱（Optical Disk Driver）是计算机用来读写光盘内容的机器，也是在个人计算机里比较常见的一个部件，如图 1-11 所示。

随着多媒体的应用越来越广泛，光驱已经成为计算机中的标准配置。光驱可分为 CD-ROM 驱动器、DVD 光驱（DVD-ROM）、康宝（COMBO）和 DVD 刻录机（DVD-RAM）等。

图 1-11　光驱

（6）显卡

显卡在工作时与显示器配合输出图形、文字，作用是将计算机系统所需要的显示信息进行转换驱动，并向显示器提供行扫描信号，控制显示器的正确显示，是连接显示器和个人计算机主板的重要部件。

（7）电源

电源是计算机中不可缺少的供电设备，它的作用是将 220V 交流电转换为计算机中使用的 5V、12V、3.3V 直流电，其性能的好坏，直接影响其他设备工作的稳定性，进而影响整机的稳定性。

（8）声卡

声卡是组成多媒体计算机必不可少的一个硬件设备，其作用是当收到播放命令后，声卡将计算机中的声音数字信号转换成模拟信号送到音箱上发出声音。

（9）网卡

网卡是工作在数据链路层的网络组件，是局域网中连接计算机和传输介质的接口，不仅能实现与局域网传输介质之间的物理连接和电信号匹配，还涉及帧的发送与接收、帧的封装与拆封、介质访问控制、数据的编码与解码，以及数据缓存的功能等。网卡的作用是充当计算机与网线之间的桥梁，它是建立局域网并连接到 Internet 的重要设备之一。

（10）调制解调器

调制解调器（Modem）俗称"猫"（见图 1-12）、类型有内置式、外置式、有线式和无线式。调制解调器是通过电话线上网时必不可少的设备之一。它的作用是将计算机上处理的数字信号转换成电话线传输的模拟信号。随着 ADSL 宽带网的普及，内置式调制解调器逐渐退出了市场。

（11）显示器

显示器（Monitor）是一个输出设备，是计算机必不可少的部件之一，其作用是把计算机处理完的结果显示出来。显示器可分为阴极射线管（Cathode Ray Tube，CRT）显示器、液晶显示器（Liquid Crystal Display，LCD）和发光二极管（Light Emitting Diode，LED）显示器三大类。

（12）键盘

键盘（Keyboard）是主要的人工学输入设备，分为有线和无线两种，通常为 104 或 105 键，用于把文字、数字等输入计算机，以及操控计算机。常见的计算机键盘如图 1-13 所示。

图 1-12　调制解调器

图 1-13　常见的计算机键盘

（13）鼠标

当人们移动鼠标（Mouse）时，计算机屏幕上就会有一个箭头指针跟着移动，并可以快速地在屏幕上定位。鼠标是人们使用计算机不可缺少的部件之一，分为光电和机械两种（机械已基本被淘汰），其接口有 PS/2 和 USB 两种。

（14）音箱

音箱（Loud Speaker）是一种将音频信号变换为声音的设备。一般的计算机音箱可按箱体个数分为 2、2.1、3.1、4、4.1、5.1、7.1 这几种，音质也各有差异。

（15）打印机

打印机（Printer）是计算机重要的输出设备之一，通过它可以把计算机中的文件打印到纸上。打印机有针式打印机、喷墨打印机（见图 1-14）、激光打印机三类主流产品。

图 1-14　喷墨打印机

（16）视频设备

视频设备如摄像头、扫描仪、数码相机、数码摄像机、电视卡等，用于处理视频信号。

（17）闪存盘

闪存盘（Flash Disk），通常也被称作优盘、U 盘、闪盘，它是一个通用串行总线 USB 接口的无须物理驱动器的微型高容量移动存储产品，它采用的存储介质为闪存（Flash Memory）存储介质。闪存盘一般包括闪存、控制芯片和外壳。闪存盘具有可多次擦写，存取速度快且防磁、防震、防潮的优点。闪存盘采用流行的 USB 接口，体积一般只有大拇指大小，不用驱动器，无须外接电源，即插即用，目前常见的存储容量有 1GB、2GB、4GB、8GB 和 128GB 等，可满足不同的需求。

（18）存储卡及读卡器

存储卡是利用闪存技术达到存储电子信息的存储器，一般应用在数码相机、MP3、MP4 等小型数码产品中作为存储介质，因其样子小巧，犹如一张卡片，所以称之为闪存卡。由于闪存卡本身并不能直接被计算机辨认，需要读卡器（Card Reader）作为两者间的沟通桥梁。读卡器支持热拔插，与普通 USB 设备使用方法一样，只需插入计算机的 USB 端口即可以使用。

2. 个人计算机的主要性能指标

（1）运算速度

运算速度是衡量计算机性能的一项重要指标。通常所说的计算机运算速度（平均运算速度），是指每秒所能执行的指令条数，一般用"百万条指令/秒"（Million Instruction Per Second，MIPS）来描述。同一台计算机，执行不同的运算所需要的时间可能不同，因而对运算速度的描述常采用不同的方法。常用的有 CPU 时钟频率（主频）、每秒平均执行指令数（IPS）等。

个人计算机一般采用主频来描述运算速度，例如，Pentium/133 的主频为 133MHz，Pentium Ⅲ/800 的主频为 800MHz，Pentium 4 1.5G 的主频为 1.5 GHz。一般来说，主频越高，运算速度就越快。

（2）字长

字长是 CPU 一次能直接传输、处理的二进制数据位数，是计算机性能的一个重要指标。字长代表机器的精度，字长越长，可以表示的有效位数就越多，运算精度越高，处理能力越强。目前，个人计算机的字长一般为 32 位或 64 位。

（3）内存容量

内存容量是指随机存储器 RAM 的存储容量。内存容量越大，所能存储的数据和运行的程序就越多，程序运行速度也越快，计算机处理信息的能力越强。目前 PC 的内存容量一般为 4GB、8GB、16GB 等。

（4）外存容量

外存容量通常是指硬盘容量（包括内置硬盘和移动硬盘）。外存容量越大，可存储的信息就越多，可安装的应用软件就越丰富。目前，硬盘容量一般可达到 TB 级。

任务四　键盘和鼠标的操作使用

1. 键盘的操作使用

（1）键盘的结构与分区

键盘是计算机最基本、最常用的输入设备之一。常用的标准键盘结构如图 1-15 所示。

按照各类按键的功能和排列位置，可将键盘分成 4 个区：主键（打字键）区、功能键和控制键区、编辑键区，以及数字小键盘区。

① 主键区。打字键与英文打字机键的排列次序相同，位于键盘中部靠左位置，包括字符键和一些特殊功能键。如数字 0～9、字母 a～z 及控制键，例如 Shift、Ctrl、Alt、Capslock、Tab 等。

② 功能键和控制键区。功能键用于执行特定任务，位于键盘顶部中间位置。功能键标记为 F1、F2、F3 等，一直到 F12。这些键的功能因程序而有所不同。还有 ESC 等 4 个控制键，用来执行某些特殊操作。

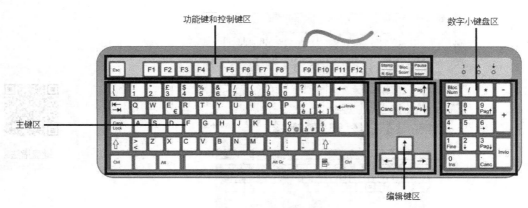

图 1-15 常用的标准键盘结构

③ 编辑键区。编辑键区位于主键区和数字小键盘区之间，在键盘中部偏右位置，包括光标移动键、插入 Insert/删除 Delete 键、起始 Home/终止 End 键、上翻 PgUp/下翻 PgDn 等 10 个键，主要用于光标定位和编辑操作。

④ 数字小键盘区。数字小键盘区又称"小键盘"，位于键盘的右部，包括数字键、加减乘除符号键、光标移动键、数字锁定键、插入/删除键等共 17 个键。它主要是为输入大量的数字提供方便。"键盘"中的双字符键具有数字键和编辑键双重功能，单击数字锁定键 Numlock，即可进行上挡数字状态和下挡编辑状态的切换。

（2）常用键的功能和用法

常用键的功能和用法见表 1-3。

表 1-3　　　　　　　　　　　　　常用键的功能和用法

键名	功能
Caps Lock	大/小写字母转换键。单击此键，键盘右上角的 Caps Lock 指示灯亮，以后输入的字母以大写形式出现；再按一次，Caps Lock 指示灯灭，字母又转换成小写状态
Shift	换挡键。同时按 Shift 键和双字符键，显示该键的上挡字符；同时按 Shift 键和字母键，显示大写字母
Enter	回车键。在编辑状态下，无论光标当前在什么位置，按 Enter 键后，会自动增加一行，光标移至下一行行首。一般情况下，Enter 键表示确认
Space	空格键。它是键盘中下方的长条键。每按一次键即在光标当前位置产生一个空格
Backspace	退格键。删除光标左侧字符
Delete（Del）	删除键。删除光标当前位置字符
Tab	称为跳格键或制表定位键。每单击一次，光标向右移动若干个字符（一般为 8 个）的位置，常用于制表定位
Ctrl	控制键。主键区中左下角和右下角各一个，不能单独使用，通常与其他键组合使用。如：Ctrl+Alt+Del——热启动；Ctrl+NumLock——暂停屏幕当前在滚动的内容，按任意键后继续；Ctrl+C——复制；Ctrl+V——粘贴；Ctrl+P——打印
Alt	互换键。主键区中左、右各一个，不能单独使用，通常与其他键组合使用，完成某些控制功能

（3）键盘的指法与操作

键盘是人与计算机打交道的必不可少的设备之一。各种命令、程序、文件和数据的输入都离不开键盘。必须掌握键盘的正确指法和操作方法。

计算机的键盘种类繁多，但主键区的 26 个字母键、10 个数字键，以及标点符号、空格等字符键的排列位置是相同的，与一般打字机键盘的排列位置基本一样。主键区的指法分工如图 1-16 所示。

键盘指法

图 1-16　主键区的指法分工

操作时，右手管理主键盘右半部分，左手管理左半部分。键盘分 4 排（空格键行除外）。其中，26 个英文字母键中比较常用的 7 个字母键和一个分号键排成一排，作为基准键。这 8 个键又称定位键，即 A、S、D、F、J、K、L、；键。其中左手小指、无名指、中指、食指分别负责 A、S、D、F 键；右手食指、中指、无名指、小指分别负责 J、K、L、；键。击键时，以基准键位为参考点，每个手指负责前后 4 排 4 个键位，实行分工击键，击键后立即恢复到基准键位。各手指具体分工如下。

① 左小指：`、1、Q、A、Z。

② 左无名指：2、W、S、X。

③ 左中指：3、E、D、C。

④ 左食指：4、5、R、T、F、G、V、B。

⑤ 左、右拇指：空格键。

⑥ 右食指：6、7、Y、U、H、J、N、M。

⑦ 右中指：8、I、K、，。

⑧ 右无名指：9、O、L、.。

⑨ 右小指：0、-、=、P、[、]、;、'、/、\。

操作时姿势要正确，否则容易感到疲劳，影响输入速度和工作效率。正确的操作姿势应是：身体保持平直、放松，腰背不要弯曲，双腿平行，两脚平放在地面上，使全身的重心都落在椅子上，如图 1-17 所示。手腕平直，双手手指自然弯曲，轻放在相应的基本键位上。手位要正确，养成良好的习惯。击键时，手指尖对准键位中心轻快地击打，不要用力过重。

图 1-17　操作键盘时正确坐姿

初学者应背熟键盘键位，尽量做到眼睛不看键盘打字。应采用"触觉"打字法：眼睛只看文稿，手指负责击键。要严格按照指法练习，持之以恒，经过一段时间训练后就可以做到"盲打"键盘输入了。

2. 鼠标的操作使用

随着 Windows 操作系统的发展和普及，鼠标已成为计算机必备的标准输入装置。鼠标因其外形像一只拖着长尾巴的老鼠而得名。鼠标的工作原理是利用自身的移动，把移动距离及方向的信息变成脉冲传送给计算机，由计算机把脉冲转换成指针的坐标数据，从而达到指示位置和单击操作的目的。鼠标可分为机械式、光电式和机电式 3 种。近年来还出现了 3D 鼠标和无线鼠标（见图 1-18）等。

　　鼠标一般有左、右两个按键和中间一个轮子。通常情况下，使用时右手的食指和中指分别放在左、右按键上方，中间轮子在需要时由食指（或中指）操作。最常使用的是鼠标的左、右两个按键，中间的轮子一般在浏览较长的信息时才使用。鼠标的基本操作见表 1-4。

3D 鼠标

无线鼠标

图 1-18　3D 鼠标和无线鼠标

表 1-4　　　　　　　　　　　　　　　　鼠标的基本操作

基本操作	操作方法	作用
指向	移动鼠标，使鼠标指针放在某个对象上	通常有两种用途，一是打开下级子菜单，二是突出显示有些说明文字
单击	鼠标指向某个对象后，按下鼠标左键并立即释放	选择某个对象或执行菜单命令
双击	鼠标指向某个对象后，快速连续地按两次鼠标左键	用来打开某个对象，如执行某个应用程序或打开某个文件
拖动	鼠标指向某个对象后，按住鼠标左键的同时移动鼠标到某个位置	用以选择文本块或复制、移动对象等
右键单击	鼠标指向某个对象后，快速地按下鼠标右键并立即释放	用以打开某个对象的快捷菜单
滚动	用食指（或中指）往前、后轻轻转动鼠标中间的轮子	用以滚动屏幕

任务五　中文输入法简介

　　利用计算机进行中文信息处理，必须了解和掌握汉字的输入方式与方法。汉字的输入方式有很多种，包括语音输入、扫描输入、手写输入、键盘输入等。语音输入是通过传声器将人们发出的声音传送到计算机中，由计算机自动进行语音识别，从而把汉字输入计算机中；扫描输入是通过扫描仪将现有的中文信息直接输入计算机中；手写输入是通过一种与计算机连接的特殊设计的写字板和笔，用笔在写字板上书写汉字，由计算机直接识别汉字；键盘输入是通过计算机的键盘将汉字输入计算机中。键盘输入在目前计算机的各种中文输入方式中最为普遍。汉字的键盘输入法是利用键盘输入汉字的输入码，然后由计算机内汉字系统转换为汉字的机内码进行存储和处理，再转换为汉字的字形码显示或打印输出汉字信息。汉字的输入码有多种形式，因此，汉字的键盘输入方法也有多种。

　　1. 区位码输入法

　　区位码是一种等长的十进制 4 位数字编码。其中前两位是区码，后两位是位码。国标码字符基本集中的 7445 个字符都有唯一对应的编码。

　　区位码的优点是没有重码，除汉字外的各种字母、数字、符号也有相应的编码，因此使用区位码输入汉字时，输入区位码后可一次性直接得到所需字符。区位码的缺点是编码规则是按汉字排列顺序编码，规律性不强，难以记忆。

2. 拼音输入法

拼音输入法是根据汉字的拼音形成编码，是以国家文字改革委员会公布的汉语拼音方案为基础，按一定的编码规则给出汉字编码。

拼音输入法的优点是容易掌握，只要熟悉汉语拼音，很容易学会。拼音输入法的缺点是由于要在汉字的同音字中进行选择，而汉字同音字较多，重码率较高，影响汉字的输入速度。

拼音输入法种类较多，下面主要介绍全拼输入法、双拼输入法和搜狗拼音输入法。

（1）全拼输入法

目前，使用全拼输入法作为主要输入法的人已经不多，但作为一种辅助输入法，它还是有价值的。

全拼输入法就是直接使用汉语拼音作为输入码。操作时，逐个输入汉字或词汇的全部拼音字母。单击任务栏右边的设置输入法图标，屏幕上出现图 1-19 所示的输入法状态栏（不同计算机安装的输入法可能会不同，显示内容也不一样），

选择"中文（简体）-全拼"，屏幕的左下角设置区域输入法图标变为![image]，并且出现一个控制条，如图 1-20 所示。

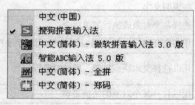

图 1-19　输入法状态栏

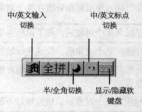

图 1-20　输入法控制条

输入法控制条从左至右有"中/英文输入切换""输入法""半/全角切换""中/英文标点切换"和"显示/隐藏软键盘"。其中，"中/英文输入切换"按钮可实现中文和英文输入方式的切换；"输入法"框显示当前汉字输入法（可根据需要选择）；"半/全角切换"按钮可实现字符的全角与半角转换；"中/英文标点切换"按钮可实现中文和英文标点符号切换；"显示/隐藏软键盘"按钮可在屏幕上显示或隐藏软键盘，将鼠标指向该按钮并单击右键，弹出软键盘，可从中选择不同类型的模拟键盘。

一个汉字的全部全拼码输入以后，如果该汉字已经出现在显示区中，应输入对应数字键。若显示区中没有该汉字，可用翻页键（一般为"+"和"-"）翻页，以查找需要的汉字。

全拼输入法还可以进行词汇输入，但只能输入双字词组。双字词组中第一个汉字的拼音输入结束后，若在提示行中选择重码汉字，所有操作和单字输入一样；若接着输入第二个汉字的拼音，则在第二个汉字的拼音输入结束后，提示行中出现同音的词语供选择。

例如，在全拼输入法状态下输入词组"中国"，直接在对话框中输入 zhongguo，"中国"二字出现在光标处。输入词组后，还可以进行联想输入。

在全拼输入法中，拼音字母"ü"一般用"u"代替，特殊的用"v"代替。如"率"的全拼码为"lv"而不是"lu"。

（2）双拼输入法

双拼输入法是指汉字的声母、韵母各用一个字母（或个别符号）代替构成的拼音编码。采用这

种拼音输入法输入汉字时，用户只需要击键两次便可以输入一个汉字的拼音。双拼输入法可视为全拼输入法的一种改进，它通过将汉语拼音中每个含多个字母的声母或韵母各自映射到某个按键上，使每个音都可以用最多两次按键打出，大幅提高了拼音输入法的打字速度。这种声母或韵母到按键的对应表通常称之为双拼方案，这种方案不是固定的，现在流行的大多数拼音输入法都支持双拼，并且有各自不同的方案，还允许用户自定义方案。

目前主流的双拼方案包括小鹤双拼、微软拼音、智能 ABC、自然码等。在主流的智能输入法中都可以选取并使用以上双拼方案。例如，小鹤双拼方案如图 1-21 所示，"中国"的"中"字，可输入 vs 完成输入。

（3）搜狗拼音输入法

搜狗拼音输入法（简称搜狗输入法、搜狗拼音）是由搜狐（Sohu）旗下的搜狗（Sogou）公司推出的一款 Windows/Linux/macOS 平台下的汉字拼音输入法。搜狗拼音输入法是基于搜索引擎技术的新一代输入法产品，特别适合网民使用，由于采用了搜索引擎技术，输入速度有了质的飞跃，在词库的广度、词语的准确度上，搜狗输入法都领先于一般的输入法，用户还可以通过互联网备份自己的个性化词库和配置信息。搜狗拼音输入法已经成为现今主流汉字拼音输入法之一，并可永久免费自动升级。

可在互联网上输入关键字搜索搜狗输入法（见图 1-22）并下载，下载后运行安装即可使用。

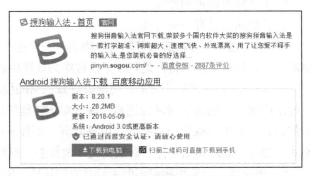

图 1-21 小鹤双拼方案对照图   图 1-22 搜索搜狗输入法

搜狗输入法安装后会在屏幕右下方出现搜狗输入法状态栏，如图 1-23 所示。

单击"自定义状态栏"按钮 ，可以定制状态栏显示的项目，例如，可添加简体字和繁体字的转换按钮 简 、全屏输入法和双拼输入法转换按钮 ❣ 等。单击搜狗工具箱按钮 ，可以打开搜狗工具箱，如图 1-24 所示。搜狗输入法提供了丰富多彩的各种实用工具，可帮助用户提高输入的效率和效果。

图 1-23 搜狗输入法状态栏   图 1-24 搜狗工具箱

举一反三

输入状态的快速切换方法：中/英文输入法转换组合键为 Ctrl+Space，不同输入法之间的转换组合键为 Ctrl+Shift。

任务六　计算机信息安全

1. 计算机病毒与防治

（1）计算机病毒的概念

计算机病毒（Computer Virus）在《中华人民共和国计算机信息系统安全保护条例》中被明确定义为"编制者在计算机程序中插入的破坏计算机功能或者破坏数据，影响计算机使用并且能够自我复制的一组计算机指令或者程序代码"。

与医学上的"病毒"不同，计算机病毒不是天然存在的，是某些人利用计算机软件和硬件所固有的脆弱性编制的一组指令集或程序代码。它能通过某种途径潜伏在计算机的存储介质（或程序）里，当达到某种条件时即被激活，通过修改其他程序的方法将自己的精确复制或可能演化的形式放入其他程序中，从而感染其他程序，对计算机资源进行破坏。

（2）计算机病毒的特性

计算机病毒具有下列特性。

① 繁殖性。计算机病毒可以像生物病毒一样进行繁殖，当正常程序运行的时候，它也进行自身复制。是否具有繁殖的特征是判断某段程序为计算机病毒的首要条件。

② 破坏性。计算机中毒后，可能会导致正常的程序无法运行，计算机内的文件被删除或受到不同程度的损坏。病毒的破坏性通常表现为对正常程序或文件的增、删、改、移。如有的在屏幕上显示信息、图形或特殊标识；有的让屏幕蓝屏、不显示任何内容；有的则执行破坏系统的操作，例如格式化磁盘、删除磁盘文件、对数据文件做加密、封锁键盘及使系统死锁等。

③ 传染性。计算机病毒不但本身具有破坏性，更有害的是具有传染性。一旦病毒被复制或产生变种，其传染速度之快令人难以预防。传染性是病毒的基本特征。在生物界，病毒通过传染从一个生物体扩散到另一个生物体。在适当的条件下，它可得到大量繁殖，并使被感染的生物体表现出病症甚至死亡。同样，计算机病毒也会通过各种渠道从已被感染的计算机扩散到未被感染的计算机，在某些情况下造成被感染的计算机工作失常甚至瘫痪。只要一台计算机染毒，如不及时处理，病毒就会在这台计算机上迅速扩散。计算机病毒可通过各种可能的渠道，如软盘、硬盘、移动硬盘、计算机网络去传染其他的计算机。是否具有传染性是判别一个程序是否为计算机病毒的最重要条件。

④ 潜伏性。一个编制精巧的计算机病毒程序，进入系统之后一般不会马上发作，病毒可以在磁盘内潜伏一段时间，一旦时机成熟，得到运行机会，它才四处繁殖、扩散，产生危害。有些病毒像定时炸弹一样，让它什么时间发作是预先设计好的。例如，黑色星期五病毒，不到预定时间一点都觉察不出来，等到条件具备的时候突然爆发，对系统进行破坏。

⑤ 隐蔽性。计算机病毒具有很强的隐蔽性，有的可以通过病毒软件检查出来，有的根本就查不出来，有的时隐时现、变化无常，这类病毒处理起来通常很困难。

⑥ 可触发性。某个事件或数值的出现，诱使病毒实施感染或进行攻击的特性称为可触发性。为

了隐蔽自己，病毒必须潜伏。但如果一直潜伏，病毒既不能感染也不能进行破坏，便失去了杀伤力。病毒既要隐蔽又要维持杀伤力，它必须具有可触发性。病毒具有预定的触发条件，这些条件可能是时间、日期、文件类型或某些特定数据，也可能是某些操作如运行、打开等。

（3）计算机病毒的征兆

计算机病毒可谓层出不穷，不同的病毒产生的征兆和对计算机的危害程度各不相同。以下列出一些常见的病毒征兆。

① 在特定情况下，屏幕上出现某些异常字符或特定画面。

② 文件长度异常增减或莫名产生新文件。

③ 一些文件打开异常或突然丢失。

④ 系统无故进行大量磁盘读写或未经用户允许进行格式化操作。

⑤ 系统出现异常的重启现象，经常死机，或者蓝屏无法进入系统。

⑥ 可用的内存或硬盘空间变小。

⑦ 打印机等外部设备出现工作异常。

⑧ 在汉字库正常的情况下，无法调用和打印汉字或汉字库无故损坏。

⑨ 磁盘上无故出现扇区损坏。

⑩ 程序或数据神秘消失，文件名不能辨认等。

（4）计算机病毒的预防

提高计算机系统的安全性是防病毒的一个重要方面，另一方面要加强内部网络管理人员及使用人员的安全意识。很多计算机系统常用口令来控制对系统资源的访问，这是防病毒最容易和最经济的方法之一。另外，安装杀毒软件并定期更新也是预防病毒的重中之重。下面列出 9 个常用的预防计算机病毒的有效措施。

① 安装杀毒软件。

② 不使用来历不明的程序或数据。

③ 尽量不用软盘进行系统引导。

④ 不轻易打开来历不明的电子邮件。

⑤ 使用新的计算机系统或软件时，要先杀毒后使用。

⑥ 备份系统和参数，建立系统的应急计划等。

⑦ 专机专用。

⑧ 注意对系统文件、重要可执行文件和数据进行写保护。

⑨ 分类管理数据。

2. 网络黑客与防范

（1）黑客的概念

黑客（Hacker）原指那些掌握高级硬件和软件知识，能剖析系统的人，现在指利用计算机技术、网络技术，非法侵入、干扰、破坏他人计算机系统，或擅自操作、使用、窃取他人的计算机信息资源，对电子信息交流和网络实体安全具有威胁性和危害性的人。

黑客攻击网络的方法是不停寻找互联网上的安全缺陷，以便乘虚而入。黑客主要通过掌握的技术进行犯罪活动，如窥视政府、军队的机密信息，企业内部的商业秘密，个人的隐私资料等；截取银行账号、信用卡密码，以盗取巨额资金；攻击网上服务器，使其瘫痪，或取得其控制权，修改、删除重要文件，发布不法言论等。

（2）黑客的防范

可以利用防火墙技术防止网络黑客入侵。防火墙是指设置在不同网络（如可信任的企业内部网和不可信的公共网）或网络安全域之间的一系列部件的组合。它可通过监测、限制、更改跨越防火墙的数据流，尽可能地对外部屏蔽网络内部的信息、结构和运行状况，以此来实现网络的安全保护。

在逻辑上，防火墙是一个分离器、一个限制器，也是一个分析器，它有效地监控了内部网和 Internet 之间的任何活动，保证了内部网络的安全。典型的防火墙具有以下三方面的基本特性。

① 内部、外部网络之间的所有网络数据流都必须经过防火墙。

② 只有符合安全策略的数据流才能够通过防火墙。

③ 防火墙自身具有非常强的抗攻击能力。

目前常见的防火墙有 Windows 防火墙、瑞星防火墙、江民防火墙、卡巴斯基防火墙等。

任务七　多媒体技术基础

1. 多媒体技术概述

多媒体技术（Multimedia Technology）是利用计算机对文本、图形、图像、声音、动画、视频等多种信息进行综合处理并实现人机交互作用的信息技术。

多媒体技术将音像技术、计算机技术和通信技术三大信息处理技术紧密地结合起来，把电视的声音和图像功能、计算机的人机交互功能、互联网的通信功能有机地融合于一体，创造出集文、图、声、像于一体的新型信息处理模式，使计算机具有交互展示多种媒体形态的能力。多媒体技术的发展，极大地改变了传统的媒体信息表现方式，进而不仅改变了人们的阅读方式和娱乐方式，更改变了人们的工作和学习方式。多媒体技术可以使人们跨越时空了解天文地理、历史文化、风土人情及高新技术，使人们可以通过多种感官与计算机进行实时信息交互。现在人们在工作、学习和生活中，每天都在和多媒体技术打交道。

（1）媒体与多媒体

媒体（Media）是指承载或传播信息的载体。日常生活中的报纸、书本、杂志、广播、电影、电视等均是媒体，它们以各自的媒体形式传播信息。报纸、书本、杂志主要采用的媒体形式是文字、表格和图片；广播采用的主要是音频；电影、电视采用的主要是图像、音频、视频。

在计算机领域，媒体有两层含义：其一是指传播信息的载体，例如文字、图像、音频、视频等；其二是指存储信息的载体，例如 ROM、RAM、磁带、磁盘、光盘等。在多媒体技术里主要指前者。

多媒体一词译自英文"Multimedia"，是指多种媒体信息的载体。在计算机领域中，多媒体是指文本、图形、图像、声音、影像等这些单一媒体经过计算机处理后形成的综合信息媒体。

（2）多媒体的基本要素

多媒体的基本要素主要有文本、图形、图像、声音、动画和视频等。

① 文本（Text）

文本是由字符、符号组成的一个符号串，例如语句、文章等，通常通过编辑软件生成。文本中如果只有文本信息，没有其他任何有关格式的信息，则称为非格式化文本文件或纯文本文件（如记事本文件）；而带有各种文本排版信息等格式信息的文本，称为格式化文本文件（如 Word 文档）。

② 图形（Graphic）

图形一般指计算机生成的各种有规则的图，例如直线、圆、圆弧、矩形、任意曲线等几何图和统计图等。图形的最大优点在于可以分别控制处理图中的各个部分，例如在屏幕上移动、旋转、放大、缩小、扭曲而不失真，不同的图形还可以重叠并保持各自的特性，必要时仍可分开。

③ 图像（Image）

图像是指由输入设备捕捉的实际场景画面或以数字化形式存储的任意画面。计算机可以处理各种不规则静态图片，例如扫描仪、数码相机等输入的彩色、黑白图片或照片等都是图像。图像记录着每个坐标位置上颜色像素点的值。所以图形的数据信息处理起来更灵活，而图像数据则与实际更加接近，但是它不能随意放大。

④ 音频（Audio）

音频是声音采集设备捕捉或生成的声波以数字化形式存储，并能够重现的声音信息。"音频"常常作为"音频信号"或"声音"的同义词。计算机音频技术主要包括声音的采集、数字化、压缩/解压缩，以及声音的播放。

⑤ 动画（Animation）

动画是运动的图画，实质是一幅幅静态图像或图形的快速连续播放。动画的连续播放既指时间上的连续，也指图像内容上的连续，即播放的相邻两幅图像之间内容相差很小。

⑥ 视频（Video）

若干有联系的图像数据连续播放便形成了视频。视频图像可来自录像带、摄像机等视频信号源的影像，例如录像带、影碟上的电影/电视节目、电视、摄像等。

2. 多媒体技术的应用

多媒体技术的应用已进入人类生活的各个领域，例如教育、商业广告、影视娱乐、医疗、旅游、人工智能等。

（1）教育

多媒体技术在教育领域的应用主要在形象教学、模拟展示等方面，例如电子教案、形象教学、模拟交互过程、网络多媒体教学、仿真工艺过程。

（2）商业广告

多媒体技术在商业广告领域的应用主要在特技合成、大型演示等方面，例如影视商业广告、公共招贴广告、大型显示屏广告、平面印刷广告。

（3）影视娱乐

多媒体技术在影视娱乐领域的应用主要在电影特技、变形效果等方面，例如电视/电影/卡通混编特技、MTV 特技制作、三维成像模拟特技、仿真游戏、赌博游戏。

（4）医疗

多媒体技术在医疗领域的应用主要在远程诊断、远程手术等方面，例如网络多媒体技术、网络远程诊断、网络远程操作（手术）。

（5）旅游

多媒体技术在旅游领域的应用主要在景点介绍，例如风光重现、风土人情介绍、服务项目。

（6）人工智能

多媒体技术在人工智能领域的应用主要在生物模拟、人类智能模拟等方面，例如生物形态模拟、生物智能模拟、人类行为智能模拟。

多媒体技术还在人类生活的其他领域得到广泛应用，这里不再一一介绍。

多媒体硬件

3. 多媒体计算机的硬件组成

具有多媒体功能的计算机除了具备普通个人计算机的基本硬件组成（如 CPU、存储器、系统总线与接口、输入/输出设备等），同时还要求有较高的硬件配置（如较高的 CUP 处理能力，较大的存储容量），通常还需要有音频、视频处理设备、光驱、各种多媒体输入/输出设备等。多媒体计算机所需的硬件设备通常以下面的方式集成或组装。

一是由计算机生产厂商把各种主要的多媒体功能部件都集成在计算机主板上，例如集成显卡、声卡、网卡等。这样既降低了生产成本，又提高了计算机工作的可靠性。但是，集成显卡和声卡的性能低于独立显卡和声卡，而且需要消耗 CPU 和内存资源。多媒体开发人员和某些特殊用户（如运行大型游戏的用户）一般采用独立显卡和声卡，这样可以大大提高计算机的多媒体性能。

二是由计算机生产厂商生产各种多媒体硬件接口卡和设备，这些具有多媒体功能的接口卡，可以很方便地插入计算机的标准总线或直接连接到标准接口（如 USB）中。例如，可以在 PC 的 PCI 总线中插入电视卡，安装相关的驱动程序后，计算机就具有了接收有线电视的多媒体功能。常见的多媒体接口卡有声卡、语音卡、电视卡、视频数据采集卡、非线性编辑卡等。

多媒体计算机要求具备以下几个特点。

（1）主机处理性能强大。由于多媒体数据量巨大，而且必须对音频和视频文件进行压缩与解压缩操作，因此要求 CPU 的处理能力较强，内存容量足够大。对普通用户而言，采用中低档 CPU 产品即可满足使用要求。多媒体开发人员和某些特殊用户对 CPU 的要求较高，最好采用高频率、超线程、多内核、低发热的 CPU 产品。当然，如果没有经济条件的限制，CPU 性能越高越好。对当前主流计算机来说，内存容量和稳定性是非常重要的技术指标，在经济条件允许下，内存容量也是越大越好。

（2）主机接口齐全。由于多媒体设备繁多，技术规格不一，因此计算机必须有足够多的接口。这样，多媒体设备的信号才可以进行输入/输出。目前较为流行的多媒体设备接口主要是 USB 接口。

（3）各种多媒体设备齐全。多媒体计算机必须配置可存放大量数据的硬盘、DVD 等存储设备，配置必不可少的声卡、显卡、网卡、音箱、显示器等。多媒体计算机一般要求有较高分辨率的显示器，可以使图像和视频节目的显示更加丰富多彩。

任务八　数据库技术基础

数据库技术是计算机科学技术中发展最快、应用最广的技术，已成为计算机信息系统与应用系统的核心技术和重要基础。在现今信息时代，信息资源已成为各个部门乃至一个国家的重要财富和资源，越来越多的应用领域采用数据库存储和处理信息资源，例如订票系统、办公自动化系统、财务管理信息系统、网络信息搜索系统、天气预报系统、地理信息系统、决策支持系统等，它们都离不开数据库技术。

1. 数据库的基本概念

数据库技术是研究如何利用计算机科学地组织、存储和管理数据，如何高效地获取和处理数据的一种计算机应用技术。下面介绍数据库最常用的术语和基本概念。

（1）数据

数据（Data）是数据库中存储的基本对象。数据可以定义为描述事物的符号集合。数据不仅包括狭义的数值数据，而且包括文字、声音、图形、图像、声音、视频等一切能被计算机存储和处理的符号。

（2）信息

信息（Information）是客观事物属性的反映，是经过加工并对人类社会实践和生产经营活动产生影响的数据表现形式。数据是信息的原始资料，数据经过解释并赋予一定的意义后，便成为信息。

（3）数据与信息的关系

数据与信息在概念上既有联系，又有区别。它们之间的关系可以看成原料和成品之间的关系，不经过加工的数据只是一种原始材料，这种数据只能记录客观世界的事实。只有经过提炼和加工，使数据发生质的变化，才能成为信息。因此，信息来源于数据，是对数据进行加工处理的产物。数据经过加工后，被赋予特定的含义，使其具有知识性并对人类活动产生决策作用，从而形成信息。经过加工后得到的信息，仍然以数据的形式出现，此时的数据是信息的载体，是供人们认识和利用信息的媒介。例如，某百货公司各月的商品销售量是该公司商品销售情况的反映。商品销售量可以用数字表示为一组数据，管理人员难以从该组数据中直接得到该公司的销售情况分析。但是，把商品销售数据按商品进行分组，并统计出各种商品的销售量后，就可以知道该公司各种商品的销售情况了。这组反映商品销售情况的数据就是信息，它们是在原始销售数据的基础上经加工后得到的。

（4）数据库

数据库（DataBase）是指按一定格式存放在计算机中的数据仓库。人们把大量数据收集起来后，按照一定的组织原则保存在数据库中，以便进行数据处理，抽取出有用的信息。数据处理包括对数据的收集、存储、加工、分类、检索、传播等一系列活动。数据是重要的资源，收集到的大量数据必须经过加工、整理、转换之后，才能从中获取有价值的信息。

（5）数据库管理系统

数据库管理系统（DataBase Management System，DBMS）是处于用户与操作系统之间的数据管理软件。它的主要功能如下。

① 数据定义功能

DBMS 提供数据定义语言（Data Definition Language，DDL），用户通过它可以方便地定义数据库中的数据对象，例如库、表、视图、索引、触发器等。

② 数据操纵功能

DBMS 提供数据操纵语言（Data Manipulation Language，DML），用户可以使用它实现对数据库的基本操作，例如查询、插入、删除和修改等。

③ 数据库的运行管理

DBMS 统一管理和控制数据库的建立、运行和维护，以保证数据的安全性、完整性、多用户对数据的并发使用及发生故障后的系统恢复。

④ 数据库的建立和维护功能

DBMS 提供包括数据库初始数据的输入、转换功能，数据库的转储、恢复功能，数据库的重组织功能和性能监视、分析功能等。

（6）数据库系统

数据库系统（DataBase System，DBS）是指引入了数据库的计算机应用软件系统，一般由数据库、数据库管理系统、应用开发工具、应用系统、数据库管理员和用户构成，如图 1-25 表示。

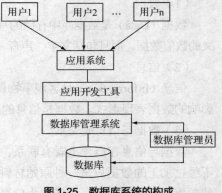

图 1-25　数据库系统的构成

2. 数据库系统的特点

数据库技术是应数据处理的需要而产生的。人们利用计算机进行数据管理经历了人工管理、文件系统、数据库系统 3 个阶段。在人工管理阶段时数据是不保存的，应用程序直接管理数据，数据不可以共享，数据不具有独立性。在利用文件系统管理数据阶段，数据可以长期保存，但数据共享性差、冗余度大、独立性差。与人工阶段和文件系统相比，数据库系统的特点主要有以下几个。

（1）数据结构化

数据结构化是数据库系统与文件系统的根本区别。

在数据库系统中不仅要考虑某个应用的数据结构，还要考虑整体的数据结构。在描述数据时不仅要描述数据本身，还要描述数据之间的联系。

（2）数据的共享性高，冗余度低

数据库系统的数据可以被多个用户、多个应用共享使用。数据共享可以大大减少数据冗余，节约存储空间。数据共享还可避免数据之间的不一致性。

采用人工管理或文件管理时，由于数据的冗余（不同数据记录存在多个重复数据项），不同的用户或应用对数据的操作难以复制到全部具有重复数据的记录上，很容易造成数据的不一致。而数据库由于冗余度低，具有重复数据的记录少，不同的用户或应用对数据的操作都发生在同一个数据记录上，不需要反复复制，因此可以避免数据的不一致性。

（3）数据独立性高

数据独立性包括数据的物理独立性和数据的逻辑独立性。数据的物理独立性是指用户的应用程序与存储在磁盘上的数据库中的数据是相互独立的。数据的逻辑独立性是指用户的应用程序与数据库的逻辑结构是相互独立的。

（4）数据的安全性好

数据的安全性（Security）保护是指 DBMS 使每个用户只能按规定对某些数据以某些方式进行使用和处理，以防止不合法的使用造成的数据泄密和破坏，从而保护数据安全。

（5）数据的完整性好

数据的完整性（Integrity）是指数据的正确性、有效性和相容性。DBMS 可根据用户设定的数据完整性关系，对数据进行检查，将数据控制在有效的范围，或保证数据之间满足一定的关系。

（6）可并发控制

当多个用户同时存取、修改数据库时，可能会发生相互干扰而得到错误的结果或破坏数据库的完整性，而 DBMS 会对多用户的并发（Concurrency）操作进行控制和协调。

（7）数据库可恢复

当用户误操作或系统故障造成数据库中的数据丢失或数据遭受破坏时，DBMS 能够将数据库从错误状态恢复（Recovery）到某一个已知的正确状态。

3．常用的数据库管理系统

数据库管理系统按数据模型的不同，分为层次型、网状型和关系型 3 种类型。其中，关系型数据库管理系统使用最为广泛，SQL Server、FoxPro、Oracle、Access 等都是常用的关系型数据库管理系统。

任务九　程序设计基础

程序设计是指利用计算机程序设计语言解决特定问题的过程。程序设计过程应当包括分析、设计、编码、测试、排错等不同阶段。计算机解决问题的能力主要靠程序来体现，从某种意义上说，程序设计技术是计算机应用的核心技术。

1．程序设计语言

程序设计语言是用于编写计算机程序的语言。自然语言是人类用来相互交流的一种工具，而程序设计语言是一种人工语言，是人类用来与计算机"交流"的一种工具。人们使用程序设计语言编写计算机可以识别的程序，指挥计算机完成工作任务。每一种语言都是由一组特定符号和一组特定规则构成的符号系统。根据规则由符号构成的符号串的总体就是语言。在程序设计语言中，这些符号串的组合就是程序。

程序设计语言可以分为机器语言、汇编语言、高级语言三大类别。

（1）机器语言

机器语言是用二进制代码表示的计算机能直接识别和执行的一种机器指令的集合。一条指令就是机器语言的一个语句，它包括操作码和地址码两个部分，其中操作码指明了指令的操作性质及功能，地址码则给出了操作数或操作数的地址。机器语言具有灵活、直接执行和速度快等优点。但由于机器语言是面向机器的语言，不同的处理器具有不同的指令系统，使用机器语言编写程序，编程人员要熟记所用计算机的全部指令代码和代码的含义，还得直接对存储空间进行分配，因此机器语言程序编写难度大，编程效率低，可读性差，可移植性低，维护很不方便。目前，这种语言已经被淘汰。

（2）汇编语言

汇编语言（Assembly Language）和机器语言一样也是面向机器的程序设计语言，所不同的是，机器语言用指令代码编写程序，而汇编语言用指令助记符来编写程序。在汇编语言中，用助记符代替机器指令的操作码，用地址符号或标号代替指令或操作数的地址，因此增强了程序的可读性并且降低了编写难度。使用汇编语言编写的程序，机器不能直接识别，还要由汇编语言编译器转换成机器指令。汇编语言的突出优点是能像机器指令一样直接访问、控制计算机的各种硬件设备，其目标代码简短，占用内存少，执行速度快，是高效的程序设计语言。汇编语言的明显缺点是可移植性较差，可维护性差，开发效率不高。因此，汇编语言在软件工程中较少单独使用，经常是与高级语言配合使用，以改善程序的执行速度和效率，弥补高级语言在硬件控制方面的不足。

（3）高级语言

高级语言是面向用户的、基本上独立于计算机种类和结构的语言。高级语言在形式上接近于算术语言和自然语言，在概念上接近于人们通常使用的概念，且与计算机的硬件结构及指令系统无关。

它有更强的表达能力，可方便地表示数据的运算和程序的控制结构，能更好地描述各种算法，而且容易学习掌握。用高级语言编写的程序可移植性好，可读性好，可维护性强，可靠性高，开发效率高。因此，高级语言应用广泛。

高级语言种类繁多，从应用角度来看，高级语言又可以分为基础语言、结构化语言和面向对象语言。

① 基础语言

基础语言也称通用语言。它历史悠久，流传很广，有大量的已开发的软件库，拥有众多的用户，为人们所熟悉和接受。属于这类语言的有 FORTRAN、COBOL、BASIC、ALGOL 等。FORTRAN语言是国际上广为流行也是使用最早的一种高级语言，从 20 世纪 90 年代到现在，在工程与科学计算中占有重要地位，很受科技人员的欢迎。BASIC 语言是在 20 世纪 60 年代初为适应分时系统而研制的一种交互式语言，可用于一般的数值计算与事务处理。BASIC 语言结构简单，易学易用，并且具有交互能力，成为许多初学者学习程序设计的入门语言。

② 结构化语言

20 世纪 70 年代以来，结构化程序设计和软件工程的思想日益为人们所接受和欣赏。在它们的影响下，一些很有影响的结构化语言先后出现，这些结构化语言直接支持结构化的控制结构，具有很强的过程结构和数据结构能力。PASCAL、C、Ada 语言就是它们的突出代表。

PASCAL 语言是第一个系统地体现结构化程序设计概念的现代高级语言，软件开发的最初目标是把它作为结构化程序设计的教学工具。由于它模块清晰、控制结构完备、有丰富的数据类型和数据结构、语言表达能力强、移植容易，在科学计算、数据处理及系统软件开发中都有较广泛的应用。

C 语言功能丰富，表达能力强，有丰富的运算符和数据类型，使用灵活方便，应用面广，移植能力强，编译质量高，目标程序效率高，具有高级语言的优点。同时，C 语言还具有低级语言的许多特点，例如允许直接访问物理地址，能进行位操作，能实现汇编语言的大部分功能，可以直接对硬件进行操作等。用 C 语言编译程序产生的目标程序，其质量可以与汇编语言产生的目标程序相媲美，具有"可移植的汇编语言"的美称，成为编写应用软件、操作系统和编译程序的重要语言之一。

③ 面向对象语言

从描述客观系统来看，程序设计语言可以分为面向过程语言和面向对象语言。面向过程语言以"数据结构+算法"的程序设计范式构成，例如前面介绍的程序设计语言大多为面向过程语言。面向对象语言以"对象+消息"的程序设计范式构成，目前比较流行的面向对象语言有 Delphi、Visual Basic、Java、C++等。

2. 数据结构与算法

早在 1976 年，瑞士著名科学家尼古拉斯·沃斯（Niklaus Wirth）就提出了"算法+数据结构=程序"。一个程序基本包括两个方面的内容，即对数据的描述和对操作的描述。对数据的描述即构造一个合理的数据结构；对操作的描述即算法的实现。所以说，程序设计其实就是为求解问题选择一个好的数据结构和设计一个好的算法。

（1）数据结构

数据结构是指数据的组织形式，包括两个方面，即数据的逻辑结构和数据的存储结构。但通常所说的数据结构一般是指数据的逻辑结构。

在利用计算机解决实际问题的时候，必须先分析问题，抽象出能够反映客观事实的数据模型（数据及数据之间的逻辑关系），然后将具有一定逻辑关系的数据按一定的存储方式存放在计算机内，再通过程序处理这些数据，以得到结果。不同的问题，需要处理的数据不同，数据之间的关系也不同，程序对数据的操作处理也会不同。所以，进行程序设计时，必须分析程序处理的数据的特性及数据之间的关系并确定存储的方式，也就是确定数据的组织形式。

一般来说，计算机处理的问题可以分为两类，即数值问题和非数值问题。对数值问题的求解一般是分析问题后将各个量之间的关系抽象成一定的数学模型。例如，求解梁架结构的应力问题可用线性方程组来描述，估算人口增长情况可用微分方程描述，计算个人所得税问题可用分段函数描述等。

【例1.11】公民每月工资、薪金收入总额超过3500元者应缴纳个人所得税。收入总额减去3500元基数后的剩余部分称为应纳税所得额，应纳所得税额按表1-5所规定的超额累进税率计算应纳的个人所得税。建立求解该问题的数学模型。

表1–5　　　　　　　　　　　　　个人所得税税率

级别	应纳税所得额	税率/%
1	不超过1500元的	3
2	超过1500元至4500元的部分	10
3	超过4500元至9000元的部分	20
4	超过9000元至35000元的部分	25
5	超过35000元至55000元的部分	30
6	超过55000元至80000元的部分	35
7	超过80000元的部分	45

答：设 x 表示个人收入总额减去最低起征工资（起征基数是3500元）所剩余部分，即应纳税所得额，y 表示个人应纳所得税，则求解该问题的数学模型可以用如下分段函数描述。

$$y=\begin{cases} x\times3\% & (x\leqslant1500) \\ (x-1500)\times10\%+1500\times3\% & (x\leqslant4500) \\ (x-4500)\times20\%+(4500-1500)\times10\%+1500\times3\% & (x\leqslant9000) \\ (x-9000)\times25\%+(9000-4500)\times20\%+(4500-1500)\times10\%+1500\times3\% & (x\leqslant35000) \\ (x-35000)\times30\%+(35000-9000)\times25\%+(9000-4500)\times20\%+(4500-1500)\times10\%+1500\times3\% & (x\leqslant55000) \\ (x-55000)\times35\%+(55000-35000)\times30\%+(35000-9000)\times25\%+(9000-4500)\times20\%+(4500-1500)\times10\%+1500\times3\% & (x\leqslant80000) \\ (x-80000)\times45\%+(80000-55000)\times35\%+(55000-35000)\times30\%+(35000-9000)\times25\%+(9000-4500)\times20\%+(4500-1500)\times10\%+1500\times3\% & (x>80000) \end{cases}$$

求解数值问题所用到的数据的组织形式一般比较简单，只需设置若干个变量，用于存放输入、输出的数据和中间计算结果，数据之间的关系根据数学模型中的函数关系式或方程式确定。

然而，对于非数值问题的求解往往无法用数学方程来描述，而需要用到下面介绍的线性结构、树结构或图结构进行描述。

① 线性结构

【例1.12】表1-6是某学校的学生档案表，要利用计算机进行学生档案管理，一般要实现浏览、查询、插入、删除、修改、统计等功能。

表1–6 学生档案表

学号	姓名	性别	出生日期	籍贯	系别	专业	入学时间
0201	张明	男	09/10/1983	广州	计算机	网络	09/2002
0202	李芳	女	06/21/1984	潮州	计算机	网络	09/2002
0203	王玲	女	08/06/1983	东莞	计算机	网络	09/2002
0204	朱小军	男	09/06/1983	湛江	计算机	网络	09/2002
0205	万里晴	男	10/06/1982	广州	计算机	网络	09/2002
…	…	…	…	…	…	…	…

要解决这个问题，只用若干个简单变量显然是难以描述清楚这么多数据的，数据之间的关系也不能用方程式表示。分析表格后发现，如果把每一行看成一个记录并称作一个节点，则表中每个节点有且只有一个前驱节点（第一个节点除外），有且只有一个后继节点（最后一个节点除外）。节点与节点之间的关系是一种简单的一对一联系，即线性关系。具有这种特点的数据结构叫作线性结构。

线性结构的节点之间按顺序排列，如图1-26所示。不难发现：表中节点是按学号从小到大排列的，并且学号是标识节点唯一性（区分不同节点）的数据项，即关键项，也称关键字。

图1-26 线性结构示意

线性结构具有如下特点。

- 存在唯一的"第一个"节点。
- 存在唯一的"最后一个"节点。
- 除第一个节点外，每一个节点都只有一个前驱节点。
- 除最后一个节点外，每一个节点都只有一个后继节点。

② 树结构

【例1.13】图1-27是某企业的人事组织关系，它清晰地描述这个企业有几个部门，每个部门有几个员工。它像一棵倒长的树，顶部的树根节点没有前驱节点，其他节点有且只有一个前驱节点，每个节点可以有多个后继节点（叶子节点可看作有0个后继节点）。这种结构的特点是节点之间具有一对多的联系，即层次关系。我们把具有这种特点的数据结构叫作树结构。

像家族的族谱、学校里的教师学生关系等都具有这种层次关系，描述这种层次关系的数据结构都可采用树结构。如图1-28所示，A为树根，称作根节点；D、E、F、G、H、I为叶子节点；B和C为分支节点。A下面有3棵子树，B、C、D分别为这3棵子树的根节点。A是B、C、D的双亲节点，B是E、F的双亲节点；B、C、D是A的孩子节点，E、F是B的孩子节点。

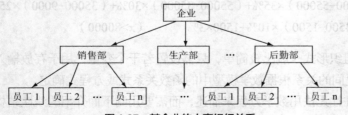

图1-27 某企业的人事组织关系

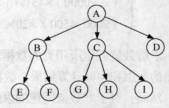

图1-28 树结构示意

树结构具有以下特点。

- 存在唯一的根节点，根节点没有前驱节点。

- 除根节点外，每一个节点都只有一个前驱节点。
- 每一个节点都可以有 0 个或多个后继节点。

显然，树结构是一种非线性结构，而线性结构可以看作树结构的一种特例——每个节点都只有一个后继节点的树结构。

③ 图结构

【例 1.14】求解城市之间最小造价的通信网络问题。已知任意两个城市之间建设通信线路的费用，要求选定若干通信线路建成一个通信网络，使各个城市之间都能直接或间接相通，而造价最低，如图 1-29 所示。

图中圆圈表示一个城市节点，连线表示两个城市之间的通信线路，连线边上的数值表示费用。图中每个节点可以有任意多个前驱节点和后继节点。这种结构的特点是节点之间具有多对多的联系，即网络关系。我们把具有这种特点的数据结构叫作**图结构**。

图结构在日常生活中的应用非常广泛，常见的交通图、电路图、结构图、流程图等，都具有这种图结构。图结构示意如图 1-30 所示。

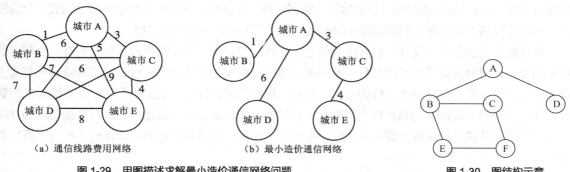

图 1-29　用图描述求解最小造价通信网络问题　　　　　　图 1-30　图结构示意

图结构的特点是：任何节点可以有若干个前驱节点，也可以有若干个后继节点。

图是一种复杂的非线性结构，树结构和线性结构都可以看作图结构的特例。

实际应用问题中所有的元素之间的逻辑关系都可以归为线性关系、层次关系或网络关系，解决问题采用的数据结构都可以由这 3 种关系相对应的线性结构、树结构或图结构派生出来。

（2）算法

算法是解决问题的方法或步骤。算法在程序设计中有着举足轻重的地位，程序就是算法在计算机中的实现。

① 算法的特性

算法具有以下特性。

- 输入：一个算法有零个或多个输入。
- 输出：一个算法有一个或多个输出。
- 有穷性：一个算法必须由有限步组成，即算法必须可以终止，不能进入死循环。
- 确定性：算法执行的每一步都必须有确定的含义，不能有二义性。
- 可行性：算法的每一步都必须是切实可行的，即原则上可以通过已经实现的基本操作执行有限次来实现。

【例 1.15】欧几里得算法。给定两个正整数 p 和 q，求出 p 和 q 的最大公约数 g。

著名的数学家欧几里得设计了一个巧妙的求解方法，用自然语言描述如下。

第一步：输入 p 和 q。

第二步：如果 p 小于 q，则交换 p 和 q。

第三步：令 r 是 p 除以 q 的余数。

第四步：如果 r 等于 0，则令 g=q 和输出 g 并终止程序；否则令 p=q、q=r，并转向第三步。

这就是著名的欧几里得算法。这个算法有两个输入——p 和 q；有一个输出——g。算法是可行的：由若干个基本操作如交换两个数、相除求余数、比较大小、判断相等、控制转向等组成；算法是有穷的，即交替执行第三步和第四步，r 总小于 q，第四步转第三步后 p 和 q 不断减小，若干步后一定终止；算法是确定的，即每一步都有明确的操作。

② 算法的描述

描述算法的工具有很多，常用的有自然语言、流程图、伪代码等。下面简单介绍如何使用流程图描述程序设计算法。

首先，我们必须明确编写这个程序的目的、程序所要实现的功能及实现这些功能的具体步骤（即算法），然后把这个程序的起始、数据输入、数据处理、数据输出到结束的整个过程绘制成一个流程图。程序流程图可以帮助我们理清程序的思路，是我们进行程序编写的依据。

程序流程图之于程序设计，就好比菜谱之于烹饪。要制作一道美味菜肴，首先要有一个制作这道菜的菜谱，根据菜谱准备好原材料、调味料，然后按照操作步骤逐步进行，最后将做好的菜肴上桌。要设计一个好的程序也是一样的道理。首先，根据程序流程图，确定这个程序处理的对象即数据是什么（相当于菜谱中的原材料和调味料）并用程序设计语言进行描述，确定对数据处理的具体步骤（相当于菜谱中的烹饪步骤）并用程序设计语言实现，最后将程序的结果输出（相当于将菜肴上碟）。

下面以一个简单的例子说明如何绘制程序流程图。

【例 1.16】画出求 5! 的程序流程图。

首先，分析这个程序的目的是要将 1×2×3×4×5 的运算结果输出，接着要设置两个变量（相当于准备好盛放原材料和菜肴的容器）result 和 i，result 用于放置被乘数和运算结果，i 用于放置乘数，然后确定具体的运算步骤：第一步，使 result=1；第二步，使 i=2；第三步，使 result*i=>result（用=>表示存放）；第四步，使 i+1=>i；第五步，如果 i 的值不大于 5，返回第三步继续执行，否则输出 result（此时的 result 的值就是 5!），算法结束。

把上面用自然语言描述的算法绘制成流程图，如图 1-31 所示。

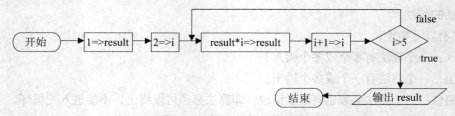

图 1-31 求 5! 的程序流程图

流程图就是用一些图框表示各种操作。用流程图表示算法，比较直观形象，更容易理解。常用的流程图符号如图 1-32 所示。

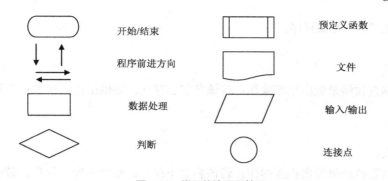

图 1-32 常用的流程图符号

3. 结构化程序设计方法

一个大型软件系统的设计过程和一个大型建筑物的建造过程有许多共同之处，涉及的成分很多，各个方面、各个环节之间不容易协调。如何利用合理的软件工程方法，以达到用较少的投资获得高质量的软件，就显得非常重要。结构化程序设计方法是随着结构化程序设计语言（如 PASCAL、C）的出现和发展而建立起来的，已经被广泛应用于软件系统的开发。虽然随着程序设计语言由结构化语言向面向对象与可视化语言（如 C++、Visual C++、Visual Foxpro、Visual Basic）、网络化编程语言（如 Java、C#）的不断发展，先后出现原型法、面向对象等程序设计方法，但是结构化程序设计的基本思想仍然是软件工程方法中不可或缺的。下面简单介绍结构化程序设计方法。

结构化程序设计方法主要包括 3 个方面：一是自顶向下、逐步求精的设计过程；二是模块化程序设计；三是结构化编程。

（1）自顶向下、逐步求精的设计过程

所谓自顶向下、逐步求精的设计过程就是在进行一个复杂系统的设计时采取先全局后局部、先整体后细节、先抽象后具体的分析设计方法，把系统分解为层次分明、结构清晰、容易实现的若干个模块，然后再将每一个模块细化为若干个处理步骤或算法，直到可用程序设计语言的语句来编程实现。

自顶向下、逐步求精的方法符合人类解决复杂问题的思维方式，使用这种方法开发程序，不仅能够提高软件的生产率，而且可以保证程序的高质量。

下面用一个简单例子说明自顶向下、逐步求精的程序设计过程。

【例 1.17】设计一个简单的通信录管理程序。

首先将问题分解成主控、菜单、添加、删除、修改、显示及保存等 7 个功能模块，然后对这 7 个功能模块再做进一步细化。下面主要介绍其中的 5 个模块。

① 主控模块

第一步，初始化。

第二步，循环等待用户选择菜单项。

第三步，根据用户选择的菜单项执行相应操作：

- 若是"添加"，则调用添加模块；
- 若是"删除"，则调用删除模块；
- 若是"修改"，则调用修改模块；
- 若是"显示"，则调用显示模块；
- 若是"保存"，则调用保存模块；

● 若是"退出"，则结束程序。

② 添加模块

第一步，查找。

第二步，根据查找结果做出相应操作：若该名字已存在，则输出提示信息；若该名字未存在，则插入新记录。

③ 删除模块

第一步，查找。

第二步，根据查找结果做出相应操作：若该名字不存在，则输出提示信息；若该名字存在，则删除该记录。

④ 修改模块

第一步，查找。

第二步，根据查找结果做出相应操作：若该名字不存在，则输出提示信息；若该名字存在，则修改该记录。

⑤ 保存模块

第一步，提示输入文件名。

第二步，以写方式打开该文件。

第三步，把数据写入该文件。

最后，把各个子模块再细化为具体的程序设计语言语句。

（2）模块化程序设计

① 程序模块的含义

在软件设计过程中，往往将一个大规模的程序划分成若干个大小适当的程序段去编写，或者是将那些重复使用的程序段进行独立设计，以达到计算机可以重复执行，而设计人员又不必重复去编写的目的。这样划分的程序段被称为程序模块。

② 模块化程序设计的含义

模块化程序设计就是遵循一定的模块分解和组织原则，把一个大程序分解为多个容易理解和实现的大小适当、功能明确、具有一定独立性的程序模块的过程。

③ 模块分解原则

在进行模块分解时，要求各模块功能尽可能专一，各模块之间的联系尽可能简单。模块之间的联系越简单，独立性就越强，就越容易独立地进行设计、维护和修改，程序的可维护性和可扩展性就越好，程序设计的效率和质量也就越高。

④ 模块组织原则

结构化程序设计方法要求按层次结构组织各模块。"自顶向下"地将一个大程序逐层分解，得到程序的模块层次结构，然后再进一步把每个模块分解为具体的执行模块或执行步骤。

按层次组织模块时，一般较上层的模块描述"做什么"，最底层的模块才描述"如何做"。

如在 C 语言中，一般利用函数完成具体的小任务；一个源程序文件可以由多个函数组成，用于完成一个相对独立的较大任务；一个程序由多个源程序文件组成，完成一个整体性任务。C 语言的模块粒度从小到大依次为函数→源程序文件→程序。

（3）结构化编程

结构化编程是把任何程序的结构都限制为顺序、选择和循环 3 种基本结构，以提高程序的可读性和可靠性，从而提高程序设计的效率和质量。

一个结构化程序应当具有以下特点：

- 有一个入口、一个出口；
- 没有死语句（永远执行不到的语句），每一个语句应当至少有一条从入口到出口的路径通过它；
- 没有死循环（无限制的循环）。

① 顺序结构

顺序结构程序流程图如图 1-33 所示。

按顺序先执行 A 部分，再执行 B 部分。

② 选择结构

根据条件 p 成立与否来选择执行程序的某部分，即：当条件 p 成立（"真"）时，执行 A 操作，否则执行 B 操作。但无论选择哪部分，程序均将汇集到同一个出口。程序流程图如图 1-34 所示。

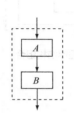

图 1-33　顺序结构程序流程图

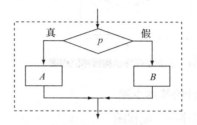

图 1-34　选择结构程序流程图

选择结构还可以派生出"多分支选择结构"，程序流程图如图 1-35 所示。根据 k 的值（k_1，k_2，…，k_n）不同，来选择执行多路分支 A_1，A_2，…，A_n 之一。

③ 循环结构

循环结构有如下两种。

一是当型循环结构。当条件 p 成立（"真"）时，反复执行 A 操作，直到 p 为"假"时才停止循环。程序流程图如图 1-36 所示。

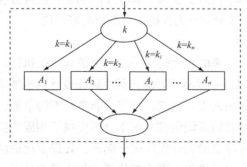

图 1-35　多分支选择结构程序流程图

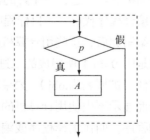

图 1-36　当型循环结构程序流程图

特点：先判断条件，若条件满足，则执行 A；在第一次判别条件时，若条件不满足，则 A 一次也不执行。

二是直到型循环结构。先执行 A 操作，再判断条件 p 是否为"真"，若为"真"，再执行 A，如此反复，直到 p 为"假"为止。程序流程图如图 1-37 所示。

特点：先执行 A 再判断条件，若条件满足再执行 A。A 至少被执行一次。

使用循环结构时，在进入循环前，应设置循环的初始条件。同时，在循环过程中，应修改循环条件，以便程序退出循环。如果不修改循环条件或循环条件错误修改，可能导致程序不能退出循环，即进入"死循环"。

任何一个程序都可以由以上 3 种基本结构相结合组成。例如，图 1-38 所示的程序结构可以分解为顺序结构（A 和 B）及当型循环结构（B）。

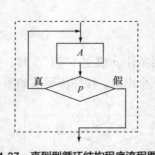

图 1-37　直到型循环结构程序流程图

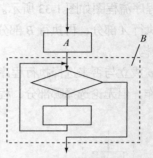

图 1-38　程序结构组合

4. 程序设计的基本步骤

（1）规划程序——流程图

首先明确编写这个程序的目的、程序所要实现的功能及实现这些功能的具体步骤，也即确定解决问题的算法，然后把这个算法绘制成一个程序流程图（可参考例 1.16）。程序流程图可以帮助理清程序设计思路，是进行程序编写的依据。

（2）编写程序代码及注释——源程序

在完成对程序的规划之后，便可以根据程序流程图编写程序代码了。在编写代码的过程中，先做规划的好处是：程序规划得好，编写程序时逻辑清晰，不容易产生逻辑上的错误，避免反复修改，从而提高效率。

编写代码时，不要忘记加上注释。加上注释不但方便别人了解程序的功能，而且方便日后对程序的维护与扩展。总之，一个好的程序员应该养成给编写的代码加上注释的好习惯。

（3）编译程序代码——目标程序（.obj 文件）

程序编写完后，这些用计算机高级语言编写出来的源代码还不能直接被计算机执行。计算机能够理解的是由 0 和 1 所组成的二进制代码，所以还必须将写好的源程序翻译成计算机能够理解的目标代码文件（扩展名为.obj）。如果这些翻译工作由人工来完成，那将是非常艰难的事情，也会由于效率太低而显示不出使用计算机的好处。好在所有的高级语言系统本身都提供了相应的实现这种翻译转换的程序，叫作编译程序或编译器。把源程序交给编译程序进行编译，如果发现语法错误或未定义的变量等时，编译器会给出提示，根据提示进行修改，再重新编译；如果没有错误，便生成目标程序。

（4）链接与执行程序——可执行程序（.exe 文件）

一个源程序经过编译后，若这个程序与其他程序没有任何联系，便可以执行了。否则，还必须经过链接，才能够生成可执行文件（扩展名为.exe）。这时运行这个可执行文件，便可看到程序的运行结果了。

（5）排错与测试

有时程序通过了编译和链接，但执行后得到的并不是所期望的结果。这就说明程序虽然在语法上没有问题，但是可能在逻辑上出了问题，从而导致输出非预期的结果。这种情况下必须根据流程图，逐个排除每个语句的逻辑错误。另外，有时程序在某种输入数据条件下输出正确结果，但是在其他一些输入数据条件下得到不正确的结果。所以还必须使用各种可能的输入数据，对程序进行测试，才能保证在任何情况下程序都能正常运行，并得到正确结果，即确保程序的"稳健性"。

程序测试是程序设计过程的一个重要环节，一个程序员应该懂得如何测试程序的"稳健性"。

编译时的错误提示有助于排除语法错误，错误的运行结果有助于改正逻辑错误，但是只有充分的程序测试才能够保证程序的"稳健性"。

（6）程序代码的优化、修饰和保存

当程序经过测试证明结果完全正确后，有时还需要对程序进行优化，以提高程序的运行效率。另外，还要对源程序进行适当的排版、增加注释等修饰性操作，使程序更加层次分明，更加易读。最后，千万别忘记把劳动成果妥善保存起来。

思考与习题

一、思考题

1. 计算机具有哪些特点？
2. 计算机应用可分为哪几个方面？哪个方面的应用范围最广？
3. 计算机的硬件系统是由哪 5 个部分组成的？
4. CPU 的作用是什么？
5. 操作系统的作用是什么？
6. 个人计算机的 4 个主要性能指标是什么？
7. 简述个人计算机主板的主要功能。
8. 主板上的总线有哪几种？
9. 计算机病毒的主要特征是什么？如何预防病毒？
10. 显示器的分辨率指的是什么？目前显示器分哪三种？
11. 计算机的字长指的是什么？CPU 的主频是什么？
12. 内存储器和外存储器有什么区别？
13. ROM 和 RAM 的区别是什么？
14. 什么是 Cache？其主要作用是什么？
15. 计算机系统中，光盘、RAM、CPU、Cache、硬盘这 5 种设备的工作速度由慢到快如何排序？
16. BIOS 的英文全称是什么？有哪些作用？
17. 防火墙具有哪些基本特性？
18. 多媒体的基本要素有哪些？
19. 数据库系统有哪些特点？
20. 什么叫数据结构？什么叫算法？

二、填空题

1. 软件系统包括系统软件和应用软件，数据库管理系统属于_____。

2. 计算机的字长决定计算机的_____和_____。

3. 计算机按 CPU 字长分类，可以分为 8 位机、_____机、_____机、64 位机。

4. CPU 是计算机的核心部件，由_____和_____组成。

5. 同一个汉字的输入码可以是各种各样的，其在计算机中存储的_____是不变的。

6. 字符"a"的 ASCII 码值比字符"A"的 ASCII 码值_____。

7. 十进制数 203 转换成二进制数是_____，转换为十六进制数是_____。

8. 二进制数 10100101 转换成八进制数是_____，转换为十六进制数是_____，转换为十进制数是_____。

9. _____是能被计算机直接识别并运行的计算机语言。

10. USB 接口最大特点是支持_____，且传输速度快。

11. 一个完整的计算机系统由_____系统和_____系统组成。

12. 汉字字符在计算机内用两个字节的二进制编码表示及存储，通常采用两个字节的最高位都为_____来区分汉字字符和英文字符。

13. Cache 用于 CPU 与_____之间进行数据交换的缓冲。它是存取速度最快的存储器，但容量较小。

14. 计算机工作时突然停电，_____中的数据将全部丢失，而_____中的数据不会丢失。

15. 数据库管理系统具有以下 4 个方面的功能：_____、_____、_____、_____。

16. 解决实际应用问题采用的数据结构都可以由_____结构、_____结构或_____结构这 3 种数据结构派生出来。

17. 程序设计语言可以分为_____、_____、_____三大类别。

18. 算法具有以下 5 个特性：_____、_____、_____、_____、_____。

19. 同一个汉字的输入码可以是各种各样的，但在计算机中存储的汉字的_____是固定不变的。

20. _____用于 CPU 与内存之间进行数据交换的缓冲。它是存取速度最快的存储器，但容量较小。

三、综合实训项目

1. 请完成下列数制之间的转换。

（1）请把十进制数 178 分别转换为二进制数、八进制数和十六进制数（要求写出计算过程）。

（2）请把二进制数 10010110 分别转换为八进制数、十六进制数和十进制数（要求写出计算过程）。

（3）请把十进制数 108.125 转换为二进制数（要求写出计算过程）。

（4）请把二进制数 11100111.0101 分别转换为八进制数、十六进制数和十进制数（要求写出计算过程）。

（5）请把八进制数 143 转换为十六进制数（要求写出计算过程）。

2. 请通过网上调查，写出配置一台个人计算机的方案。配置要求为相对于当前市场的中等价位、中等档次的 PC。

3. 编写程序流程图。请写出欧几里得算法"给定两个正整数 p 和 q，求出 p 和 q 的最大公约数 g"的算法流程图。（参考例 1.15）

第 2 章　Windows 7 操作系统

内容概述

操作系统是计算机系统中不可缺少的基本系统软件,其主要作用是管理和控制计算机系统中所有的软件和硬件资源,同时为用户使用计算机提供一个方便灵活、安全可靠的工作环境。本章主要介绍 Windows 7 操作系统的桌面管理、资源管理、文件管理、个性化设置及其附件常用工具软件的使用,以及优化计算机性能的常用方法。

学习目标

- 了解 Windows 7 操作系统的特性。
- 掌握 Windows 7 的桌面管理和个性化设置方法。
- 掌握 Windows 7 的窗口的组成和基本操作方法。
- 掌握 Windows 7 的资源管理和添加软硬件操作方法。
- 掌握 Windows 7 的文件和文件夹管理方法。
- 掌握快捷方式建立和文件压缩操作方法。
- 掌握优化计算机性能的常用方法。
- 掌握 Windows 7 的附件工具软件的使用方法。

任务一　认识 Windows 7 操作系统

Windows 7 操作系统是微软公司开发的操作系统,是基于图形操作界面的功能强大的多用户多任务操作系统,非常适合个人计算机用户使用,在兼容性、易用性、娱乐性等方面都非常受用户的喜爱。

1. Windows 7 系统的特性

与微软之前版本的 Windows 操作系统相比较,Windows 7 具有以下几个方面的特性。

(1)性能更好,速度更快

Windows 7 操作系统在系统启动、系统关闭和休眠模式唤醒等方面从时间上进行了大幅度的改进,是一款反应更快速、使用更舒畅的操作系统。

（2）更加美观的用户界面

Windows 7 操作系统提供更加丰富多彩的桌面主题和背景图案，使界面外观看起来更加赏心悦目，操作简洁方便，让用户感到使用计算机也是一种享受。

（3）更加简单易用

- Windows 7 操作系统做了许多方便用户的设计，例如快速最大化，窗口半屏显示，跳跃列表，系统故障快速修复等，这些新功能令 Windows 7 操作系统成为更易用的操作系统。
- Windows 7 操作系统让搜索和信息的使用更加简单，可搜索本地和互联网中的信息。
- Windows 7 操作系统支持更多的硬件设备，预装了更多的驱动程序，具有更好的兼容性。

（4）增加库功能

Windows 7 操作系统增加了库功能，可以把文件进行归库操作。如将分布在各个盘的音乐文件归到"音乐"库，这样，单击"音乐库"就会出现所有被归类到该库的文件夹和文件。

（5）更加安全可靠

Windows 7 操作系统新增加了一个行动中心，它就像一个维修专家，可以快速对硬件和软件进行检测与故障修复。Windows 7 操作系统自带的防火墙和磁盘加密功能可使系统更加安全可靠。

（6）更多的个性化选择

Windows 7 操作系统提供了更多的个性化选项，更好地满足了用户的个性化要求。

2. Windows 操作系统的基本概念

（1）Windows 操作系统是多用户、多任务的操作系统："多任务"是指一个用户可同时打开多个应用程序；"多用户"是指在一台主机上可通过特定硬件连接若干台终端设备，支持多个用户同时使用。

（2）剪贴板（Clip Board）：是内存中的一块区域，是 Windows 内置的一个非常有用的工具。通过剪贴板，各种应用程序之间能够方便地传递和共享信息。

（3）回收站（Recycling Station）：是 Windows 系统为每个用户在硬盘根目录下自动创建的一个名为 Recycler 的文件夹。它是一个特殊的文件夹，当用户将文件或程序删除时，实质上是把它放到了这个文件夹，这些被删除的文件或程序仍然占用磁盘的空间，只有在回收站里再次删除它们或清空回收站才能彻底删除。

（4）帮助和支持：是 Windows 提供的非常全面和详尽的用户操作使用指南，而且具有快捷的搜索功能，用户可随时按 F1 功能键进入帮助系统，再输入关键字快速搜索到所需要的帮助信息。基于 Windows 的多数应用程序都提供帮助和支持，并且都可通过按 F1 功能键快速进入帮助系统。

（5）常规键盘快捷方式：是指通过按某个功能键或组合键能够快速完成一项操作功能，可以节省操作时间、提高工作效率。Windows 系统的常规键盘快捷方式见表 2-1。

表 2-1 　　　　　　　　　　　　　Windows 系统的常规键盘快捷方式

按键	功能
F1	显示帮助
Ctrl+C	复制选择的对象
Ctrl+X	剪切选择的对象
Ctrl+V	粘贴选择的对象
Ctrl+Z	撤销操作
Ctrl+Y	重新执行某项操作
Delete	删除所选对象并将其移动到"回收站"
Shift+Delete	不将所选对象移动到"回收站"而直接将其删除

按键	功能
F2	重命名选定对象
Ctrl+向右键	将光标移动到下一个字词的起始处
Ctrl+向左键	将光标移动到上一个字词的起始处
Ctrl+向下键	将光标移动到下一个段落的起始处
Ctrl+向上键	将光标移动到上一个段落的起始处
Ctrl+Shift+某个箭头键	选择一块文本
Shift+任意箭头键	在窗口中或桌面上选择多个对象,或者在文档中选择文本
Ctrl+任意箭头键+空格键	选择窗口中或桌面上的多个单个对象
Ctrl+A	选择文档或窗口中的所有对象
F3	搜索文件或文件夹
Alt+Enter	显示所选项的属性
Alt+F4	关闭活动对象或者退出活动程序
Alt+空格键	为活动窗口打开快捷方式菜单
Ctrl+F4	关闭活动文档(在允许同时打开多个文档的程序中)
Alt+Tab	在打开的对象之间切换
Ctrl+Alt+Tab	使用箭头键在打开的对象之间切换
Ctrl+鼠标滚轮	更改桌面上的图标大小
Windows 图标键+Tab	使用 Aero Flip 3D 循环切换任务栏上的程序
Ctrl+Windows 图标键+Tab	通过 Aero Flip 3D 使用箭头键循环切换任务栏上的程序
Alt+Esc	以对象打开的顺序循环切换对象
F6	在窗口中或桌面上循环切换屏幕元素
F4	在 Windows 资源管理器中显示地址栏列表
Shift+F10	显示选定对象的快捷菜单
Ctrl+Esc	打开"开始"菜单
Alt+加下画线的字母	显示相应的菜单
	执行菜单命令(或其他有下画线的命令)
F10	激活活动程序中的菜单栏
向右键	打开右侧的下一个菜单或者打开子菜单
向左键	打开左侧的下一个菜单或者关闭子菜单
F5	刷新活动窗口
Alt+向上键	在 Windows 资源管理器中查看上一级文件夹
Esc	取消当前任务
Ctrl+Shift+Esc	打开任务管理器

任务二　管理桌面

　　Windows 7 安装完成后,打开外部设备和主机电源开关,Windows 7 便会自动启动进入 Windows 7 的桌面,为用户提供管理、控制和使用计算机的交互工作窗口,打开程序或文件夹时,它们便会出现在桌面上。用户可以将一些常用项目(如程序、文件或文件夹)放到桌面上,方便打开操作。

　　1. 桌面组成

　　Windows 7 的桌面主要由桌面背景、桌面图标、任务栏等组成,如图 2-1 所示。

　　(1)桌面背景

　　桌面背景(也称为壁纸)可以是个人收集的图片、Windows 提供的图片、纯色或带有颜色框架的图片。Windows 7 提供了丰富多彩的大量图片供用户选择作为壁纸使用,用户也可以选择一组图片以幻灯片方式进行切换。

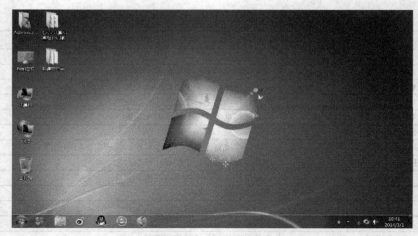

图 2-1　Windows 7 的桌面

（2）桌面图标

图标是代表程序、文件、文件夹和其他项目的小图片。首次
运行 Windows 7 时桌面非常干净，桌面图标只有一个"回收站"。
随着用户安装程序和打开对象的不同，桌面图标及布局会有所不
同。图 2-2 是常见桌面图标示例。

图 2-2　常见桌面图标示例

"回收站"用于回收被用户删除的文件或文件夹等对象。如果用户发现误删了文件，可以从回收
站中将其还原。若想彻底删除文件或文件夹，就需要清空回收站。

（3）任务栏

任务栏一般出现在桌面底部，包含"开始"按钮、活动任务区和通知区域 3 个部分，如图 2-3
所示。

　　　　　　　"开始"按钮　　　　　　　　　　　活动任务区　　　　　　　　　　　通知区域

图 2-3　任务栏

① "开始"按钮 ：在任务栏最左边，用于打开"开始"菜单。

② 活动任务区：在任务栏的中间部分，显示已经打开的对象，并可以在它们之间进行快速
切换。

单击任务栏按钮是在窗口之间进行切换的方式之一。当窗口处于活动状态（突出显示其任务栏
按钮）时，单击其任务栏按钮会"最小化"该窗口，即该窗口从桌面上消失，但并不是将其关闭或
删除其内容，只是暂时将其从桌面上隐去，实际上它仍然在运行，因为它在任务栏上有一个按钮，
单击该按钮其窗口又会出现在桌面上。

③ 通知区域：在任务栏的右边部分，包括时钟和一些具有实时通知功能的特定程序的图标。

2. 个性化桌面

（1）桌面图标设置

【例 2.1】添加或删除常用桌面图标。

常用的桌面图标包括"计算机""回收站""控制面板""网络""用户的文件夹"等。添加或删除常用桌面图标的具体操作步骤如下。

① 在桌面空白区域单击鼠标右键，在弹出的快捷菜单中选择"个性化"，弹出"个性化"对话框，如图 2-4 所示。

② 在左边窗格中，单击"更改桌面图标"按钮，弹出"桌面图标设置"对话框，如图 2-5 所示。

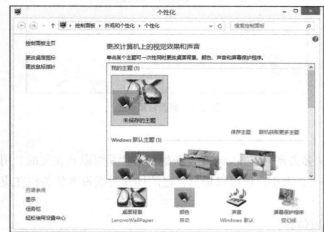

图 2-4　"个性化"对话框　　　　　　　　图 2-5　"桌面图标设置"对话框

③ 在"桌面图标"标签下面，选中想要添加到桌面的图标的复选框，或取消选中想要从桌面上删除的图标的复选框，然后单击"确定"按钮。

【例 2.2】改变桌面图标的大小。

可以通过设置调整 Windows 7 桌面图标的大小满足不同需要。具体操作步骤如下。

在桌面空白区域单击鼠标右键，在弹出的快捷菜单中选择"查看"，然后在弹出的快捷菜单中选择"大图标""中等图标"或"小图标"即可，如图 2-6 所示。

（2）桌面主题与背景设置

Windows 7 操作系统提供许多丰富多彩的桌面主题和背景图案，用户可根据自己的爱好随意更换主题或背景图案，还可以选择多张图片设计为幻灯片播放模式，使界面外观看起来更加赏心悦目，让使用计算机变成一种享受。

【例 2.3】改变桌面主题和背景图案。

改变桌面主题和背景图案的具体操作步骤如下。

① 在桌面空白区域单击鼠标右键，在弹出的快捷菜单中选择"个性化"，弹出"个性化"对话框。

② 在"个性化"对话框的中间区域单击选定自己喜欢的主题，例如"地球"主题。

③ 在"个性化"对话框的下面部分单击"桌面背景"按钮，弹出"桌面背景"对话框，如图 2-7 所示。

④ 单击选中某一张图片即可改变桌面背景图案。还可以同时选择多张图片，并单击"更改图片时间间隔"列表框右边下拉箭头，设定循环变换背景图案的时间间隔，创建一个桌面背景幻灯片。

⑤ 单击"保存更改"按钮。

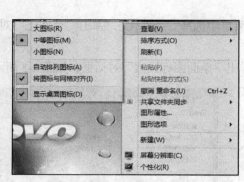

图 2-6　桌面图标大小的调整

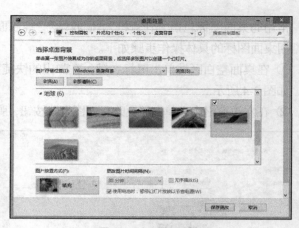

图 2-7　桌面背景设置

（3）任务栏的个性化设置

Windows 7 系统的任务栏给用户提供了诸多方便。Windows 7 系统的任务栏是可以自定义的，用户可以根据自己的意愿更改任务栏图标的样式、大小，还可以根据自己的操作习惯设置任务栏在桌面的摆放位置等。

【例 2.4】改变任务栏快捷图标大小和摆放位置。

具体操作步骤如下。

① 在任务栏上的任何空白区域单击鼠标右键，在弹出的快捷菜单中选择"属性"，弹出"任务栏和「开始」菜单属性"对话框，如图 2-8 所示。

② 单击"任务栏"选项卡，在"任务栏外观"勾选"使用小图标"复选框。

③ 单击"屏幕上的任务栏位置"列表框向下箭头，选择想要摆放的位置，单击"确定"按钮。

【例 2.5】自定义通知区图标。

在 Windows 7 系统中，默认始终在任务栏显示所有图标和通知，用户可以自定义隐藏图标和通知。具体操作步骤如下。

① 在任务栏上的任何空白区域单击鼠标右键，在弹出的快捷菜单中选择"属性"，弹出"任务栏和「开始」菜单属性"对话框，切换到"任务栏"选项卡，如图 2-8 所示。单击"通知区域"右侧"自定义"按钮，弹出"通知区域图标"窗口，如图 2-9 所示。

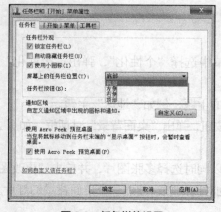

图 2-8　任务栏的设置

图 2-9　"通知区域图标"窗口

② 取消选中"始终在任务栏上显示所有图标和通知"复选框，打开图标列表右侧各对应下拉列表，选择相关选项，单击"确定"按钮。

【例 2.6】将常用软件锁定在任务栏中。

在 Windows 7 系统中，可以将程序直接锁定到任务栏，以便快速方便地打开该程序，而无须在"开始"菜单中寻找该程序。操作方法可采用以下两者之一。

① 若想要锁定的程序已经运行在任务栏中，则在该程序图标上单击鼠标右键，在弹出的快捷菜单中选择"将此程序锁定到任务栏"，如图 2-10 所示。

图 2-10　将程序锁定到任务栏

② 如果此程序没有运行，则单击"开始"按钮，找到此程序的图标，在此图标上单击鼠标右键，在弹出的快捷菜单中选择"锁定到任务栏"，或直接将该程序拖动到任务栏。

 可以将"开始"菜单中的程序锁定到任务栏，但不能将任务栏中的程序锁定到"开始"菜单。

【例 2.7】将锁定在任务栏中的程序解锁。

若要从任务栏中删除某个锁定的程序，可在该程序图标上单击鼠标右键，在弹出的快捷菜单中选择"将此程序从任务栏解锁"，如图 2-11 所示。

图 2-11　解锁在任务栏上的程序

举一反三

请完成以下操作，并观察结果。

① 更改任务栏按钮样式，当任务栏被占满时合并。

② 将任务栏的属性设置为自动隐藏。

③ 任务栏的语言栏不见了，设法恢复。

（4）桌面小工具设置

Windows 中包含许多称为"小工具"的小程序，这些小程序可以提供即时信息及可轻松访问常用工具的途径。例如，可以使用小工具显示时钟、显示图片幻灯片、查看不断更新的标题或查找联系人。

【例 2.8】给桌面添加一个带秒针的时钟，摆放在桌面右上角。

具体操作步骤如下。

① 在桌面空白处单击鼠标右键，在弹出的快捷菜单中选择"小工具"，显示小工具浏览、搜索页面，如图 2-12 所示。

② 双击"时钟"小工具，即在桌面上显示一个时钟。

③ 指向"时钟"小工具并单击鼠标右键，弹出小工具快捷菜单，如图 2-13 所示。

④ 选择"选项"，弹出"时钟"对话框，再选中"显示秒针"复选框，然后单击"确定"按钮。

 通过小工具右边的 3 个快捷按钮可执行各种操作：单击"关闭"按钮可以快速关闭小工具；单击"选项"按钮可以进入选项设置；单击"拖动小工具"按钮，可以将"时钟"小工具拖动到桌面任意位置。

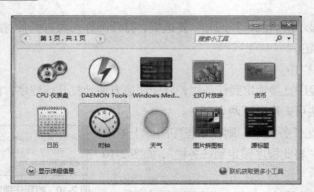

图 2-12　小工具浏览、搜索页面 　　　　　　　图 2-13　小工具快捷菜单

举一反三

请在桌面添加两个时钟小工具，以方便随时了解本地时间和美国加利福尼亚州时间。

分析：如果要在两个不同时区中跟踪时间，只需要在桌面上添加两个"时钟"小工具，并分别设置两个时钟"选项"的时区即可。例如，若要随时知道美国加利福尼亚州的时间，可以将一个时钟的时区设为"当前计算机时间"，另一个的时区设为"加利福尼亚州"。

【例 2.9】给桌面添加一个连续播放的幻灯片。

具体操作步骤如下。

① 在桌面空白处单击鼠标右键，在弹出的快捷菜单中选择"小工具"，显示小工具浏览、搜索页面，如图 2-12 所示。

② 双击"幻灯片放映"小工具，即在桌面上显示一个"幻灯片放映"窗口。

③ 在"幻灯片放映"窗口单击鼠标右键，选择"选项"，弹出"幻灯片放映"对话框，如图 2-14 所示。

④ 单击"文件夹"列表框右边按钮，选择想要播放的图片或幻灯片；单击"每张图片显示的时间"下拉列表框右边的向下箭头，选择幻灯片间隔时间；单击"图片之间的转换"下拉列表框向下箭头，选择幻灯片之间转换的动态方式。最后单击"确定"按钮。

图 2-14　"幻灯片放映"对话框

注意　在"幻灯片放映"窗口单击鼠标右键，在弹出的菜单中选择"大小"，可选择大尺寸或小尺寸播放窗口。

（5）屏幕保护设置

【例 2.10】给计算机设置屏幕保护程序。

Windows 7 给用户提供了屏幕保护程序，当停止计算机操作超过一定时间时，可通过设定让计算机自动启动屏幕保护程序。具体操作步骤如下。

① 在桌面空白区域单击鼠标右键，在弹出的快捷菜单中选择"个性化"，弹出"个性化"对话框。

② 在"个性化"对话框的下面部分单击"屏幕保护程序"，弹出"屏幕保护程序设置"对话框，如图 2-15 所示。

③ 单击"屏幕保护程序"下拉列表框右边箭头，选择列表中任意一个保护程序（选择后可单击"预览"按钮查看效果）。

④ 在"等待"编辑框中直接输入等待时间（如 10 分钟），或通过单击编辑框右边的箭头调整等待时间，然后单击"确定"按钮。

（6）桌面字体大小设置

【例 2.11】更改计算机桌面字体大小。

Windows 7 默认的桌面字体大小不一定适合所有的用户，用户可以根据自己的实际情况灵活调整桌面字体大小。具体操作步骤如下。

① 在桌面空白区域单击鼠标右键，在弹出的快捷菜单中选择"个性化"，弹出"个性化"对话框。

② 在"个性化"对话框的左边区域单击"显示"，弹出"显示"对话框，如图 2-16 所示。

图 2-15　"屏幕保护程序设置"对话框　　　　图 2-16　"显示"对话框

③ 在"显示"对话框中选择"较小"或"中等"对所有项目进行统一更改文本大小；也可以通过"仅更改文本大小"下面的列表框选定某个项目（如"标题"或"菜单"），只更改指定项目的文本大写。然后单击"应用"按钮。

④ 若想要对桌面所有项目文本大小进行任意比例的放大或缩小，可以在"显示"对话框中单击"自定义大小选项"按钮，弹出"自定义大小选项"对话框，如图 2-17 所示。从列表中选择一个百分比或拖动标尺到满意的位置，然后单击"确定"按钮。

图 2-17　"自定义大小选项"对话框

任务三　窗口的组成与操作

在 Windows 系统中，每当打开程序、文件或文件夹时，系统都会在桌面上显示一个窗口框架。

虽然每个窗口的内容各不相同，但绝大多数窗口都具有相同的基本部分，对窗口的基本操作也大致相同。

1. 窗口的组成

一个典型的窗口一般包括标题栏、菜单栏、控制按钮、滚动条、边框等几个基本部分。例如，打开 Windows 附件中的记事本应用程序，其窗口如图 2-18 所示。

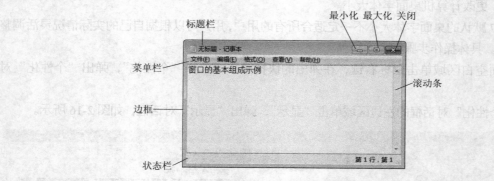

图 2-18　记事本的窗口

2. 窗口的操作使用

（1）标题栏的作用

标题栏用于显示文档和程序的名称（或者如果正在文件夹中工作，则显示文件夹的名称）。

（2）控制按钮的操作使用

控制按钮一般包含"最小化""最大化"和"关闭"3 个按钮。

① 最小化。单击"最小化"按钮 ▭ ，可以隐藏窗口，只在桌面任务栏的活动任务区显示一个相应图标，单击这个图标可以恢复显示窗口。

② 最大化。单击"最大化"按钮 ▭ ，可以放大窗口使其填充整个屏幕，窗口最大化后不可以通过对边框和角的拖动操作改变其大小；再单击"向下还原"按钮 ▭ ，则可以还原窗口大小。

③ 关闭。单击"关闭"按钮 ✕ ，可以关闭窗口。

注意　　如果关闭文档，而未保存对其所做的任何更改，则会弹出一条提示消息，并给出选项提醒用户选择保存更改。

（3）菜单栏的操作使用

菜单栏基本包含程序中所有的命令和操作。大多数程序包含几十个甚至几百个命令或操作，这些命令或操作以菜单项选择列表的形式组织在程序菜单栏里。为了使屏幕整齐，菜单栏里只显示菜单标题，菜单标题包含的菜单项都会隐藏起来，只有单击菜单标题之后才会显示其菜单项列表。如在记事本窗口中，单击"文件"菜单，可以打开"文件"菜单项列表，如图 2-19 所示。

若要选择菜单列表中的一个命令，应单击该命令。有

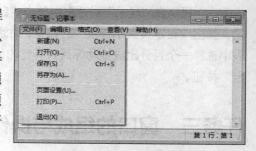

图 2-19　"文件"菜单项列表

时会显示对话框，可以从中选择其他选项。有一些菜单项不是命令，单击后会打开子菜单。如果命令不可用且无法单击，则该命令以灰色显示。若要在不选择任何命令的情况下关闭菜单，可单击菜单栏或窗口的任何其他部分。

 如果命令的键盘快捷方式可用，则它会显示在该命令的旁边。也可以使用键盘而非鼠标来操作菜单。

（4）滚动条的操作使用

当文档、网页或图片超出窗口大小时，会出现滚动条，可用于查看当前处于视图之外的信息。滚动条的使用步骤如下。

① 单击上、下滚动箭头可以小幅度地上、下滚动窗口内容。按住鼠标按钮可连续滚动。

② 单击滚动框上方或下方滚动条的空白区域可上、下较大幅度地滚动。

③ 上、下、左、右拖动滚动块可在该方向上滚动窗口。

（5）边框和角的操作使用

可以用鼠标指针拖动这些边框和角以更改窗口的大小。

（6）移动窗口

若要移动窗口，可用鼠标指针指向其标题栏，然后将窗口拖动到目标位置。

（7）在窗口间切换

如果打开了多个程序或文档窗口，可以采用以下操作方式之一进行窗口之间的切换。

① 使用任务栏。任务栏上放置了所有打开的程序或文档的相应按钮。若要切换到某个窗口，只需单击其任务栏按钮。该窗口将出现在所有其他窗口的前面，成为活动窗口（即当前正在使用的窗口）。

把光标指向任务栏按钮时，将看到一个缩略图大小的窗口预览，可以轻松地识别窗口。

② 按 Alt+Tab 组合键。按 Alt+Tab 组合键可以切换到先前的窗口，或者按住 Alt 键并重复按 Tab 键可循环切换所有打开的窗口和桌面。释放 Alt 键可以显示所选的窗口。

③ 使用 Aero 三维窗口切换。Aero 三维窗口切换以三维堆栈排列窗口，可以快速浏览这些窗口。使用三维窗口切换的步骤如下。

* 按住 Windows 图标键的同时按 Tab 键可打开三维窗口切换。

* 当按 Windows 图标键时，重复按 Tab 键或滚动鼠标滚轮可以循环切换打开的窗口。

* 释放 Windows 图标键可以显示堆栈中最前面的窗口，也可以单击堆栈中某个窗口的任意部分来显示该窗口。

3. 对话框的操作使用

对话框是特殊类型的窗口，用于提出问题，让用户选择选项来执行任务，也可用于提供信息。当程序或 Windows 需要用户做出响应才能继续运行时，系统经常会弹出对话框。例如，当用户关闭记事本窗口（退出程序）但未保存所做的工作时，系统将弹出一个对话框，如图 2-20 所示。

与常规窗口不同，多数对话框无法最大化、最小化或调整大小，但是它们可以被移动。

图 2-20 记事本保存提示对话框

任务四 "开始"菜单的操作使用

在 Windows 系统中,"开始"菜单是进入计算机程序、文件夹和设置的主要门户。它提供一个选项列表,就像餐馆里的菜单那样,通过它可以启动或打开某项内容。使用"开始"菜单可执行的常见任务包括:启动程序;打开常用的文件或文件夹;搜索文件、文件夹和程序;调整计算机设置;获取有关 Windows 操作系统的帮助信息;关闭计算机;注销 Windows 或切换到其他用户账户等。

单击屏幕左下角的"开始"按钮,或按键盘上的 Windows 图标键 ，即可打开"开始"菜单,如图 2-21 所示。

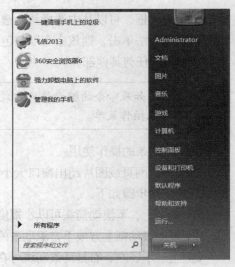

图 2-21 "开始"菜单

"开始"菜单分为程序列表、搜索框、常用对象列表 3 个基本部分。

1. 程序列表的操作使用

"开始"菜单左边窗格是计算机程序的一个简短列表。单击"所有程序"可显示程序和包含程序的文件夹的完整列表。从"开始"菜单打开程序的常见操作有如下几个。

开始菜单启动程序

(1)单击某个程序的图标即可启动该程序,并且"开始"菜单随之关闭。

(2)如果程序在"开始"菜单文件夹中,则需要先单击打开文件夹,然后单击选定程序。例如,单击"附件"就会显示存储在该文件夹中的程序列表,再单击"记事本",则打开该程序。

(3)如果不清楚某个程序的功能,可将指针移动到其图标或名称上,系统会显示该程序的描述信息。

2. 搜索框的操作使用

"开始"菜单左边窗格的底部是搜索框,通过输入搜索项可在计算机上查找程序、文件和文件夹等信息。具体操作步骤如下。

打开"开始"菜单,在搜索框输入搜索项,搜索结果将显示在搜索框上方。如在搜索框输入"画图"并进行搜索,则文件名为"画图"的程序和包含"画图"的文本文件都将分类在搜索框上方显示出来。

搜索结果是满足以下任何一种情况的程序、文件或文件夹等信息。

(1)标题中的任何文字与搜索项匹配或以搜索项开头。

(2)该文件实际内容中的任何文本(如文字处理文档中的文本)与搜索项匹配或以搜索项开头。

(3)文件属性中的任何文字(如作者)与搜索项匹配或以搜索项开头。

3. 常用对象列表的操作使用

"开始"菜单右边窗格提供对常用文件夹、文件、设置和功能的访问入口。在这里还可注销 Windows 或关闭计算机。从上至下列表项有以下几个。

（1）个人文件夹。个人文件夹是根据当前登录到 Windows 的用户命名的。例如，如果当前用户是 Administrator，则该文件夹的名称为 Administrator。

（2）文档。打开"文档库"，在这里存储和打开文本文件、电子表格、演示文稿以及其他类型的文档。

（3）图片。打开"图片库"，在这里存储和查看数字图片及图形文件。

（4）音乐。打开"音乐库"，在这里存储和播放音乐及其他音频文件。

（5）游戏。打开"游戏"窗口，在这里访问计算机上的所有游戏。

（6）计算机。打开一个计算机管理窗口，在这里访问磁盘驱动器、照相机、打印机、扫描仪及其他连接到计算机的硬件。

（7）控制面板。打开"控制面板"，在这里自定义计算机的外观和功能、安装或卸载程序、设置网络连接和管理用户账户。

（8）设备和打印机。打开一个设备管理窗口，在这里查看有关打印机、鼠标和计算机上安装的其他设备的信息。

（9）默认程序。打开一个默认程序管理窗口，在这里选择要让 Windows 运行用于诸如 Web 浏览活动的程序。

（10）帮助和支持。打开 Windows 帮助和支持，可以在这里浏览和搜索有关使用 Windows 和计算机的帮助主题。

另外，右窗格的底部是"关机"按钮。单击"关机"按钮可关闭计算机。单击"关机"按钮旁边的箭头可显示一个带有其他选项的菜单，可用来切换用户、注销、重新启动或关闭计算机。

任务五　安装或删除硬件和软件

1. 添加新硬件

Windows 7 系统提供了绝大多数计算机硬件设备的驱动程序。要添加新硬件，只需将硬件或移动设备插入计算机，系统便会自动安装大多数硬件或移动设备的驱动程序。如果系统没有合适的驱动程序，Windows 会提示用户插入可能随硬件设备附带的软件光盘或 U 盘。

2. 安装和删除打印机

安装打印机的方式有几种。选择哪种方式取决于设备和环境条件。

（1）本地打印机

本地打印机是指将打印机直接连接到计算机，这是安装打印机最常见的方式。

如果打印机是使用通用串行总线（USB）端口连接的型号，在插入后，Windows 将自动检测并安装此打印机。

安装打印机

如果打印机是使用串行或并行端口连接的较旧型号，可能需要手动安装。具体操作步骤如下。

① 单击"开始"菜单，找到并选择"设备和打印机"。

② 在打开的窗口中单击"添加打印机"。

③ 在打开的"添加打印机向导"对话框中，单击"添加本地打印机"。

④ 在打开的"选择打印机端口"页上，确保选择"使用现有端口"单选按钮和建议的打印机端

口，然后单击"下一步"按钮。

⑤ 在打开的"安装打印机驱动程序"页上，选择打印机制造商和型号，然后单击"下一步"按钮。

如果未提供驱动程序，但是有安装 CD，可单击"从磁盘安装"，然后浏览到打印机驱动程序所在的文件夹。完成向导中的其余步骤，单击"完成"按钮。

 打印机安装完成后，最好打印一份测试页以确保打印机工作正常。

（2）网络打印机

网络打印机是指打印机作为独立设备直接连接到网络，网络上的计算机可以通过网络共享使用该打印机。在大多数的工作环境中，打印机都是网络打印机。在家庭环境中也可以通过家庭网络使用网络打印机。

安装网络打印机的具体操作步骤如下。

① 在添加网络打印机之前，需要知道该打印机的名称。

② 单击"开始"按钮，然后单击打开"设备和打印机"。

③ 在打开的窗口中单击"添加打印机"。

④ 在打开的"添加打印机向导"中，单击"添加网络、无线或 Bluetooth 打印机"。

⑤ 在打开的对话框中可用的打印机列表中，选择要使用的打印机，然后单击"下一步"按钮。

如有提示，请单击"安装驱动程序"，在计算机中安装打印机驱动程序。如果系统提示输入管理员密码或进行确认，请输入该密码或提供确认。

⑥ 完成向导中的其余步骤，然后单击"完成"按钮。

 可用的网络打印机可以包含网络中的所有打印机，例如 Bluetooth 打印机和无线打印机或在网络中共享的打印机。某些网络打印机需要具有访问权限才能安装。

（3）删除打印机

如果不再使用打印机，可以删除该打印机。具体操作步骤如下。

① 单击"开始"按钮，然后单击打开"设备和打印机"。

② 在打开的窗口中，鼠标右键单击要删除的打印机，在弹出的快捷菜单中选择"删除设备"，然后单击"是"按钮。

如果无法删除打印机，请再次单击鼠标右键，依次选择"以管理员身份运行""删除设备"，然后单击"是"按钮。如果系统提示输入管理员密码或进行确认，请输入该密码或提供确认。

（4）打印测试页

打印机安装完毕后，可以通过打印测试页来确定打印机是否正常工作。

操作步骤如下。

① 单击打开"设备和打印机"。

② 在打开的窗口中，用鼠标右键单击打印机，在弹出的快捷菜单中选择"打印机属性"。

③ 在弹出的对话框中单击"常规"选项卡，单击"打印测试页"按钮。

3. 安装或删除软件

（1）安装软件

软件一般可以从外部存储设备或从 Internet 等进行安装。

① 从外部存储设备安装软件。

将光盘或 U 盘插入计算机，安装程序一般会自动启动安装向导，然后按照屏幕上的说明操作即可。如果系统提示输入管理员密码或进行确认，请输入该密码或提供确认。

如果安装程序没有自动开始安装，请检查软件附带的信息。该信息可能会提供手动安装该程序的说明。如果无法访问该信息，还可以浏览光盘或 U 盘，然后打开软件的安装程序（文件名通常为 Setup.exe 或 Install.exe）。

② 从 Internet 安装软件。

在 Web 浏览器中，单击指向软件的链接。

若要立即安装软件，请单击"打开"或"运行"，然后按照屏幕上的指示进行操作。如果系统提示输入管理员密码或进行确认，请输入该密码或提供确认。

若要以后安装程序，请单击"保存"，然后将安装文件下载到计算机上。做好安装该程序的准备后，再双击该文件，并按照屏幕上的指示进行操作。

 从 Internet 下载和安装程序时，要确保该程序的发布者及提供该程序的网站是值得信任的。在执行安装操作之前，最好先扫描查杀安装文件中的病毒。

（2）删除软件

计算机上有些软件安装后不再使用，这些无用的软件占用计算机的存储空间，堆积太多会使计算机运行速度变慢，因此需要及时清理。可以通过下列操作删除一些不需要的程序。

① 打开"控制面板"，然后单击"程序"。

② 单击打开"程序和功能"窗口，如图 2-22 所示。

图 2-22　"程序和功能"窗口

③ 选择程序，然后单击"卸载"。除了卸载选项外，某些程序可能还包含更改或修复程序选项。若要更改程序，请单击"更改"或"修复"。如果系统提示输入管理员密码或进行确认，请输入该密码或提供确认。

任务六　文件和文件夹管理

1. 认识文件和文件夹

（1）文件

在计算机系统中，文件是由用户赋予名字并存储在磁盘上的信息的集合。计算机系统内所有的数据和信息都以文件的形式进行存储。文件的内容可以是文本、图片、视频、声音或程序代码等任何数字化的信息。

① 文件的命名

在 Windows 中，文件的命名可以是英文字母、汉字、数字、空格和特殊字符的任意组合。但文件名不能包括下列任何字符：?，*，\，/，:，"，<，>，|。

Windows 操作系统支持长文件名，文件名最长可多达 256 个字符。

② 文件的类型

在 Windows 操作系统中，文件一般按照文件中的信息类型进行分类。文件类型一般以扩展名来体现，扩展名一般包含 3 个英文字符，通过在文件名之后加一个"."来分隔开。常见的文件类型及其扩展名见表 2-2。

表 2–2　　　　　　　　　　　　　常见文件类型及其扩展名

文件类型	扩展名	说明
文本文件	.txt、.doc	这类文件可以使用文本编辑器（如记事本、Word 程序）进行编辑
多媒体文件	.wav、.mid、.mp3、.asf、.mpeg、.avi	这类文件是以数字形式存储的音频或视频信息，可通过多媒体软件如 Windows Media Player 播放或编辑
图像文件	.bmp、.jpg、.gif	这类文件可通过图像处理软件（如画图、Photoshop）编辑处理
程序文件	.exe、.com、.bat	这类文件可以直接执行
支持文件	.sys、.dll	这类文件是可执行文件的辅助文件，本身不可直接运行
网页文件	.html、.asp、.jsp	这类文件可在网页浏览器（如 IE 浏览器）中浏览和网页编辑软件（如 Dreamweaver）中编辑处理
其他文件	.dbf、.war、.ttf、.fon	其他文件还有数据库文件、压缩文件、字体文件

（2）文件夹

文件夹顾名思义就是保存收集文件的夹子，是计算机系统中存储、管理文件的一种形式。用户为了对文件进行分类存储以便于管理、查找和维护，可以根据需要自行建立文件夹，还可以在文件夹中建立任意多个子文件夹。

Windows 系统中文件夹的命名规则和文件的命名规则类似，但文件夹一般不加扩展名。

2. 管理文件和文件夹

在 Windows 操作系统中，文件的存储、组织与管理通过文件夹来实现。用户在管理文件和文件夹过程中，除了创建、打开、修改文件和文件夹，还常常需要对文件和文件夹进行删除、复制、移动、重命名、搜索等操作。Windows 7 系统除了提供"计算机"和"Windows 资源管理器"用于管理文件和文件夹，还提供了"库"功能，使用户对文件的组织管理更加灵活方便。

（1）"计算机"和"Windows 资源管理器"简介

在 Windows 旧版本中，使用"我的电脑"或"Windows 资源管理器"管理计算机的资源。在 Windows 7 系统中，以"计算机"代替了"我的电脑"，功能更加强大，操作更加灵活方便。

① "计算机"窗口。单击"开始"按钮，在"开始"菜单中选择"计算机"然后单击，即可打开"计算机"窗口，如图 2-23 所示。利用"计算机"窗口，可以进行计算机上所有资源的管理操作。

图 2-23　"计算机"窗口

② "Windows 资源管理器"。单击"开始"按钮，在"开始"菜单中选择"所有程序"→"附件"→"Windows 资源管理器"命令，即可打开"Windows 资源管理器"窗口，如图 2-24 所示。利用"Windows 资源管理器"可以进行所有的文件和文件夹管理。

图 2-24　"Windows 资源管理器"窗口

（2）文件和文件夹的组织结构

在 Windows 系统中，文件和文件夹的组织管理采用树形结构（或叫层次结构）。用户根据文件的特征或属性将文件分门别类存放在不同的文件夹或子文件夹中，文件或文件夹之间形成一种层次隶属关系。这种文件组织结构类似树形结构，所以通常称之为文件目录树，如图 2-25 所示。

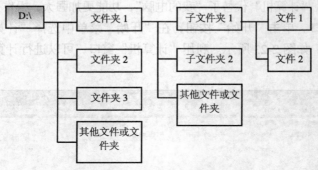

图 2-25　文件与文件夹的树形结构

（3）创建文件夹

创建文件夹的方法可以有多种，下面举例说明。

【例 2.12】在 D 盘根目录下创建一个名为"大学计算机基础"的文件夹，并在其中创建 3 个子文件夹，分别命名为"教学课件""教辅资料""学生作业"，如图 2-26 所示。

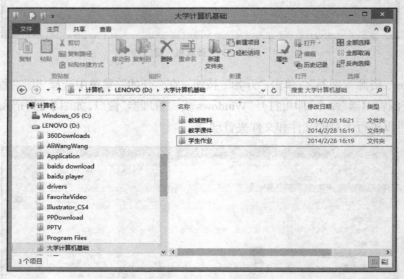

图 2-26　创建文件夹

方法一：利用"计算机"管理窗口创建文件夹

具体操作步骤如下。

① 双击桌面"计算机"图标，打开"计算机"管理窗口。

② 双击打开 D 盘。

③ 单击工具栏"新建文件夹"按钮，在名称编辑框内（显示"新建文件夹"）输入"大学计算机基础"，然后按 Enter 键。

④ 双击打开"大学计算机基础"文件夹。

⑤ 重复第③步的操作 3 次，不同的是在名称编辑框内要分别输入"教学课件""教辅资料""学生作业" 3 个子文件夹名。

方法二：利用快捷菜单创建文件夹

具体操作步骤如下。

① 通过任意方式打开 D 盘。

② 在空白处单击鼠标右键，在弹出的快捷菜单中选择"新建"→"文件夹"命令，如图 2-27 所示。

③ 在名称编辑框内（显示"新建文件夹"）输入"大学计算机基础"，然后按 Enter 键。

④ 打开"大学计算机基础"文件夹，重复②、③操作 3 次，不同的是在名称编辑框中要分别输入"教学课件""教辅资料""学生作业" 3 个子文件夹名。

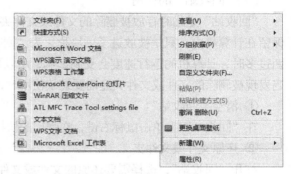

图 2-27　快捷菜单创建文件夹

（4）重命名文件或文件夹

在实际工作中，经常需要对文件或文件夹进行重命名。

具体操作步骤如下。

① 在需要更名的文件或文件夹上单击鼠标右键，在弹出的快捷菜单中，选择"重命名"命令。

② 在编辑框内输入新名称，然后单击 Enter 键。

（5）选择多个文件或文件夹

对文件或文件夹进行删除、移动、复制等操作前，先要选定操作对象。选择多个文件或文件夹有多种方式。

① 若要选择一组连续的文件或文件夹，单击第一项，按住 Shift 键，然后单击最后一项。

② 若要选择相邻的多个文件或文件夹，拖动鼠标指针，将要选择的所有对象包括在一个框内进行选择。

③ 若要选择不连续的文件或文件夹，按住 Ctrl 键，然后单击要选择的每个对象。

④ 若要选择窗口中的所有文件或文件夹，在工具栏上单击"组织"，然后单击"全选"。如果要从选择中排除一个或多个对象，按住 Ctrl 键，然后单击该对象。

⑤ 使用复选框选择多个文件或文件夹。

单击打开"文件夹选项"，在弹出的对话框中单击"查看"选项卡，选中"使用复选框以选择项"复选框（见图 2-28），然后单击"确定"按钮。

当鼠标指向每个对象时，左边将出现一个复选框，单击选择该对象。若要清除所有选择，请单击窗口的空白区域。

（6）删除文件或文件夹

对不再需要的文件或文件夹，可以将其删除。删除文

图 2-28　使用复选框以选择项

63

件或文件夹的方法有许多，下面是几种常用的方法。

① 选择要删除的文件或文件夹，按 Delete 键。

② 选择要删除的文件或文件夹，鼠标右键单击弹出快捷菜单，选择"删除"命令。在弹出的对话框（询问是否将文件或文件夹放入回收站）中，单击"是"按钮。

③ 选择要删除的文件或文件夹，直接将其拖动到桌面"回收站"图标中。

（7）"回收站"的使用

"回收站"是临时存放被删除的文件或文件夹的地方。这些文件虽然被删除了，但实际上它们还保留在计算机内，只是被放进了一块称之为"回收站"的存储器空间中。当"回收站"里堆放的东西过多时，计算机的运行速度会受到影响，所以要养成良好习惯，隔一段时间就要将其清空一次。当发现被删除的文件或文件夹还需要继续使用时，可以从"回收站"中将其还原。

① 清空"回收站"

在"回收站"上单击鼠标右键，在弹出的快捷菜单中，选择"清空回收站"命令即可。

② 还原文件或文件夹

打开"回收站"，选择需要还原的文件或文件夹，然后单击"还原此项目"（只选一个对象时）或"还原选定的项目"（选择多个对象时）即可。

注意　　　　　当需要还原"回收站"里所有的文件或文件夹时，单击"还原所有项目"即可。

（8）复制文件或文件夹

复制文件或文件夹的方法有很多，下面介绍两种常用的方法。

① 利用"复制""粘贴"命令

在要复制的文件（或文件夹）上单击鼠标右键，在弹出的快捷菜单中选择"复制"命令。然后打开存放文件（或文件夹）的目标位置，在空白处单击鼠标右键，在弹出的快捷菜单选择"粘贴"命令。

② 通过拖动操作

打开要复制的文件（或文件夹）所在的源文件夹窗口，同时打开复制后存放的目标文件夹窗口。直接将要复制的文件（或文件夹）从源文件夹窗口拖动到目标文件夹窗口，如图 2-29 所示。

图 2-29　利用拖动操作复制文件或文件夹

注意　　　　　当源文件夹和目标文件夹同在一个文件夹中时，直接拖动的操作就变成了移动文件或文件夹操作，而不是复制文件或文件夹。

（9）移动文件或文件夹

移动文件或文件夹的操作和复制操作类似。下面介绍两种常用方法。

① 利用"剪切""粘贴"命令

在要移动的文件（或文件夹）单击鼠标右键，在弹出的快捷菜单中选择"剪切"命令。然后打开存放文件（或文件夹）的目标位置，在空白处单击鼠标右键，在弹出的快捷菜单中选择"粘贴"命令。

② 利用"移动到文件夹"命令

打开要移动的文件（或文件夹）所在的源文件夹窗口，选择要移动的文件（或文件夹），选择"编辑"→"移动到文件夹"命令，如图 2-30 所示。在弹出的"移动项目"对话框中，选择目标位置，单击"移动"按钮。

（10）隐藏文件或文件夹

有时候为了保护隐私，需要将某些文件或文件夹隐藏起来。可以通过更改文件属性来使文件或文件夹处于隐藏状态或可见状态。具体操作步骤如下。

在单击某个文件或文件夹图标（如"第二章图文"文件夹）上单击鼠标右键，在弹出的菜单中选择"属性"命令。选中"属性"中的"隐藏"复选框（见图 2-31），然后单击"确定"按钮。

图 2-30　移动文件夹

图 2-31　设置文件夹为"隐藏"

注意　　　如果某个文件或文件夹已设置为隐藏状态，但又希望将其显示出来，则需要设置"文件夹选项"中的"显示"选项为"显示全部隐藏文件"，这样才能看到该文件或文件夹（详情请参考"更改文件夹选项"）。

（11）更改文件夹选项

打开"计算机"窗口或"控制面板"窗口，选择"工具"→"文件夹选项"命令，打开"文件夹选项"对话框，可以更改文件和文件夹执行的方式，以及文件或文件夹在计算机上的显示方式，如图 2-32 所示。

① 更改文件夹常规设置

在"文件夹选项"的"常规"选项卡上可以设置浏览文件夹的方式、打开项目的方式、导航窗格的显示方式。其中，打开项目的方式可以设置为单击模式（即单击鼠标左键打开项目）或双击模式（即双击鼠标左键打开项目）。

　　　　若要还原"常规"选项卡上的原始设置，请单击"还原为默认值"按钮，然后单击"确定"按钮。

　　② 更改文件夹查看设置

　　单击"文件夹选项"的"查看"选项卡（见图 2-33），可以对文件和文件夹进行高级设置。单击选中需要的项目，然后单击"确定"按钮。

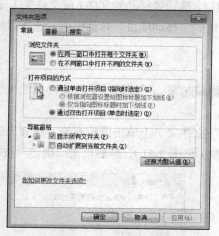

图 2-32　设置文件夹常规选项

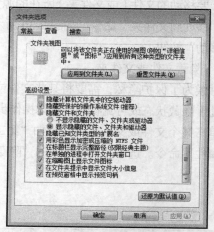

图 2-33　设置文件夹查看选项

　　　　若要还原"查看"选项卡上的原始设置，请单击"还原为默认值"按钮，然后单击"确定"按钮。

　　（12）加密文件或文件夹

　　有时候为了保护隐私，仅仅是将某些文件或文件夹隐藏起来，还是不够安全的，还要进一步对文件或文件夹进行加密。具体操作步骤如下。

　　在某个文件或文件夹图标上单击鼠标右键，在弹出的快捷菜单中选择"属性"命令，再单击"高级"按钮。在"高级属性"对话框中，选中"加密内容以便保护数据"旁边的复选框（见图 2-34），然后单击"确定"按钮。

　　（13）搜索文件或文件夹

　　Windows 7 系统提供了搜索文件和文件夹的多种方法。

　　① 利用"开始"菜单上的搜索框查找。可以使用"开始"菜单上的搜索框来查找存储在计算机上的文件、文件夹、程序和电子邮件等。具体操作步骤如下。

　　单击"开始"按钮，然后在搜索框中输入要搜索的对象名称或名称的部分内容（如记事本）。输入后，与所输入文本相匹配的项目将出现在"开始"菜单上，如图 2-35 所示。

　　② 利用文件夹或库中的搜索框来查找。当已经知道要查找的文件位于某个特定文件夹或库（如文档或图片文件夹/库）中时，通过浏览文件方式查找所需对象时可能要查看许多文件夹和文件。为了提高效率，可以使用已打开的文件夹/库窗口顶部的搜索框，快速找到需要的对象。

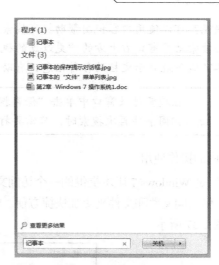

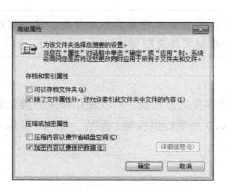

图 2-34 设置文件夹高级属性　　　　　　图 2-35 利用"开始"菜单搜索框查找文件

搜索框位于每个库或文件夹窗口的顶部右边部分，如图 2-36 所示。

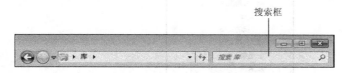

图 2-36 文件夹或库中的搜索框

在搜索框中输入要搜索的对象名称或名称的部分内容。输入后，与所输入文本相匹配的项目将出现在工作窗口中。

③ 利用搜索筛选器查找文件或文件夹。如果要基于一个或多个属性（例如文件名关键字或上次修改文件的日期）搜索文件，则可以在搜索时使用搜索筛选器指定属性。

在库或文件夹窗口中，单击搜索框，然后单击搜索框下的相应搜索筛选器。例如，若要查找特定日期修改过的文档，请单击"修改日期"搜索筛选器。

根据单击的搜索筛选器，选择一个值。例如，如果单击"修改日期"搜索筛选器，则单击选择一个日期或列表中的一个日期范围值。

可以重复执行这些步骤，以建立基于多个属性的高级搜索。每次单击搜索筛选器或值时，系统都会将相关字词自动添加到搜索框中。

【例 2.13】在"C:\kaoshi\windows\"文件夹中搜索这个星期早些时候修改过的 Word 文档（文件类型为.doc）。

操作步骤如下。

第一步，利用 Windows 资源管理器打开"C:\kaoshi\windows\"文件夹窗口。

第二步，单击文件夹窗口地址栏右边搜索框，然后单击搜索框下的"种类"搜索筛选器，选择"文档"；单击"类别"搜索筛选器，选择".doc"；单击"修改日期"搜索筛选器，选择"这个星期早些时候"。

举一反三

在搜索文件时，时常会碰到搜索结果太多，难以找到自己所需要的文件的问题，如何使搜索更快更准确呢？可以使用内容视图帮助提高搜索效率。

单击搜索结果窗口右上方的"更改您的视图"按钮，从下拉列表中选择"内容"视图，这种视图可以尽可能多地显示文档的各种信息，有助于更快捷地定位到目标文档。

注意

在搜索结果窗口中单击"保存搜索"可以将搜索保存为虚拟文件夹，这样当以后需要使用相同条件再次搜索时，只需要打开这个虚拟文件夹即可。

3. 库的操作使用

"库"是 Windows 7 版本提供的一个访问文件和文件夹的新功能。可以使用库来分类组织文件和文件夹，使访问文件和文件夹更加快捷方便。Windows 7 系统提供视频、图片、文档、音乐 4 个默认库，如图 2-37 所示。

图 2-37　导航窗格中显示的库结构

库

（1）默认库

① 文档库。使用该库可组织和排列字处理文档、电子表格、演示文稿及其他与文本有关的文件。默认情况下，移动、复制或保存到文档库的文件都存储在"我的文档"文件夹中。

② 图片库。使用该库可组织和排列数字图片，图片可从照相机、扫描仪或者从其他人的电子邮件中获取。默认情况下，移动、复制或保存到图片库的文件都存储在"我的图片"文件夹中。

③ 音乐库。使用该库可组织和排列数字音乐，例如从音频 CD 翻录或从 Internet 下载的歌曲。默认情况下，移动、复制或保存到音乐库的文件都存储在"我的音乐"文件夹中。

④ 视频库。使用该库可组织和排列视频，例如取自数码相机、摄像机的剪辑，或者从 Internet 下载的视频文件。默认情况下，移动、复制或保存到视频库的文件都存储在"我的视频"文件夹中。

若要打开文档、图片或音乐库，单击"开始"按钮，然后单击"文档""图片"或"音乐"。

（2）库的常见操作

① 新建库。除了 4 个默认库（文档、音乐、图片和视频），也可以新建库用于其他集合。操作步骤如下。

单击"开始"按钮，单击用户名，打开个人文件夹，然后单击左窗格中的"库"。在"库"中的工具栏上，单击"新建库"。输入库的名称，然后按 Enter 键。

② 按文件夹、日期和其他属性排列对象。可以使用"排列方式"菜单以不同方式排列库中的项目，该菜单位于任何打开库中的库面板（文件列表上方）内。例如，可以按艺术家排列音乐库，以

便按特定艺术家快速查找音乐。

③ 包含或删除文件夹。库收集包含的文件夹或"库位置"中的内容。

● 包含文件夹到库中的操作。单击"开始"按钮 ，然后单击用户名。鼠标右键单击要包含的文件夹，指向"包含到库中"，然后单击库。

● 从库中删除文件夹的操作。在任务栏中单击"Windows 资源管理器"按钮。在导航窗格（左窗格）中，单击要从中删除文件夹的库。在库窗格（文件列表上方）中，在"包含"旁边，单击"位置"。在显示的对话框中，单击要删除的文件夹，单击"删除"按钮，然后单击"确定"按钮。

> "库"只是提供访问文件和文件夹的链接，其本身不是文件夹。从库中删除文件夹的操作，只是删除指向该文件夹的链接，不会从原始位置中删除该文件夹及其内容。

④ 更改默认保存位置。默认保存位置确定将对象复制、移动或保存到库时的存储位置。

更改库的默认保存位置的操作步骤如下：打开要更改的库，在库窗格（文件列表上方）中，在"包含"旁边，单击"位置"。在"库位置"对话框中，右击当前不是默认保存位置的库位置，在弹出的菜单中选择"设置为默认保存位置"命令，然后单击"确定"按钮。

4. 创建或删除快捷方式

快捷方式是指向计算机上某个对象（如文件、文件夹或程序）的链接。为了方便操作，常常将某个项目的快捷方式放置在方便的位置，例如将某个应用程序的快捷方式图标放在桌面上，或将某个文件夹的快捷方式放置在文件夹的导航窗格（左窗格）中。快捷方式图标上的箭头可用来区分快捷方式和原始对象，如图 2-38 所示。

图 2-38　文件夹图标及其快捷方式图标

选中快捷方式，按 Delete（或 Del）键即可将其删除。创建快捷方式主要有如下两种方法。

方法一：①打开要创建快捷方式的对象所在的位置；②在该对象上单击鼠标右键，在弹出的快捷菜单中选择"创建快捷方式"命令，新的快捷方式将出现在原始对象所在的位置上；③将新的快捷方式移动到所需位置。必要时在该快捷方式上单击鼠标右键，在弹出的快捷菜单中选择"重命名"命令，输入新名字。

方法二：①在放置快捷方式位置（如桌面）的空白处单击鼠标右键，在弹出的快捷菜单中选择"新建"→"快捷方式"命令，弹出"创建快捷方式"对话框，如图 2-39 所示；②在"请输入对象的位置"文本框中输入对象的路径和名称，或单击"浏览"按钮找到对象，单击"下一步"按钮；③输入快捷方式的名称，单击"完成"按钮。

【例 2.14】在桌面创建一个"画图"应用程序的图标（快捷方式）。

使用上面介绍的方法一和方法二都可以实现，下面介绍一个更快速的方法。

（1）单击"开始"按钮，在搜索框中输入"画图"。

（2）把程序"画图"直接拖动到桌面上，或鼠标右键单击"画图"图标，在弹出的快捷菜单中选择"发送到"→"桌面快捷方式"命令。

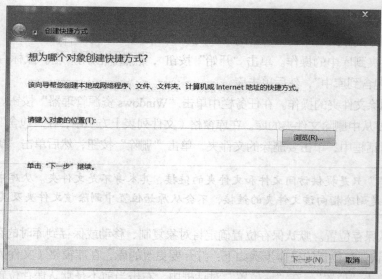

图 2-39 "创建快捷方式"对话框

5. 压缩和解压缩文件

压缩文件就是对文件进行压缩处理以使其占据较少的存储空间，可以更快速地传输到其他计算机。相反地，解压缩文件就是把压缩文件经过解压缩处理后恢复到压缩前原来的样子。能够对文件进行压缩和解压缩处理的常用软件有 **WinRar**、**WinZip**、快压等。

要对文件或文件夹进行压缩或解压缩，必须首先在计算机上安装有某一款压缩软件，例如 **WinRar**。

（1）压缩文件或文件夹操作

具体操作步骤如下。

① 选定要压缩的文件或文件夹。

② 在文件或文件夹上单击鼠标右键，在弹出的快捷菜单中选择"添加到压缩文件"命令，弹出"压缩文件名和参数"对话框，如图 **2-40** 所示。

③ 系统默认压缩文件名与原来的文件或文件夹同名（扩展名不同），如果要更名，请在"压缩文件名"编辑框内输入新的名称。如果要将压缩文件或文件夹添加到已有的压缩文件中，则单击右上方的"浏览"按钮，选择已有的压缩文件，并在"更新方式"下拉列表中选择相应的更新方式。

（2）压缩文件或文件夹的解压缩操作

具体操作步骤如下。

① 选定要从中提取（解压缩）文件或文件夹的压缩文件。

② 执行以下操作之一。

若要提取单个文件或文件夹，请双击压缩文件夹将其打开。然后，将要提取的文件或文件夹从压缩文件夹拖动到新位置。

若要提取压缩文件夹的所有内容，请在压缩文件夹上单击鼠标右键，在弹出的快捷菜单中选择"解压文件"命令，弹出"解压路径和选项"对话框，如图 2-41 所示。然后输入解压后文件夹存放的"目标路径"，选择"更新方式"等，最后单击"确定"按钮。

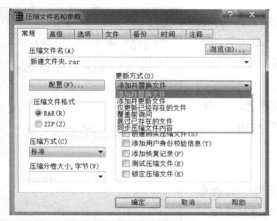

图 2-40　"压缩文件名和参数"对话框　　　　图 2-41　"解压路径和选项"对话框

注意　　如果将加密文件添加到压缩文件夹中，则提取之后这些文件将变为未加密状态。因此，应避免压缩加密文件。

【例 2.15】将 "D:\lianxi\myfile1\a.doc" 文件和 "D:\lianxi\myfile2" 文件夹并行压缩到 "D:\lianxi\myfile3\b.rar" 文件。

操作步骤如下。

① 打开文件夹 "D:\lianxi\myfile1"，在文件 a.doc 上，单击鼠标右键，在弹出的快捷菜单中选择 "添加到压缩文件" 命令，弹出 "压缩文件名和参数" 对话框，单击右上方的 "浏览" 按钮，弹出 "查找压缩文件" 对话框，在 "保存在" 输入框中选择路径 "D:\lianxi\myfile3"，并在 "文件名" 输入框中输入 "b.rar"。

② 在 "D:\lianxi\myfile2" 文件夹上单击鼠标右键，在弹出的快捷菜单中选择 "添加到压缩文件" 命令，在弹出的 "压缩文件名和参数" 对话框中，单击右上方的 "浏览" 按钮，然后在弹出的 "查找压缩文件" 对话框中，打开 "D:\lianxi\myfile3" 文件夹，选择已经存在的压缩文件 b.rar，单击 "确定" 按钮，返回到 "压缩文件名和参数" 对话框。

③ 在 "压缩文件名和参数" 对话框中，选择 "更新方式" 为 "添加并替换文件"，单击 "确定" 按钮。

举一反三

如果在创建压缩文件夹后，还希望将新的文件或文件夹添加到该压缩文件夹，可直接将要添加的文件或文件夹拖动到压缩文件夹中。

任务七　优化计算机性能

1. 清理磁盘和整理磁盘碎片

（1）利用 "磁盘清理" 工具清理磁盘

Windows 系统在附件中提供了 "磁盘清理" 工具，该程序可删除临时文件、清空回收站、删除各种系统文件和其他不再需要的项目，以释放磁盘空间，让计算机运行得更快。具体操作步骤如下。

① 在"开始"菜单中选择"所有程序"→"附件"→"系统工具"→"磁盘清理"命令，在"驱动器"列表中，单击要清理的硬盘驱动器（如 C 盘），然后单击"确定"按钮，打开"(C:)的磁盘清理"对话框，如图 2-42 所示。

② 在"(C:)的磁盘清理"对话框中的"磁盘清理"选项卡中，选中要删除的文件类型的复选框，然后单击"确定"按钮。

③ 在出现的消息中，单击"删除文件"。

（2）利用"磁盘碎片整理程序"整理磁盘碎片

计算机使用了一段时间之后，会在磁盘空间上产生一定程度的碎片。磁盘碎片会降低磁盘的利用效率和计算机的运行速度。Windows 系统在附件中提供了"磁盘碎片整理程序"工具，利用

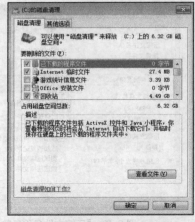

图 2-42 "(C:)的磁盘清理"对话框

它可以重新排列碎片数据，以便磁盘和驱动器能够更有效地工作，提高计算机性能。"磁盘碎片整理程序"可以按用户的设定自动运行，用户也可以手动分析磁盘和驱动器，以及对其进行碎片整理。具体操作步骤如下。

① 在"开始"菜单中选择"所有程序"→"附件"→"系统工具"→"磁盘碎片整理程序"命令。

② 在"当前状态"下，选择要进行碎片整理的磁盘。

若要确定是否需要对磁盘进行碎片整理，请单击"分析磁盘"。如果系统提示输入管理员密码或进行确认，请输入该密码或提供确认。

在 Windows 完成分析磁盘后，可以在"上一次运行时间"列中检查磁盘上碎片的百分比。如果数字高于 10%，则应该对磁盘进行碎片整理。

③ 单击"磁盘碎片整理"。如果系统提示输入管理员密码或进行确认，请输入该密码或提供确认。

磁盘碎片整理程序可能需要几分钟到几小时才能完成，具体取决于硬盘碎片的大小和程度。在碎片整理过程中，计算机仍然可以使用。

注意   如果磁盘已经由其他程序独占使用，或者磁盘使用 NTFS 文件系统、FAT 或 FAT32 之外的文件系统格式化，则无法对该磁盘进行碎片整理。

2. 使用 Windows 优化大师

Windows 优化大师是一款功能强大的系统工具软件，它提供了全面有效且简便安全的系统检测、系统优化、系统清理、系统维护四大功能模块及数个附加的工具软件。Windows 优化大师，能够有效地帮助用户了解自己的计算机软硬件信息，简化操作系统设置步骤，提升计算机运行效率，清理系统运行时产生的垃圾，修复系统故障及安全漏洞，维护系统的正常运转。

（1）安装 Windows 优化大师

Windows 优化大师是一款终身免费使用的工具软件，可以登录 Windows 优化大师官方网站下载并安装。Windows 优化大师运行界面如图 2-43 所示。

（2）操作 Windows 优化大师

① 全自动优化操作。Windows 优化大师的操作非常简便。用户只要单击"一键优化"按钮，即可以自动调教各项系统参数，使其与当前计算机更加匹配，以提高计算机性能；单击"一键清理"按钮，即可以清理硬盘中的垃圾文件，清理历史痕迹和注册表中的冗余信息等，进一步提高系统运行速度。

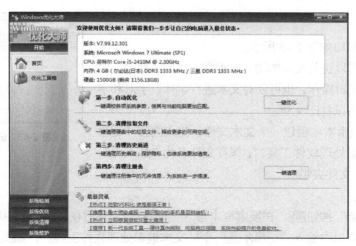

图 2-43　Windows 优化大师运行界面

② 高级优化操作。用户可以分别单击位于左边下部的"系统检测""系统优化""系统清理""系统维护"按钮，对计算机的软硬件系统信息做更加详尽的了解，并可根据提出的性能优化建议做更进一步的优化和维护。

3. 使用 360 安全卫士

360 安全卫士是一款免费的上网安全软件，因其方便实用，目前拥有巨大的用户量。360 安全卫士拥有查杀木马、清理插件、修复漏洞、计算机体检、保护隐私等多种功能，并独创了"木马防火墙""360 密盘"等功能，依靠抢先侦测和云端鉴别，可全面、智能地拦截各类木马，保护用户的账号、隐私等重要信息。

用户可以登录 360 官网免费下载安装该软件。360 安全卫士的功能菜单如图 2-44 所示。

图 2-44　360 安全卫士的功能菜单

任务八　Windows 7 附件工具软件的使用

Windows 7 操作系统自带了一个附件应用程序包，包括许多常用的应用程序，例如"记事本""画图""截图工具""写字板""系统工具"等。

1. 记事本

记事本是 Windows 系统附件的一个用来创建文档的基本文本编辑程序。有多种方法打开记事本，可执行以下操作之一。

（1）单击"开始"按钮。在搜索框中输入"记事本"，然后在结果列表中单击"记事本"。

（2）单击"开始"按钮，指向"所有程序"，单击"附件"，选择"记事本"，单击打开"记事本"。

（3）双击打开一个纯文本文档（扩展名为.txt），系统会自动打开"记事本"，并在窗口中显示该文档。

记事本的工作窗口如图 2-45 所示。

在记事本中，可以进行文本的输入、剪切、复制、粘贴、删除、查找、替换等编辑操作，也可以对文本进行字体、字形和字号等格式设置，还可以打印文档。

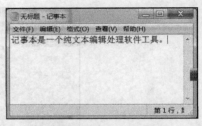

图 2-45 记事本的工作窗口

【例 2.16】在记事本中创建一个文本文件，输入内容"记事本是一个纯文本编辑处理软件工具。"，保存文件名为"file1.txt"，存放到"D:\lianxi"文件夹中。

操作步骤如下。

（1）单击"开始"按钮。在搜索框中输入"记事本"，然后在结果列表中单击"记事本"。

（2）在记事本窗口中输入"记事本是一个纯文本编辑处理软件工具。"，如图 2-45 所示。

（3）打开"文件"菜单，选择"另存为"，在弹出的对话框中选择保存文件夹"D:\lianxi"，在"文件名"输入框中输入"file1.txt"，单击"保存"按钮。

2．画图

"画图"是 Windows 附件的一个应用程序，可以用于绘制或编辑图片，还可以使用"画图"以不同的文件格式（如.bmp、.jpeg、.png、.gif 及其他格式）保存图片文件。

下面通过一个案例介绍"画图"的使用。

【例 2.17】用"画图"画一张微笑脸图片，并保存为.jpeg 格式图片。

（1）单击"开始"按钮。在搜索框中输入"画图"，然后在结果列表中单击"画图"，打开"画图"窗口，如图 2-46 所示。也可以在"开始"菜单中选择"所有程序"→"附件"→"画图"命令，打开"画图"窗口。

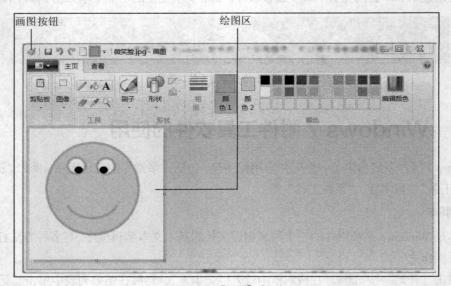

图 2-46 "画图"窗口

（2）单击"颜色 1"按钮，把鼠标移动到调色板并单击选择前景色（如金色）。单击"形状"按钮选择"椭圆形"，在绘图区中拖动鼠标分别画出圆脸轮廓、两个眼睛轮廓和嘴巴轮廓。单击"橡皮擦"按钮 ⬛，擦除嘴巴的上半部分。

（3）再次单击"颜色 1"按钮，选择前景色为黑色。单击"椭圆形"，画出两个小眼珠的轮廓。单击"用颜色填充"按钮 ⬛，对准两个眼珠轮廓内部单击鼠标左键，让两个眼珠填满黑色。

（4）再次单击"颜色 1"按钮，选择前景色为浅黄色，单击"用颜色填充"按钮 ⬛，对准脸部轮廓内部空白位置单击鼠标左键，让脸部空白处填满浅黄色。

（5）单击"画图"按钮，选择"另存为"→"JPEG 图片"命令，选择存放路径并输入文件名，单击"保存"按钮。

3. 截图工具

截图工具是 Windows 7 系统提供的一个用于捕获屏幕截图的软件工具。

使用截图工具捕获屏幕截图的操作步骤如下。

（1）单击"开始"按钮 ⬛。在搜索框中输入"截图工具"，然后在结果列表中单击"截图工具"，打开"截图工具"的工作界面，如图 2-47 所示。

（2）单击"新建"按钮旁边的箭头，从列表中选择"任意格式截图""矩形截图""窗口截图"或"全屏幕截图"，然后选择要捕获的屏幕区域。

捕获的屏幕区域显示在标记窗口中，如图 2-48 所示可以在其上书写或绘图；在捕获某个截图时，系统会自动将其复制到剪贴板，可以快速将其粘贴到文档、电子邮件或演示文稿中；还可以将截图发送给某人。

图 2-47　"截图工具"的工作界面　　　　　图 2-48　"截图工具"窗口

（3）捕获截图后，可以在标记窗口中单击"保存截图"按钮将其保存。

4. 写字板

"写字板"是 Windows 附件的一个可用来创建和编辑文档的文本编辑程序。与记事本不同，写字板文档可以包括复杂的格式和图形，并且可以在写字板内链接或嵌入对象（如图片或其他文档）。

下面通过一个案例介绍"写字板"的使用。

【例 2.18】用"写字板"编写一篇图文并茂的文档，如图 2-49 所示。

（1）单击"开始"按钮 ⬛。在搜索框中输入"写字板"，然后在结果列表中单击"写字板"，打开"写字板"窗口。也可以在"开始"菜单中，选择"所有程序"→"附件"→"写字板"命令，打开"写字板"窗口。

（2）在第一行输入标题"微信是个好东西"，选定标题内容，设置字号为 14，字体为"黑体"。

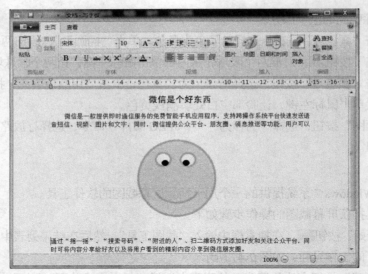

图 2-49 "文档-写字板" 窗口

（3）在第二行开始输入正文"微信是一款提供即时通信服务……"整段文字。在正文开头位置插入两个全角空格字符（或 4 个半角空格字符），实现首行缩进两个字符。对着正文部分单击鼠标右键，在弹出快捷菜单中选择"段落"，弹出"段落"对话框，可以设置段落格式，例如行距设为 1.0。

（4）把光标定在正文第三行开头处"通"字左边，单击"图片"按钮，选择图片，然后单击"打开"按钮，所选图片即插入文档中，选定图片并单击"居中"按钮。

（5）单击"写字板"按钮，选择"另存为"→"RTF 文本文档"命令，选择存放路径并输入文件名，单击"保存"按钮。

思考与习题

一、填空题

1．在 Windows 中文件名不能是_____、_____、_____、_____、_____、_____、_____、_____、_____字符。

2．转换中文输入法与英文输入法是按_____组合键。

3．Windows 7 的桌面主要由_____、_____、_____等组成。

4．Windows 7 操作系统中，任何情况下按_____键即可以获得相应的帮助信息。

5．Windows 操作系统规定了两个通配符，即问号?和星号*。其中：通配符_____代替任一个字符，_____代替任意一串字符。

6．Windows 7 提供了两个管理资源的应用程序，即"计算机"和_____。

7．在 Windows 7 中，选择了 C 盘上的一批文件，按 Delete（或 Del）键并没有真正删除这些文件，而是将这些文件移到了_____中。

8．Windows 7 没有检测到已经连上计算机的新的即插即用设备时，可以通过"控制面板"中的_____进行安装。

9．利用 Windows 7 系统附件的"记事本"工具软件生成的文件扩展名为_____。

10．在 Windows 窗口中，选择全部对象的组合键是_____。

11．如果将 Windows 7 中的桌面图标排列类型设置为_____，则桌面上的图标是不能随意拖动的。

二、选择题

1．Windows 是一个多任务系统，指的是（　　　）。

  A．Windows 可运行多种类型各异的应用程序

  B．Windows 可同时管理多种资源

  C．Windows 可同时运行多个应用程序

  D．Windows 可供多个用户同时使用

2．在 Windows 7 中，对窗口描述正确的是（　　　）。

  A．大小是能够改变的   B．不能移动位置

  C．只有最大化和最小化两种状态   D．没有标题栏

3．下列程序中不是 Windows 7 系统自带程序的是（　　　）。

  A．写字板程序   B．记事本程序   C．画图程序   D．Word 程序

4．在 Windows 7 设备管理中，如果在设备名前面加上了问号，表示（　　　）。

  A．该设备已被禁用   B．系统不能识别

  C．该设备的使用未得到授权   D．该设备已坏，需要更换

5．在 Windows 7 中，任务栏最右侧显示的是（　　　）。

  A．输入法图标 B．时间   C．"开始"按钮 D．"快速启动"工具栏

6．在 Windows 7 有些程序中，（　　　）键可以在"插入"和"改写"两种模式之间来回切换。

  A．Alt 键   B．Pause Break 键   C．Insert 键   D．PrintScreen 键

7．在 Windows 7 中，大部分程序的复制操作的组合键为（　　　）。

  A．Ctrl+A   B．Ctrl+X   C．Ctrl+V   D．Ctrl+C

8．利用 Windows 7 自带的桌面主题，可以做到（　　　）。

  A．只能改变鼠标指针形状

  B．只能改变图标

  C．只能改变桌面背景

  D．能够改变背景、鼠标指针、图标、色彩方案等

9．在 Windows 7 中，安装一个新的应用程序时，正确的方法是（　　　）。

  A．将程序的所有文件复制到硬盘的某个文件夹下

  B．执行新的应用程序的安装程序，按照提示安装

  C．只需将应用程序的安装程序复制到硬盘上即可

  D．在硬盘上建立一个该应用程序的快捷方式

10．在 Windows 7 的文件窗口中，查看文件时可以选择的方式有（　　　）。

  A．缩略图、图标   B．列表、详细信息

  C．缩略图、图标、详细信息   D．缩略图、平铺、图标、列表、详细信息

11．在 Windows 中，按住（　　　）键可选择多个间隔文件或文件夹。

  A．Ctrl   B．Shift   C．Ctrl+Shift   D．Tab

12．在 Windows 中，可以实现窗口之间切换的操作的组合键是（   ）。

    A．Alt+Tab   B．Ctrl+Tab   C．Alt+Esc   D．Ctrl+Esc

13．在 Windows 中，当选定一个文件后，能将文件直接永久删除的操作是（   ）。

    A．按 Del 键

    B．在文件上单击鼠标右键后选择"删除"

    C．按 Shift + Del 组合键

    D．将文件直接拖动到"回收站"

三、综合实训项目

1．按下列操作设置 Windows 7 桌面。

（1）更改桌面背景为自己喜欢的图片。

（2）在桌面右下方放置一个日历小工具。

（3）把"Windows 资源管理器"锁定在任务栏最右边。

（4）把"画图"应用程序的快捷方式放置在桌面上。

（5）桌面图标显示设为"中等图标"。

2．按下列操作管理文件和文件夹。

（1）请将"D:\lianxi\windows\filea"下的文件 shft.doc 移动到"D:\lianxi\windows\fileb"。

（2）请在"D:\lianxi\windows"中搜索文件夹 sch1 和文件 pic.jpg，并将文件夹 sch1 和文件 pic.jpg 并列压缩成为"cmp.rar"，保存到"D:\lianxi"中。

（3）请给"D:\lianxi\windows\filec"下的文档 qck.bmp 创建一个快捷方式，取名为 test，存放到"D:\lianxi\windows\cmpdir"中。

3．使用 Windows 7 自带应用程序，完成下列操作。

（1）使用 Windows 系统的记事本创建一个文件名为 book1 的文档，保存在"D:\lianxi\windows\txtdir"中，文件类型为.txt，文档内容为（注意内容不含空格或空行）"互联网时代让世界变成了一个大家庭"。

（2）使用"画图"程序画一个笑脸图片，如图 2-50 所示，保存为"D:\lianxi\windows\bmpdir\laugh.bmp"。

（3）使用截图工具将 Windows 7 附件应用程序"计算器"的界面（见图 2-51）进行截图，并保存为"D:\lianxi\windows\snpdir\calculator.jpg"。

图 2-50　笑脸图片

图 2-51　"计算器"界面

03

第 3 章 文字处理软件 Word 2010

内容概述

文字处理是计算机应用的一个重要方面。Word 2010 是一个具有图、文、表格混排，所见即所得，易学易用等特点的文字处理软件，是当前深受广大用户欢迎的文字处理软件之一。本章主要介绍 Word 2010（以下简称为 Word）的主要功能及其使用方法，包括 Word 文档的创建与保存、文档的输入与编辑、文档的格式化排版、表格处理、图形处理及 Word 的其他功能等。

学习目标

- 熟悉 Word 的运行环境。
- 掌握文档的创建、打开、输入、保存、保护和打印等基本操作方法。
- 掌握文本的选定、插入与删除、复制与移动、查找与替换等基本编辑技术。
- 掌握字体与段落格式设置、页面设置和文档分栏等基本排版技术。
- 掌握表格的创建、修改，表格中数据的输入与编辑、数据的排序和计算方法。
- 掌握图形和图片的插入、图形的建立和编辑、文本框的使用方法。
- 掌握 SmartArt 图形、书签和超链接插入方法。
- 掌握 Word 2010 的其他常用功能。

任务一 认识 Word 2010

1. 启动 Word 2010

启动 Word 有以下两种常用方法。

（1）常规启动

常规启动 Word 的过程本质上就是在 Windows 下运行一个应用程序。具体操作步骤如下：将鼠标指针移至屏幕左下角"开始"按钮，选择"开始"→"所有程序"→"Microsoft Office→"Microsoft Word 2010"命令。

（2）快捷方式启动

用快捷方式启动 Word 有以下 3 种方法。

① 在桌面上如果有 Word 应用程序图标，则双击该图标。

② 在"资源管理器"或"计算机"中找带有图标的文件（即 Word 文档，文档名后缀为"docx"或"doc"），双击该文件。

③ 如果 Word 是最近经常使用的应用程序之一，则在 Windows 7 操作系统下，单击屏幕左下角"开始"菜单按钮后，"Microsoft Word 2010"会出现在"开始"菜单中，选择"开始"→"Microsoft Word 2010"命令。

Word 启动后，Word 应用程序窗口（以下简称为 Word 窗口）随即出现在屏幕上，同时 Word 会自动创建一个名为"文档1"的新文档。Word 窗口如图 3-1 所示。

2．Word 2010 的窗口组成

Word 作为 Windows 环境下的一个应用程序，其窗口和窗口的组成与 Windows 其他应用程序大同小异。下面仅简要介绍 Word 窗口及其组成，有关一般应用程序窗口及其组成的详细介绍，参见本书第 2 章相关内容。

如图 3-1 所示，Word 窗口由标题栏、快速访问工具栏、"文件"选项卡、功能区、工作区、状态栏、文档视图工具栏、显示比例控制栏、标尺等部分组成。在 Word 窗口的工作区中可以对创建或打开的文档进行各种编辑、排版操作。

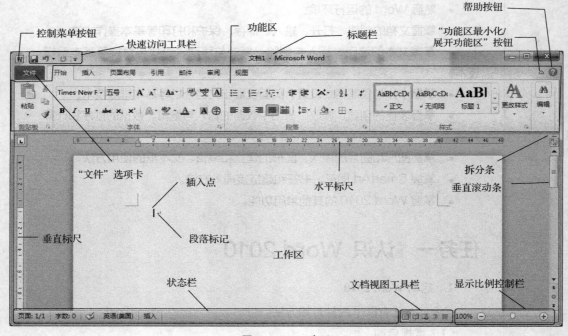

图 3-1　Word 窗口

（1）标题栏

标题栏位于 Word 窗口的顶端，标题栏中含有控制菜单按钮、Word 文档名（例如文档 1）、最小化、最大化（或还原）和关闭按钮，如图 3-1 所示。

（2）快速访问工具栏

快速访问工具栏默认位于 Word 窗口的功能区上方，但用户可以根据需要修改设置，使其位于功能区下方。快速访问工具栏的作用是使用户能快速启动经常使用的命令。默认情况下，快速访问工具栏中只有数量较少的命令，用户可以根据需要，单击"自定义快速访问工具栏"按钮，添加或定义自己的常用命令。

如图 3-1 所示，Word 默认的快速访问工具栏从左到右分别是"保存""撤销""恢复"和"自定义快速访问工具栏命令"按钮。

（3）"文件"选项卡

Word 2010 的"文件"选项卡取代了以前版本中的"文件"菜单并增加了一些新功能，如图 3-2 所示，该界面又称为 Backstage 视图。

图 3-2　"文件"选项卡（Backstage 视图）

"文件"选项卡中提供了一组文件操作命令，例如"新建""打开""关闭""另存为""打印"等。"文件"选项卡中还提供了关于当前文档、最近使用过的文档等的相关信息，可以通过执行"文件"选项卡中的命令来实现对应功能。另外，"文件"选项卡还提供了 Word 帮助选项。

（4）功能区

Word 2010 与 Word 2003 及以前的版本相比，一个显著的不同就是用各种功能区取代了传统的菜单。在 Word 功能区中，看起来像菜单的名称其实是功能区的名称，当单击这些名称时并不会打开菜单，而是切换到与之相对应的功能区面板。每个功能区根据功能的不同又分为若干个命令组（子选项卡），这些功能区及其命令组涵盖了 Word 的各种功能。用户可以根据需要，通过执行"文件"→"选项"→"自定义功能区"命令来定义自己的功能区。Word 默认含有的功能区分别是"开始""插入""页面布局""引用""邮件""审阅"和"视图"功能区。

①"开始"功能区。"开始"功能区包括剪贴板、字体、段落、样式和编辑等几个命令组，它包含了有关文字编辑和排版格式设置的各种功能。

②"插入"功能区。"插入"功能区包括页、表格、插图、链接、页眉和页脚、文本、符号和特殊符号等命令组，主要用于在文档中插入各种元素。

③ "页面布局"功能区。"页面布局"功能区包括主题、页面设置、稿纸、页面背景、段落、排列等命令组，用于帮助用户设置文档页面样式。

④ "引用"功能区。"引用"功能区包括目录、脚注、引文与书目、题注、索引和引文目录等命令组，用于实现在文档中插入目录、引文、题注等索引功能。

⑤ "邮件"功能区。"邮件"功能区包括创建、开始邮件合并、编写和插入域、预览结果和完成等命令组，该功能区的作用比较单一，专门用于在文档中进行邮件合并方面的操作。

⑥ "审阅"功能区。"审阅"功能区包括校对、语言、中文简繁转换、批注、修订、更改、比较和保护等命令组，主要用于对文档进行审阅、校对和修订等操作，适用于多人协作处理的文档。

⑦ "视图"功能区。"视图"功能区包括文档视图、显示、显示比例、窗口和宏等命令组，主要用于帮助用户设置 Word 操作窗口的查看方式、操作对象的显示比例等，以便于用户获得较好的视觉效果。

（5）工作区

工作区是介于水平标尺和状态栏之间的一个屏幕显示区域。在 Word 窗口的工作区中可以打开一个文档，并对它进行文本输入、编辑或排版等操作。Word 可以打开多个文档，每个文档有一个独立窗口，并在 Windows 任务栏中有一对应的文档按钮。一般情况下，Word 窗口上显示标题栏、快速访问工具栏、"文件"选项卡、功能区、状态栏、文档视图工具栏、显示比例控制栏、滚动条、标尺等。显然，这样会缩小窗口工作区的面积。可通过单击功能区右上角的"功能区最小化/展开功能区"按钮（见图 3-1），实现功能区最小化或展开，来扩大/缩小工作区。

（6）状态栏

状态栏位于 Word 窗口的底端左侧，如图 3-1 所示。它用来显示当前文档的状态，例如当前页数、总页数、字数；有用来发现校对错误的图标 及对应校对的语言图标 中文(中国)，还有用于将输入的文字插入插入点处的"插入"图标（单击可变为"改写"）。

（7）文档视图工具栏

文档视图工具栏包含多个视图切换按钮，如图 3-3 所示。所谓"视图"，简单说就是查看文档的方式。同一个文档可以在不同的视图下查看，虽然文档的显示方式不同，但是文档的内容是不变的。Word 有 5 种视图，即页面视图、阅读版式视图、Web 版式视图、大纲视图和草稿视图，用户可以根据对文档的操作需求不同使用不同的视图。视图之间的切换可以使用"视图"功能区中的命令，更简便的方法是使用文档视图工具栏中的视图切换按钮，其中带方框的图标为当前的视图状态。

图 3-3　视图切换按钮

① 页面视图。页面视图是文档编辑中最常用的一种视图方式，在该视图下，可输入、编辑文本，可以看到图形、文本的排列格式，能显示页的分隔、页边距、页码、页眉和页脚，显示效果与最终用打印机打印出来的效果一样（即"所见即所得"），适合进行绘图、插入图表和排版操作。

② 阅读版式视图。阅读版式视图的最大特点是便于用户阅读，在该视图下，也能进行文本的输入和编辑。在阅读版式视图中，文档中每相连的两页显示在一个版面上，根据显示屏的大小，文档

将自动调整到最容易辨认的状态。单击"阅读版式"工具栏上的"关闭"按钮或按 Esc 键，可以从阅读版式视图切换出来。

③ Web 版式视图。Web 版式视图可用于编辑 Web 页面，无须离开 Word 即可查看 Web 页在 Web 浏览器中的效果。该视图中不显示标尺，不分页，也不能在文档中插入页码。

④ 大纲视图。大纲视图适合于编辑文档的大纲，以便能审阅和修改文档的结构。在大纲视图中，可以折叠文档以便只查看某一级的标题或子标题，也可以展开文档查看整个文档的内容。在大纲视图下，"大纲"工具栏替代了水平标尺。使用"大纲"工具栏中的相应按钮可以容易地"折叠"或"展开"文档（单击按钮 ✚ ━），对大纲中各级标题进行"上移"或"下移"（单击按钮▲ ▼）、"提升"或"降低"（单击按钮⇠ ← → ⇢）等调整文档结构的操作。

⑤ 草稿视图。草稿视图取消了页面边距、分栏、页眉、页脚和图片等元素，仅显示标题和正文，是一种能够尽可能多地显示文档内容的视图模式。在该视图下，可以快速地输入和编辑文字，可以方便地对跨页的内容进行编辑，页与页之间只用虚线分隔。

（8）显示比例控制栏

显示比例控制栏由"缩放级别"按钮和"缩放滑块"组成，用于调节正在编辑文档的显示比例。

（9）滚动条

滚动条分水平滚动条和垂直滚动条。使用滚动条中的滑块或按钮可滚动工作区内的文档内容。

（10）插入点

Word 启动后将自动创建一个名为"文档 1"的文档，该文档的工作区是空的，工作区的第一行第一列处有一个闪烁着的黑色竖条（或称光标），称为插入点。每输入一个字符，插入点自动向右移动一格。在编辑文档时，可以通过移动鼠标指针将光标移动到插入点的位置，也可以使用键盘上的光标移动键来控制光标的位置。

（11）标尺

标尺有水平标尺和垂直标尺两种。在草稿视图下只能显示水平标尺，只有在页面视图下才能显示水平和垂直两种标尺。标尺除了显示文字所在的实际位置、页边距尺寸外，还可以用来设置制表位、段落、页边距尺寸、左右缩进、首行缩进等。有两种方法可以显示/隐藏标尺。

方法一：单击"视图"功能区"显示"组中的"标尺"复选按钮可显示/隐藏标尺。

方法二：单击位于垂直滚动条滑块上方的"标尺"按钮，可显示/隐藏标尺。隐藏了功能区和标尺后，窗口的工作区达到最大。

3. 退出 Word 2010

退出 Word 有以下 6 种常用方法。

（1）选择"文件"→"退出"命令。

（2）选择"文件"→"关闭"命令。

（3）单击 Word 窗口右上角的"关闭"按钮。

（4）双击 Word 窗口左上角的控制按钮。

（5）单击任务栏中的 Word 文档按钮（或将光标移至该按钮并停留片刻），在展开的文档窗口缩略图中单击"关闭"按钮。

（6）按 Alt+F4 组合键。

如果没有保存当前工作文档，在退出 Word 前系统将弹出提示对话框，如图 3-4 所示。单击 "保存" 按钮确认保存；单击 "不保存" 按钮放弃保存；单击 "取消" 按钮不关闭当前文档，继续编辑。

图 3-4　提示对话框

4. 新建文档

当启动 Word 后，将自动打开一个新的空文档并命名为 "文档 1"（对应的默认磁盘文件名为 Doc1.docx）。除了这种自动创建文档的办法外，在编辑文档的过程中也可以新建一个或多个文档。

【例 3.1】用 Word 创建一个文档，文档的内容如下。

人要指挥计算机运行，就要使用计算机能 "听懂"、能 "理解" 的语言。这种语言按其发展程度、使用范围，可以区分为机器语言与程序语言（初级程序语言和高级程序语言）。

操作步骤如下。

① 选择 "文件" → "新建" 命令（也可按 Ctrl+N 组合键直接新建文件，或按 Alt+F 组合键打开 "文件" 选项卡，执行 "新建" 命令）。

② 在编辑区中输入文字。在 "文档 1" 之后新建的文档以创建的顺序依次命名为 "文档 2" "文档 3" 等。每一个新建文档对应一个独立的文档窗口，任务栏中也有一个相应的文档按钮与之对应。当新建文档数量多于一个时，这些文档按钮便以叠置的按钮组形式出现。将光标移至按钮（或按钮组）上停留片刻，按钮（或按钮组）便会展开为各自的文档窗口缩略图，单击文档窗口缩略图可实现文档间的切换。

5. 使用模板建立固定格式的文档

Word 模板是指 Microsoft Word 中内置的包含固定格式设置和版式设置的模板文件，用于帮助用户快速生成特定类型的 Word 文档。在 Word 2010 中除了通用型的空白文档模板之外，还内置了多种文档模板，例如博客文章模板、书法模板等。另外，Office 网站还提供了证书、奖状、名片、简历等特定功能模板。借助这些模板，用户可以创建比较专业的 Word 2010 文档。

【例 3.2】利用样本模板 "基本简历" 创建文档。

操作步骤如下。

① 打开 Word 2010，选择 "文件" → "新建" 命令，系统将打开图 3-5 所示对话框。

图 3-5　"新建" 对话框

② 对话框中有"空白文档""博客文章""书法字帖""最近打开的模板""样本模板""我的模板"和"根据现有内容新建",本例选择"样本模板"。

③ 在打开的对话框中单击"基本简历"（见图 3-6），单击"创建"按钮即建立了"文档 1"，如图 3-7 所示。

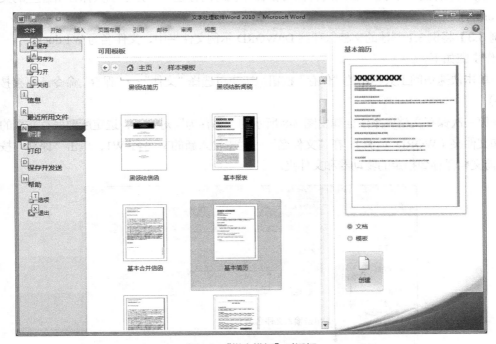

图 3-6　"样本模板"对话框

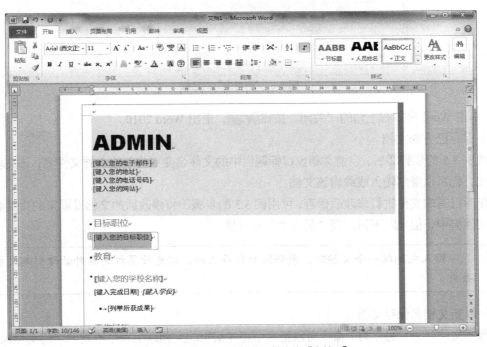

图 3-7　用"基本简历"模板创建的"文档 1"

④ 在图 3-7 所示的编辑区中输入内容。

6. 保存文档

（1）保存新建文档

文档编辑完成之后，此文档的内容保留在计算机的内存之中。为了永久保存所建立的文档，在退出 Word 前应执行保存操作。

【例 3.3】将例 3.1 创建的文档保存到 D:\WORD 示例文件夹中，文件名为 W1.docx。

操作步骤如下。

① 单击快速访问工具栏中的"保存"按钮 ![] （也可选择"文件"→"保存"命令或直接按 Ctrl+S 组合键）。

② 第一次保存文档，系统会弹出图 3-8 所示的"另存为"对话框，选定所要保存文档的驱动器（D:）和文件夹（WORD 示例），在"文件名"一栏中输入新的文件名 W1，单击"保存"按钮，即可将当前文档保存到指定的驱动器和文件夹。

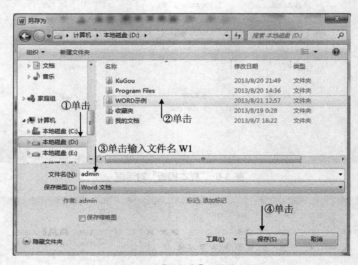

图 3-8 "另存为"对话框

③ 单击 Word 窗口右上角的"关闭"按钮 ![x] ，退出 Word 2010。

（2）保存已有的文档

完成例 3.3 的步骤②后，当前文档窗口标题栏中的文件名变更为新输入的文件名，该文档窗口并没有关闭，仍可以继续输入或编辑该文档。

若是对已有的文件进行修改后保存，可用例 3.3 的步骤①将修改后的文档以原来的文件名保存在原来的文件夹中，但此时不再出现"另存为"对话框。

　　　　　　输入或编辑一个文档时，最好随时保存文档，以免计算机的意外故障引起文档内容的丢失。

（3）以新文档名保存文档

选择"文件"→"另存为"命令可以把一个正在编辑的文档以另一个不同名字的文件保存起来，而原来的文件依然存在。例如，当前正在编辑的文档名为 W1.docx，如果既想保存原来的文档

W1.docx，又想把编辑修改后的文档命名为 **W1-BAK.docx**，则要使用"另存为"命令。

执行"另存为"命令后，系统会打开图 3-8 所示的"另存为"对话框。其后的操作与保存新建文档类似。

（4）保存多个文档

如果想要一次性保存多个已编辑修改了的文档，最简便的方法是：按住 Shift 键的同时单击"文件"选项卡，这时选项卡的"保存"命令已改变为"全部保存"命令，单击"全部保存"命令就可以一次性保存多个文档。

（5）自动保存

为了防止意外情况发生时丢失对文档所做的编辑，Word 提供了定时自动保存文档的功能。

设置"自动保存"功能的方法如下：选择"文件"→"选项"→"保存"命令，系统弹出图 3-9 所示的"Word 选项"对话框，单击选中"保存自动恢复信息时间间隔"复选框（系统默认为选中状态），表示使用"自动保存"功能。在复选框右侧的微调控制项中设置自动保存的时间间隔。单击"确定"按钮。

图 3-9　"Word 选项"对话框

Word 把自动保存的内容存放在一个临时文件中，如果在用户对文档进行保存前出现了意外情况（如断电），再次启动 Word 时，最后一次自动保存的内容将被恢复在窗口中。这时，用户应该立即进行存盘操作。

7. 打开已有文档

当要查看、修改、编辑或打印已存在的 Word 文档时，首先应该打开该文档。文档的类型可以是 Word 文档，也可以是 WPS 文件、纯文本文件等。下面介绍打开文档的方法。

打开文档

（1）打开一个或多个 Word 文档

在资源管理器中，双击带有 Word 文档图标的文件名。除此之外，选择"文件"→"打开"命令（或按 Ctrl+O 组合键），在"打开"对话框（见图 3-10）中可打开一个或多个已存在的 Word 文档。

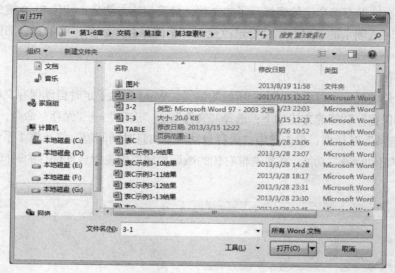

图 3-10 "打开"对话框

在"打开"对话框左侧的"文件夹树"中单击文档所在的驱动器及文件夹，在"打开"对话框右侧的"名称"列表框中将列出了该文件夹中所包含的文件夹名和文档名。在右侧的文件名列表框中双击要打开的文档名，即可打开该文档。

如果要打开的多个文档名是连续排列在一起的，则可以先单击第一个要打开的文档名，然后按住 Shift 键再单击最后一个要打开的文档名，这样包含在这两个文档名之间的所有文档全被选定；如果要打开的多个文档名是分散的，则可以先单击第一个要打开的文档名，然后按住 Ctrl 键的同时再分别单击每个要打开的文档名。当文档名选定后，单击对话框中的"打开"按钮，则所有选定的文档逐个被打开，最后打开的一个文档成为当前的活动文档。

每打开一个文档，任务栏中就有一个相应的文档按钮与之对应。当打开的文档数量多于一个时，这些文档按钮便以叠置的按钮组形式出现。将光标移至按钮（或按钮组）上停留片刻，按钮（或按钮组）便会展开为各自的文档窗口缩略图，单击文档窗口缩略图可实现文档间的切换。另外，也可以通过单击"视图"功能区"窗口"组的"切换窗口"按钮，在下拉列表中单击文档名进行文档切换。

（2）打开最近使用过的文档

如果要打开的是最近使用过的文档，Word 提供了更快捷的操作方式，其中常用的操作方法如下：选择"文件"→"最近所用文件"命令，在随后出现的图 3-11 所示的"最近所用文件"对话框中，分别单击"最近的位置"和"最近使用的文档"栏目中所需要文件夹和 Word 文档名，即可打开用户指定的文档。

若勾选图 3-11 所示对话框底部的"快速访问此数目的'最近使用的文档'"复选框，则在"文件"选项卡中的列表中列出 10 个最近使用过的 Word 文档名。

图 3-11　"最近所用文件"对话框

 举一反三

请完成以下操作，并观察结果。

① 将例 3.2 创建的文档保存到 D:\WORD 示例文件夹中，文件名为"我的简历.docx"。

② 将文档 W1.docx 另存为一个名为 W1-BAK.docx 的文档，保存到 D:\WORD 示例文件夹中。

③ 试将 3 个文档"W1.docx""W1-BAK.docx"和"我的简历.docx"同时打开。

任务二　文档的输入与编辑

1. 输入普通字符

新建一个文档后，用户可以在插入点（不断闪烁的光标）处输入文本。输入文本时插入点向后移动，到达行末尾时，不用按 Enter 键，Word 会自动换行。当一个自然段文本输入完毕需要换行时，按 Enter 键换行。如果输入错误，可以直接按 Backspace（←）键删除插入点左边的字符，按 Delete（或 Del）键删除插入点右边的字符，然后重新输入即可。

若需要在 Word 中输入汉字，必须先切换到中文输入状态。对于中文 Windows 系统，按 Ctrl+空格组合键可在英文输入和中文输入之间切换；按 Ctrl+Shift 组合键在各种输入法之间切换。

2. 输入标点符号

单击输入法状态条 中的中英文标点切换按钮，显示 时表示处于"中文标点输入"状态，显示 时表示处于"英文标点输入"状态；也可以按 Ctrl+.（句号）组合键进行转换。

3. 插入操作

用插入操作可在文档中增加、补充一些新内容。

（1）通过键盘输入要插入的内容

在插入状态（Word 的默认状态，状态栏中显示"插入"），将插入点移动到需要插入新内容的位置，输入要插入的内容。插入新内容后，当前段落中原插入点位置及其后的所有文字均自动后移。

在改写状态（状态栏中显示"改写"），输入的字符将取代插入点所在的字符。

注意 "插入"和"改写"状态的转换可以通过按 Ins 键或单击状态栏中的"插入"（或"改写"）来完成。

（2）插入空行

把插入点移动到段落的结束处，按 Enter 键，则在该段落的下方产生新的空行。

把插入点移动到段落的开始处，按 Enter 键，则在该段落的上方产生新的空行。

（3）插入符号

在输入文本时，可能要输入（或插入）一些键盘上没有的特殊的符号（如俄、日、希腊文字符，数学符号，图形符号等），除了利用汉字输入法的软键盘外，Word 还提供"插入符号"的功能。

【例 3.4】输入以下文档，以文件名 W2.docx 保存到 D:\WORD 示例文件夹中。

📖机器语言和程序语言❶

高级程序语言广泛使用英文词汇、短语，可以直接编写与代数式相似的计算公式。用高级程序语言编程序比用汇编或机器语言简单得多，程序易于改写和移植，BASIC、FORTRAN、C 等都属于高级程序语言。

机器语言是由 CPU 能直接执行的指令代码组成的。这种语言中的"字母"最简单，只有 0 和 1。最早的程序是用机器语言写的，这种语言的缺点是：

机器语言写出的程序不直观，没有任何助记的作用，使得编程人员工作烦琐、枯燥、乏味，又易出错。

由于它不直观，也就很难阅读。这不仅限制了程序的交流，而且使编程人员的再阅读变得十分困难。

机器语言是严格依赖于具体型号机器的，程序难于移植。

用机器语言编程序，编程人员必须具体处理存储分配、设备使用等烦琐问题。

具体操作步骤如下。

① 在 Word 2010 中选择"文件"→"新建"命令，单击"创建"按钮，新建一个空白文档，在编辑区中输入文字。

② 把插入点移至要插入符号的位置（文档的开始处），插入点可以用键盘的上、下、左、右箭头键来移动，也可以移动"I"形鼠标指针到选定的位置后单击鼠标左键。

③ 单击"插入"功能区"符号"分组中的"符号"按钮，在随之出现的下拉列表中，上部分列出了最近插入过的符号，下部分是"其他符号"按钮。如果需要插入的符号位于列表中，单击该符号即可；否则，单击"其他符号"按钮，打开"符号"对话框。

④ 在"符号"选项卡"字体"下拉列表中选定适当的字体项（如"Wingdings"），在符号列表中选定所需插入的符号📖（见图 3-12），单击"插入"按钮就可将所选择的符号插入文档中的插入点处。

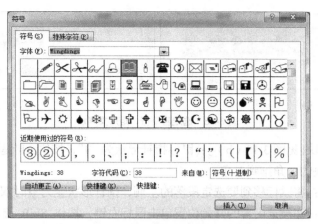

图 3-12　"符号"对话框

⑤ 把插入点移至文档的第 1 段结尾处，然后在图 3-12 所示的符号列表中选定所需插入的符号❶，单击"插入"按钮。

⑥ 以文件名 W2.docx 保存到 D:\WORD 示例文件夹中。

　　　　如果要在文档中插入特殊字符（如版权所有符号©），应在图 3-12 所示的"符号"对话框中选择"特殊字符"选项卡。

（4）插入磁盘文件

若要在当前文档中插入另一个文件（如一个已建立的文档），单击"插入"功能区"文本"分组中"对象"的下拉按钮，在下拉列表中单击"文件中的文字"选项，系统打开"插入文件"对话框，按要求在对话框中输入或选定有关的项目后，单击"插入"按钮，即可在插入点处插入指定的磁盘文件。

4. **选定文本**

Word 中的许多操作都遵循"选定"→"执行"的原则，即在执行操作之前，必须指明操作的对象，然后执行具体的操作。"选定的文本"即操作的对象，被选取的文本以黑底白字的高亮形式显示在屏幕上。用户可用鼠标或键盘选定文本。

（1）用鼠标选定文本

用鼠标选定文本的最基本操作是"拖曳"，即按住鼠标左键拖过所要选取的文本，松开左键，所选区域的文字以黑底白字的高亮形式显示。

根据不同的文本对象，用鼠标还可完成以下"选定"的操作。

① 选定一个单词：双击该单词。

② 选定一个句子（句号、感叹号、问号或段落标记间的一段文本）：按住 Ctrl 键，在该句的任何地方单击鼠标左键。

③ 选定一行文字：把鼠标移动到该行左侧选定列，鼠标指针形状从"I"变为指向右上方的空心箭头⁊时，单击鼠标左键。

④ 选定若干行文字[见图 3-13（a）]：将鼠标移到这几行文字左侧选定列，鼠标指针形状为指向右上方的空心箭头⁊，按住鼠标左键不放，沿竖直方向拖动鼠标，即可选定若干行。

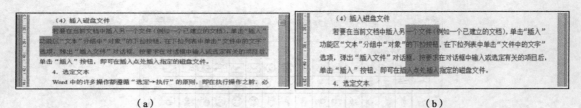

（a）　　　　　　　　　　　　　　　　　　　（b）

图 3-13　选定若干行、矩形文字块

⑤ 选定矩形文字块［见图 3-13（b）］：鼠标指针形状为"I"，按住 Alt 键不放，再按住鼠标左键从要选定的矩形文字块的一角拖到对角。

⑥ 选定一个段落：将鼠标移到要选定段落的左侧，指针形状变为 ↗ 时双击鼠标左键。

⑦ 选定一块文字：在被选内容的开始位置单击鼠标左键，按住 Shift 键不放，再在被选内容的结尾处单击鼠标左键。

⑧ 选定不连续的文本块：可以先选定一块文本，按 Ctrl 键，同时单击鼠标左键，选择其他的文本块。

⑨ 选定整个文档：将鼠标移到任意段落左侧，当指针形状为 ↗ 时，在选定行连击 3 次鼠标左键（或在按住 Ctrl 键的同时，单击选定行）；也可以按 Ctrl+A 组合键。

（2）用键盘选定文本

把光标移动到要选定的文字内容的首部（或尾部），按住 Shift 键不放，通过按←键、↑键、→键、↓键，将光标移动到要选定的文字内容尾部（或首部），放开按键即可。

若要取消所做的选定操作，只需在文档中的任意位置单击鼠标左键即可。

5．文本的删除、移动和复制

（1）删除

输入出错时，可以用退格键（BackSpace）、Delete（或 Del）键删除字符。当需要删除较多字符时，用"选定"→"删除"方法可提高工作效率。

① 选定要删除的文本，按 Delete（或 Del）键，把选定的文本一次性全部删除。

② 选定要删除的文本后，单击"开始"功能区"剪贴板"组中的"剪切"按钮（或按 Ctrl+X 组合键），选定的文本将全部被删除。与①不同的是，剪切后被删除的内容将移至剪贴板中。

（2）复制和移动文本

复制文本操作是把选定的文本（"原件"）复制到剪贴板（"副本"）中，并将"副本"插入文档的指定位置。

移动文本是将选定的文本块移动到其他位置，即将文档中选择的对象"剪切"下来并插入到另一个指定的位置。执行移动操作后，所选择的对象将从原来的位置消失而出现在新的指定位置。

① 用剪贴板复制（移动）文本

步骤 1：选定要复制的对象，单击"开始"功能区"剪贴板"组中的"复制"按钮或按 Ctrl+C 组合键（"剪切"按钮或按 Ctrl+X 组合键），"原件"被复制到剪贴板中。

步骤 2：把插入点定位在需要插入"副本"的位置，单击"开始"功能区"剪贴板"组中的"粘贴"按钮（或按 Ctrl+V 组合键），把剪贴板中的"副本"粘贴到指定位置。

② 用鼠标拖曳复制（移动）文本

步骤 1：选定要复制（移动）的内容，将鼠标指针指向所选内容的任意位置，鼠标指针变为指向

左上方的空心箭头 ℕ。

步骤 2：按 Ctrl 键的同时按鼠标左键，鼠标指针形状变为 (空心箭头右下出现加号)，拖动虚线插入点到需要插入"副本"的位置 (见图 3-14)，松开鼠标左键和 Ctrl 键，复制工作完成 (若拖曳时不按 Ctrl 键，则为移动)。

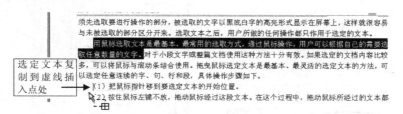

图 3-14　用鼠标拖曳复制文本

6. 输入项目符号和编号

编排文档时，在某些段落前加上编号或某种特定的符号 (称作项目符号)，这样可以提高文档的可读性。手工输入段落编号或项目符号不仅效率不高，而且在增、删段落时还需修改编号顺序，容易出错。在 Word 中，可以在输入时自动给段落创建编号或项目符号，也可以给已输入的各段文本添加编号或项目符号。

（1）对已输入的各段文本添加项目符号或编号

使用"开始"功能区"段落"组中的"项目符号"和"编号"按钮给已有的段落添加项目符号或编号。

【例 3.5】给文档 W2.docx 的第 4～7 段加上项目符号 (1)～(4)，操作完毕另存为 D:\WORD 示例\W2-1.docx。

操作步骤如下。

① 打开文档 W2.docx，选定要添加项目符号 (或编号) 的各段落 (第 4～7 段)。

② 单击"开始"功能区"段落"组的"项目符号"按钮 (或"编号"按钮) 右侧的下拉菜单按钮，系统打开图 3-15 所示的"项目符号"列表 (或图 3-16 所示的"编号"列表)。

③ 在"项目符号" (或"编号") 列表中，选定所需要的项目符号 (或编号)。本例选取图 3-16 所示编号列表中"编号库"中第 1 行第 2 个。

如果"项目符号" (或"编号") 列表中没有所需要的项目符号 (或编号)，可以单击"定义新项目符号" (或"定义新编号格式") 按钮，打开"定义新项目符号" (或"定义新编号格式") 对话框，选定或设置所需要的"项目符号" (或"编号")。

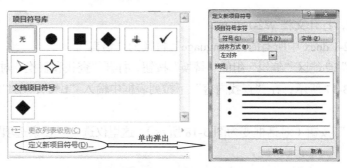

图 3-15　"项目符号"列表及"定义新项目符号"对话框

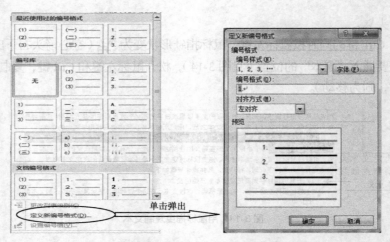

图 3-16 "编号"列表及"定义新编号格式"对话框

④ 将文档另存为 D:\WORD 示例\W2-1.docx。

（2）在输入文本时自动创建编号或项目符号

在输入文本时自动创建编号或项目符号的方法是：在输入文本时，先输入一个星号 "*"，后面跟一个空格，然后输入文本。当输完一段按 Enter 键后，星号会自动改变成黑色圆点的项目符号，并在新的一段开始处自动添加同样的项目符号。这样，逐段输入，每一段前都有一个项目符号，最新的一段（指未输入文本的一段）前也有一个项目符号。如果要结束自动添加项目符号，可以按 BackSpace 键删除插入点前的项目符号，或再按一次 Enter 键。

在输入文本时自动创建段落编号的方法是：在输入文本时，先输入如 "1." "（1）" "一、" "第一、" "A." 等格式的起始编号，然后输入文本。当按 Enter 键时，在新的一段开头处就会根据上一段的编号格式自动创建编号。重复上述步骤，可以对输入的各段建立一系列的段落编号。如果要结束自动创建编号，那么可以按 Backspace 键删除插入点前的编号，或再按一次 Enter 键即可。在这些建立了编号的段落中，删除或插入某一段落时，其余的段落编号会自动修改，不必人工干预。

7. 查找与替换

在文档的编辑过程中，有时需要找出重复出现的某些内容并修改，用 Word 提供的查找替换功能，可以快捷、轻松地完成该项工作。

【例 3.6】打开 W2-1.docx（文件位置为 D:\WORD 示例），把文档中所有的 "Language" 替换为 "语言"，操作结果另存为 D:\WORD\W2-2.docx。

操作步骤如下。

（1）启动 Word，打开文档 W2-1.docx。

（2）把文档 W2-1.docx 中所有的 "Language" 替换为 "语言"。

① 单击 "开始" 功能区 "编辑" 组的 "替换" 按钮，打开 "查找和替换" 对话框，默认打开 "替换" 选项卡，如图 3-17 所示；在 "查找内容" 下拉列表框中输入 "L*e"，在 "替换为" 下拉列表框中输入 "语言"。

② 单击 "更多" 按钮（对话框变为图 3-18 所示），这里仅选中 "搜索选项" 区域中的 "使用通配符" 复选框。

图 3-17 "查找和替换"对话框的"替换"选项卡　　　　图 3-18 "查找和替换"对话框的更多选项

单击"替换"区域中的"格式"按钮，可以指定"替换为"的格式，例如字体为"Times New Roman（西文）"、字号为"小四号"、颜色为红色的文本等；单击"特殊格式"按钮，可以替换为特殊格式，例如段落标记等。

③ 单击"替换"按钮，系统替换选中的文本并自动查找下一处；如果不替换，则单击"查找下一处"按钮；如果确定文档中所查找的文本都要替换，可直接单击"全部替换"按钮，完成后 Word 报告替换的结果。

 查找内容中可以使用通配符"*"或"？"。"*"匹配所在位置任意个字符，"？"匹配所在位置的一个字符，例如"L*e"表示查找以"L"开始以"e"结束的字符串。如果使用通配符查找，"使用通配符"复选框应该为选中状态。

（3）将文档另存为 D:\WORD 示例\W2-2.docx。

如果对查找范围有具体的限定，可在图 3-18 所示对话框进行以下设置。

① 可在"搜索选项"区域中的"搜索"下拉列表中设置查找范围（以当前插入点光标为基准，"向上""向下"或"全部"）。

② 选中"搜索选项"区域中的复选框可以限制查找的形式，例如"区分大小写"等。

8. 撤销与恢复

在编辑文档的过程中，可能会发生一些错误操作，例如输入出错，误删了不该删除的内容等；也可能对已进行的操作结果不满意。这时，可以使用 Word 提供的撤销与恢复功能。其中，"撤销"是取消上一步的操作结果，"恢复"是将撤销的操作恢复。

撤销与恢复

（1）"撤销"操作：单击快速访问工具栏上的"撤销"按钮 ，或按 Ctrl+Z 组合键。
（2）"恢复"操作：单击快速访问工具栏上的"恢复"按钮 ，或按 Ctrl+Y 组合键。

 使用"撤销"按钮提供的下拉列表时，可以一次撤销连续多步操作，但不允许任意选择一个操作来撤销。

【例 3.7】打开文件 W1.docx，在第一段前面插入一行文字"计算机语言"；把 W2-2.docx（文件位置为 D:\WORD 示例）中的全部内容复制到 W1.docx 的后面成为文档的 3～9 段，最后以文件名

W3.docx 保存到 D:\WORD 示例文件夹中。

分析：文档编辑是对一个已经建立的文档进行修改和调整，加插、补充新内容；在当前文档中插入另一个文件（例如一个已建立的文档，或其中的一部分内容），可以实现文档合并。

操作步骤如下。

（1）在插入状态下，将插入点移动到第一个字符前，输入"计算机语言"，按 Enter 键。

（2）用"插入文件"的方法完成合并文档。

① 单击文档 W1.docx 最后位置，按 Enter 键，光标位于第 3 段的开始。

② 单击"插入"功能区"文本"组中"对象"的下拉按钮，在下拉列表中选取"文件中的文字"选项，系统打开"插入文件"对话框。在左边的盘符和文件夹列表框中选择 D:\WORD 示例，单击右边文件列表中的"W2-2.docx"，如图 3-19 所示，单击"插入"按钮，即可在插入点处插入指定的磁盘文件。

（3）将合并后的文档以文件名 W3.docx 保存到 D:\WORD 示例文件夹中。

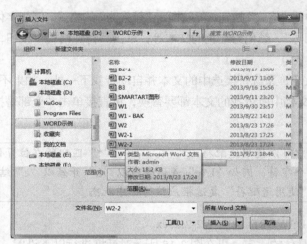

图 3-19 "插入文件"对话框

【例 3.8】打开文档 W3.docx，将文档中的第 6 段与第 7 段合并为一段；将第 4 段移到文档末尾，作为最后一段；最后以文件名 W3-1.docx 保存到 D:\WORD 示例文件中。

分析如下。

① 移动是把在文档中选择的对象"剪切"下来并插入另一个指定的位置上。执行移动操作后，所选择的对象将从原来的位置消失而出现在新的指定位置上。

② 将相邻的两段合为一段，只将前一段落的段落标记（↵）删除即可。

③ 将不相邻的两段合为一段，可将作为合并段落后半部分的段落剪切，然后粘贴到另一个段落的段落标记（↵）之前。

操作步骤如下。

（1）将文档中的第 6 段与第 7 段合并为一段。

将插入点定位到第 6 段的段落标记（↵）的左边，按 Delete（或 Del）键，即可将第 6 段与第 7 段合并为一段，且后面段落序号"（3）""（4）"自动更新为"（2）""（3）"。

（2）将第 4 段移到文档末尾，作为最后一段。

① 选定文档的第 4 段，单击"开始"功能区"剪贴板"组的"剪切"按钮，该段内容从屏幕上消失。

② 将插入点定位到最后一段的段落标记（↵）的左边，按 Enter 键。

③ 单击"开始"功能区"剪贴板"组的"粘贴"按钮，将原文的第 4 段变为最后一段。

④ 将插入点定位到最后一段的段落序号"（4）"之后，再按两次 Backspace 键（删除段落自动编号）。

选定段落时，应包括最后的段落标记；如果看不到段落标记，可以单击"开始"功能区"落段"组的"显示/隐藏编辑标记"按钮 ，使之显示。

（3）将修改后的文档以文件名 W3-1.docx 保存到 D:\WORD 示例文件夹中。

举一反三

若要将一段文本拆分成两段，如何操作？

任务三　文档的格式化与排版

1. 字符格式化

在文档中，文字、数字、标点符号及特殊符号统称为字符。对字符的格式设置包括选择字体、字形、字号、字符颜色及处理字符的升降、间距等。下面是 Word 2010 提供的几种字符格式示例。

五号宋体　　**四号黑体**　　*三号隶书*　　**宋体加粗**

倾斜波浪线^上标_下标

字 符 间 距 加 宽 字符间距紧缩字符加底纹 字符加边框

字符提升　　字符降低字符缩 90%放 150%

用户可以先输入文本，再对输入的字符设置格式；也可以先设置字符格式，再输入文本，这时所设置的格式只对设置后输入的字符有效。如果要对已输入的字符设置格式，则必须先选定需要设置格式的字符，再进行设置。

（1）使用"开始"功能区的"字体"组设置字符格式

"字体"组中包括最常用的字符格式化工具按钮，如图 3-20 所示。将鼠标指针移到不同的按钮停顿一下，就会显示该按钮的名称。

（2）用"字体"对话框设置字符格式

单击"开始"功能区"字体"组右下角的箭头按钮 ，可打开"字体"对话框。对话框中有"字体""高级"两个选项卡，如图 3-21 所示。从对话框的"预览"框中可以看到格式设置的效果。

在"字体"对话框中选择"字体"选项卡[见图 3-21（a）]，可以设置字体、字形、字号、字体颜色及效果等字符格式。

在"字体"对话框"高级"选项卡[见图 3-21（b）]，可对 Word 默认的标准字符间距进行调整，也可以调整字符在所在行中相对于基准线的高低位置。"缩放"组合框可以用来调整字符的缩放大小。

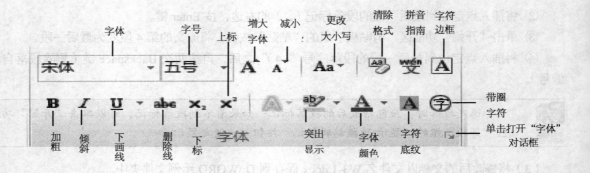

图 3-20 "字体"组的按钮

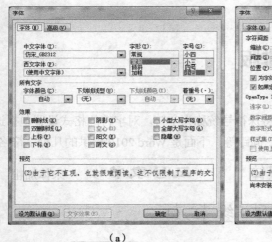

（a）

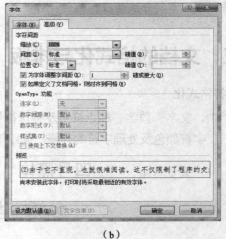

（b）

图 3-21 "字体"对话框

注意　　　字符缩放和改变字号都能改变字符的大小，但字符缩放只是在水平方向的缩放，而字号是对整个字符而言的。

【例 3.9】按以下要求设置文档 W3-1.docx 字符的格式，设置完毕以文件名 W3-2.docx 保存在原位置。

设置第 1 段文字字体为"华文彩云"，字形为"加粗"，字号为"三号"，字符间距为"加宽""2磅"，缩放"150%"。

设置第 3 段文字（不包括❶）字体为"幼圆"，字形为"加粗"，字号为"小四"，并将其中的❶设为"上标"。

操作步骤如下。

（1）打开文档 W3-1.docx。

（2）选定第 1 段文字，单击"开始"功能区"字体"组右下角的箭头按钮 ，打开"字体"对话框[见图 3-21（a）]，在"中文字体"下拉列表框中选择"华文彩云"，"字号"选择"三号"；单击"高级"选项卡[见图 3-21（b）]，在"缩放"组合框中选择 150%，"间距"选择"加宽"，"磅值"选择"2 磅"。

（3）选定第 3 段文字，单击"开始"功能区"字体"组的"字体"，在下拉列表框选择"幼圆"，在"字号"下拉列表中选择"小四";选定第 3 段中的❶,单击"字体"组的"上标"按钮 $\mathbf{x}^2$。

（4）以文件名 W3-2.docx 保存在原位置 D:\WORD 示例文件夹中,操作结果如图 3-22 所示。

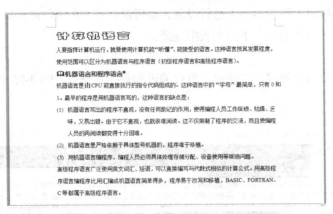

图 3-22　例 3.9 操作结果

 　　　用"字体"组中的按钮进行字体设置时,中西文一起设置;用"字体"对话框设置字体时,中文字体与西文字体可分开设置。

2. 段落格式化

在 Word 中,段落是一定数量的文本、图形、对象（如公式和图片）等的集合,以段落标记"↵"（也称"回车符"）结束。

与字符格式设置一样,用户可以先输入文本,再设置段落格式;也可以先设置段落格式,再输入文本,这时所设置的段落格式只对设置后输入的段落有效。如果要对已输入的某一段落设置格式,只要把插入点定位在该段落内的任意位置,即可进行操作;如果对多个段落设置格式,则应先选择要设置的所有段落。

段落的格式设置主要包括段落的对齐、段落的缩进、行距与段距、段落的修饰等。

段落的格式设置既可在"开始"功能区中的"段落"组（见图 3-23）中完成,也可在"段落"对话框（见图 3-24）中完成。

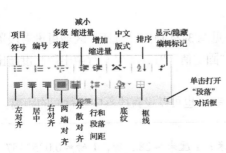

图 3-23　"段落"组中的按钮

图 3-24　"段落"对话框

（1）段落的对齐

段落的对齐方式有"左对齐""居中""右对齐""两端对齐"和"分散对齐"5 种。可以在"段落"组中单击对应的按钮（见图 3-23）进行设置，也可以打开"段落"对话框（见图 3-24），在"缩进和间距"选项卡的"对齐方式"下拉列表中选择。

（2）段落的缩进

段落的缩进方式分为左缩进、右缩进、首行缩进和悬挂式缩进，图 3-25 列举了各缩进方式对应的效果。

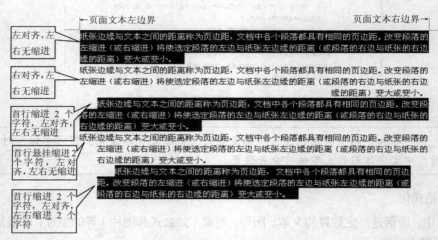

图 3-25　缩进方式示例

纸张边缘与文本之间的距离称为页边距，文档中各个段落都具有相同的页边距。改变段落的左缩进（或右缩进）将使选定段落的左边与纸张左边缘的距离（或段落的右边与纸张的右边缘的距离）变大或变小。排版中，为了突出显示某段或某几段，可以设置段落的左、右缩进。

"首行缩进"表示段落中只有第一行缩进，例如中文文章一般都采用"首行缩进"两个汉字。

"悬挂式缩进"则表示段落中除第一行外的其余各行都缩进。

在"段落"对话框的"缩进和间距"选项卡（见图 3-24）中，可以指定段落缩进的准确值：在"缩进"区域的"左侧""右侧"微调控制框中设置段落的左、右缩进；在"特殊格式"下拉列表中设置首行缩进和悬挂缩进。

"段落"组也有两个产生缩进的按钮，即"增加缩进量"和"减少缩进量"按钮，但只能改变段落的左缩进。

（3）间距的设置

在"段落"对话框"缩进和间距"选项卡（见图 3-24）中，"间距"区域可设置段落之间的距离，以及段落中各行间的距离。当"行距"设置为"固定值"时，如果某行中出现高度超出行距的字符，则字符的超出部分被截去。

单击"段落"组的"行和段落间距"按钮，也可以设置段落中各行间的距离。

1 行=12 磅；2 字符=0.75～0.8 厘米；1 厘米≈28.3 磅；1 磅≈0.0353357 厘米。

（4）段落分页的设置

"段落"对话框中，"换行和分页"选项卡的"分页"区域可处理分页处段落的安排，如图 3-26 所示，用户可以根据文档内容的需要进行选择。

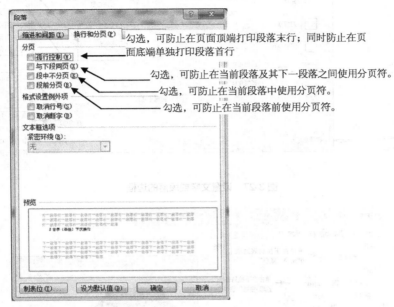

图 3-26　设置段落的"换行和分页"

（5）格式刷的使用

为方便修饰，相同文字格式及段落格式可以通过"格式刷"进行快速格式复制，从而简化重复操作。格式刷的使用方法如下。

① 选定要复制的格式的文本。

② 单击或双击"剪贴板"组的"格式刷"按钮，此时光标变为刷子形状。若单击"格式刷"，格式刷只能应用一次；双击"格式刷"，则格式刷可以连续使用多次。

③ 然后将光标移到要改变格式的文本处，按住鼠标左键选定要应用此格式的文本，松开鼠标"左键"即可完成格式复制。

要取消格式刷方式，可再次单击"格式刷"（或按 Esc 键）或进行其他的编辑工作。

3. 底纹与边框格式设置

为了强调某些内容或美化页面，可以对选定的文字或段落添加上各种边框和底纹。

选定要设置边框或底纹的文字或段落，单击"开始"功能区"段落"组"框线"下拉按钮，在下拉列表可选取所需的框线；选择"边框和底纹"选项，可打开"边框和底纹"对话框，如图 3-27 所示。

（1）如图 3-27 所示，在"边框"选项卡中可为选定的文字或段落添加边框。

（2）如图 3-28 所示，在"底纹"选项卡中可为选定的文字或段落添加底纹，设置背景的颜色和图案。

（3）在图 3-27 所示对话框中单击"页面边框"选项卡，可以为页面添加边框（但不能添加底纹），该对话框与图 3-27 所示的相似，只是在"应用于:"下拉列表的选项不同，可选取"整篇文档""本节"等选项。

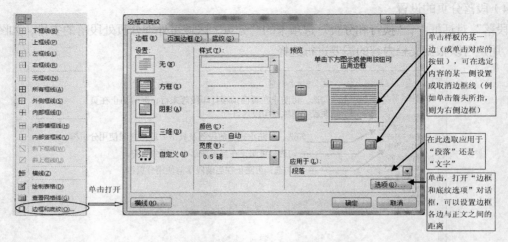

图 3-27 设置文字或段落的边框

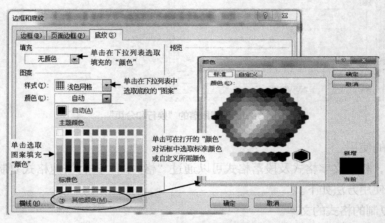

图 3-28 设置文字或段落的底纹

【例 3.10】打开文档 W3-2.docx，将其全文行间距设为 1.2 倍行距，并按图 3-29 所示要求设置各段格式，设置完毕以文件名 W3-3.docx 保存在原位置。

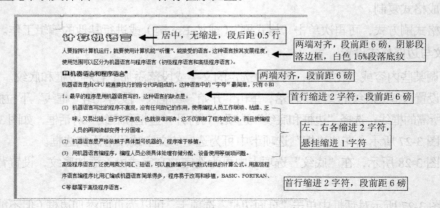

图 3-29 各段格式设置要求

操作步骤如下。

① 打开文件 W3-2.docx。

② 按 Ctrl+A 组合键，选定全文；单击"开始"功能区"段落"组右下角的箭头按钮 ▣（或单击"段落"组中的"行和段落间距"下拉按钮，在下拉列表上选择"行距选项…"），系统打开"段落"对话框，如图 3-24 所示。在"缩进和间距"选项卡的"行距"下拉列表中选择"多倍行距"，在"设置值"中输入"1.2"（单位默认为"倍"）。

③ 把插入点定位于第 1 段，单击"开始"功能区"段落"组右下角的箭头按钮 ▣，打开"段落"对话框，如图 3-24 所示。在"缩进和间距"选项卡的"对齐方式"下拉列表中选择"居中"；"段后"微调控制框的值调整为 0.5 行。

如果微调控制框中设置值的单位不是"行"，则删去原单位并输入"行"。

④ 把插入点定位于第 2 段，单击"开始"功能区"段落"组右下角的箭头按钮 ▣，打开"段落"对话框，如图 3-24 所示。在"缩进和间距"选项卡的"对齐方式"下拉列表中选择"两端对齐"；删去"段前"微调控制框中的"0 行"，输入"6 磅"。

⑤ 单击"开始"功能区"段落"组的"边框"按钮右侧的下三角箭头，在下拉列表上选择"边框和底纹"，系统打开"边框和底纹"对话框。在"边框"选项卡中单击单选按钮"阴影"，在"应用于"下拉列表框选择"段落"。图 3-28 所示，在"图案"区域的"样式"下拉列表中选择"15%"，在"应用于"下拉列表中选择"段落"。

⑥ 其他段落的格式设置与步骤③、④类似，只是"首行缩进"与"悬挂缩进"在图 3-24 所示的"段落"对话框的"特殊格式"下拉列表中选取。

⑦ 以文件名 W3-3.docx 保存在原位置 D:\WORD 示例文件夹中。

4. 首字（悬挂）下沉操作

在 Word 中，可以把段落的第一个字符设置成一个大的下沉字符，以达到引人注目的效果。

【例 3.11】打开文档 W3-3.docx，将文档的第 2 段设置"首字下沉"，"隶书""下沉 2 行"，设置完毕以文件名 W3-4.docx 保存在原位置。

操作步骤如下。

（1）打开文件 W3-3.docx。

（2）把插入点定位于第 2 段，单击"插入"功能区"文本"组"首字下沉"按钮，在其下拉列表中选择"首字下沉选项…"，打开"首字下沉"对话框（见图 3-30）。

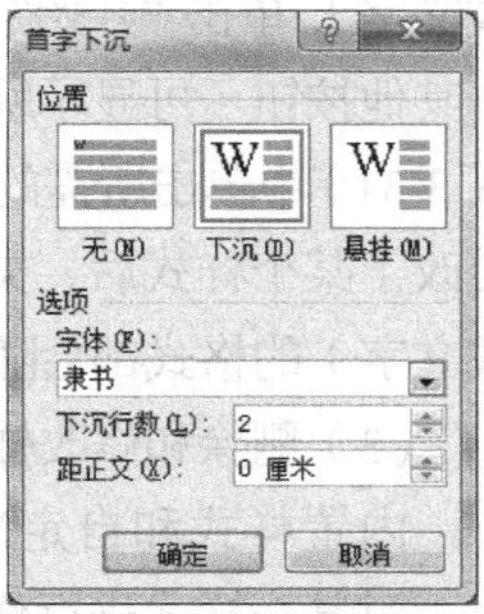

（3）在图 3-30 所示对话框中单击"位置"区域中的"下沉"按钮，在"选项"区域中的"字体"下拉列表中选"隶书"，"下沉行数"为"2"，单击"确定"按钮，该段的首字变为 人

（4）以文件名 W3-4.docx 保存在原位置 D:\WORD 示例文件夹中。

图 3-30 "首字下沉"对话框

5. 使用"样式"格式化文档

样式是用样式名保存起来的文本格式信息的集合。使用样式可以方便地设置文档各部分的格式，提高排版效率。Word 2010 有 4 种类型的样式，即段落样式、字符样式、表格样式和列表样式，这里仅介绍段落样式和字符样式的操作。

（1）新建样式

用户可以使用系统提供的内置样式，也可以对这些样式修改后再使用，还可以创建自己的样式。

单击"开始"功能区"样式"组右下角的箭头按钮，打开"样式"任务窗格（见图 3-31），单击右下角的"新建样式"按钮，可打开图 3-32 所示的"根据格式设置创建新样式"对话框。

在图 3-32 所示对话框的"属性"区域的文本框中输入新建样式的名称，根据需要选择样式类型、样式基准、后续段落样式；在"格式"区域设置样式所包含的格式，如果样式复杂，可以单击左下角的"格式"按钮进行设置。如果选中"自动更新"复选框，则一旦改变了使用该样式的文档格式，都将自动更新该样式。单击"确定"按钮，新建样式的样式名将出现在图 3-31 所示的"样式"任务窗格中。

图 3-31 "样式"任务窗格

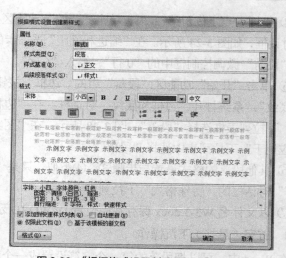

图 3-32 "根据格式设置创建新样式"对话框

（2）使用样式

在 Word 文档中，可应用已有的样式对段落或文字进行格式编排。方法如下：选定要应用指定样式的文本（段落或文字），单击"开始"功能区"样式"组中所需的样式（单击其他按钮可显示所有样式），或在"样式"任务窗格（见图 3-31）中单击所需的样式即可。使用样式最大的优点是：更改了某个样式后，文档中所有使用该样式的文本（段落或文字）的格式都会随之而改变。

（3）删除和修改样式

内置样式和自定义样式都可以根据实际需要进行修改，对某一样式进行修改后，所有应用该样式的文本格式都将自动更新。

在"样式"任务窗格中，单击某样式右侧的下拉按钮，在弹出的菜单（见图 3-33）中选择"删除"选项，即可删

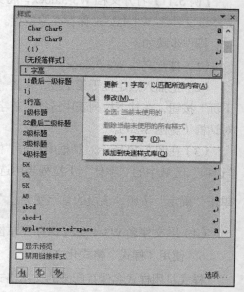

图 3-33 样式的修改和删除

除该样式（不能删除内置样式）。选择"修改"选项，系统打开"修改样式"对话框，该对话框与图 3-32 所示的对话框的操作基本相同。

删除自定义样式后，所有使用该样式的文本将使用"正文"样式。

【例 3.12】打开 W3-4.docx，新增一样式，名称为 title，该样式的格式为：字符缩放 150%，加蓝色双下画线，水平对齐方式为左对齐，首行缩进 2 个字符。将新建样式应用到第 4 段和第 8 段；设置完毕以文件名 W3-5.docx 保存在原位置。

操作步骤如下。

① 插入点任意定位。单击"开始"功能区"样式"组右下角箭头按钮，打开"样式"任务窗格（见图 3-31），单击右下角的"新建样式"按钮，可打开图 3-32 所示的"根据格式设置创建新样式"对话框。

② 在图 3-32 所示对话框的"属性"区域的"名称"文本框中输入新建样式的名称"tiltle"；单击左下角的"格式"按钮，在下拉菜单中选择"字体"打开"字体"对话框（见图 3-21），设置字符缩放 150%，加蓝色双下画线，单击"确定"按钮，关闭"字体"对话框。

③ 单击图 3-32 所示左下角的"格式"按钮，在下拉菜单中选择"段落"打开"段落"对话框（见图 3-24），设置对齐方式为"左对齐"，首行缩进 2 个字符，单击"确定"按钮，关闭"段落"对话框。

④ 在图 3-32 所示对话框中单击"确定"按钮，新建样式的样式名 title 出现在"样式"窗格的列表框中。

⑤ 选择第 4 段和第 8 段，单击"样式"窗格的列表框中"title"，将新建样式应用到第 4 段和第 8 段。

⑥ 以文件名 W3-5.docx 保存在原位置 D:\WORD 示例文件夹中。

6. 页面格式化

页面格式主要包括纸张大小、页边距、页面的修饰（设置页眉、页脚和页码）等操作。一般应该在输入文档前进行页面设置，Word 允许按系统的默认页面设置先输入文档，用户随后可以根据需要对页面重新进行设置。

（1）设置页眉和页脚

页眉和页脚是在每一页顶部或底部加入的文字或图形，其内容可以是文件名、章节标题、日期、页码、单位名等。只有在"页面视图"和"打印预览"中才能显示页眉和页脚。

双击页眉（页脚）[也可单击"插入"功能区"页眉和页脚"组的"页眉"（"页脚"）按钮，在下拉列表中单击所需"页眉"（"页脚"）类型（也可单击"编辑页眉"或"编辑页脚"按钮）]，进入页眉（页脚）编辑状态，此时显示"页眉和页脚工具设计"功能区，如图 3-34 所示。可以对页眉（页脚）进行格式编排，例如插入页码、插入日期和时间、改变文字格式、插入图形和图片、添加边框和底纹等；使用"位置"组中的按钮，可设置对齐方式、页眉或页脚与页边的距离；如果文档的其他节（有关"节"的概念见本任务的"分页控制和分节控制"）具有不同的页眉或页脚，可以单击"导航"组的"上一节"或"下一节"按钮进入其他节查看。

单击"转至页眉"和"转至页脚"按钮，可以在页眉和页脚之间转换。单击"关闭"按钮（或双击文档编辑区），返回文档编辑区。

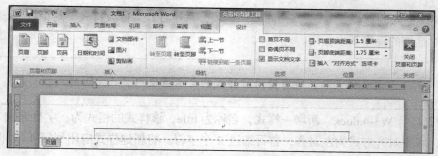

图 3-34　页眉和页脚编辑状态

（2）设置页码

单击"插入"功能区的"页眉和页脚"组的"页码"按钮，弹出图 3-35 所示下拉菜单，可选择"页码"插入的位置，选择"设置页码格式"可打开图 3-36 所示的"页码格式"对话框，可设置页码格式。

与页眉和页脚一样，只有在"页面视图"和"打印预览"中才能看到页码。

图 3-35　"页码"按钮的下拉菜单

图 3-36　"页码格式"对话框

【例 3.13】打开 W3-4.docx，在文档中页脚居中位置插入页码，起始页码为 400，并在页面顶端居中的位置输入页眉，内容为"程序语言"。设置完毕以文件名 W3-6.docx 保存在原位置。

操作步骤如下。

① 单击"插入"功能区的"页眉和页脚"组的"页码"按钮，在图 3-35 所示下拉菜单中选择"页面底端"→"普通数字 1"。

② 单击"页眉和页脚工具设计"功能区的"页眉和页脚"组的"页码"按钮，在下拉菜中选择"设置页码格式"，打开图 3-36 所示的"页码格式"对话框，单击"页码编号"区域的"起始页码"单选按钮，并在其右侧的组合框中输入"400"，单击"确定"按钮，关闭"页码格式"对话框。

③ 单击"页眉和页脚工具设计"功能区"页眉和页脚"组的"页眉"按钮，在下拉列表中单击"编辑页眉"按钮，进入页眉编辑状态（见图 3-34），在页眉中输入"程序语言"；单击"开始"功能区"段落"组的"居中"按钮＝。

④ 双击文档编辑区，以文件名 W3-6.docx 保存在原位置 D:\WORD 示例文件夹中。

（3）页面设置

单击"页面布局"功能区"页面设置"组右下角的箭头按钮，可打开"页面设置"对话框。

"页面设置"对话框中有 4 个选项卡，即"页边距""纸张""版式"和"文档网格"。各选项卡的作用如下。

① "页边距"选项卡（见图 3-37）：设置文本与纸张的上、下、左、右边界距离，如果文档需要

装订，可以设置装订线与边界的距离。还可以在该选项卡上设置纸张的打印方向，默认为纵向。

单击"页面布局"功能区"页面设置"组的"页边距"按钮，在下拉列表中选择"自定义边距"选项，也可打开图 3-37 所示对话框。

② "纸张"选项卡（见图 3-38）：设置纸张的大小（如 A4）和打印时纸张的进纸方式（选择"纸张来源"）。如果系统提供的纸张规格都不符合要求，可以选择"自定义大小"，并输入宽度和高度。

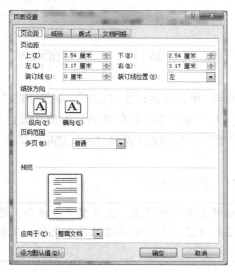

图 3-37 "页边距"选项卡

图 3-38 "纸张"选项卡

单击"页面布局"功能区"页面设置"组的"纸张大小"按钮，可在下拉列表中选取所需设置，单击"其他页面大小"选项，也可打开图 3-38 所示对话框。

③ "版式"选项卡（见图 3-39）：设置页眉与页脚的特殊格式（首页不同或奇偶页不同）；为文档添加行号；为页面添加边框；如果文档没有占满一页，可以设置文档在垂直方向的对齐方式（顶端对齐、居中、底端对齐或两端对齐）。

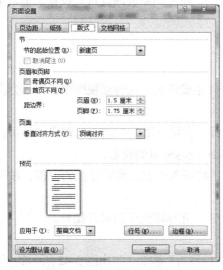

图 3-39 "版式"选项卡

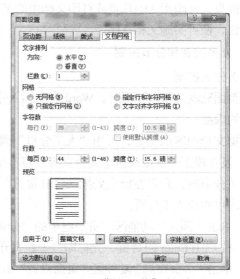

图 3-40 "文档网格"选项卡

④ "文档网格"选项卡（见图 3-40）：设置每页固定的行数和每行固定的字数，也可只设置每页固定的行数；设置在页面上显示字符网格，文字与网格对齐；这些设置主要用于出版物或特殊要求的文档。

根据需要，选择对应的选项卡进行设置，设置完毕，单击"确定"按钮。

【例 3.14】打开 W3-6.docx，将页面纸张大小设为 B5（高 18.2 厘米×宽 25.7 厘米），页面方向为横向，上、下页边距均为 2.5 厘米，左、右页边距均为 3.0 厘米，并在左边预留 1 厘米的装订线位置。完成后以文件名 W3-7.docx 保存在原位置。

操作步骤如下。

① 单击"页面布局"功能区"页面设置"组右下角的箭头按钮 🔲，打开"页面设置"对话框，如图 3-37 所示。

② 在图 3-37 所示的"纸张方向"区域中单击"横向"单选按钮；将"页边距"区域下的"上（T）"和"下（B）"组合框的值均设置为"2.5 厘米"，"左（L）"和"右（R）"组合框的值均设置为"3 厘米"；"装订线"的值设置为"1 厘米"，在"装订线位置"下拉列表中选择"左"选项。单击"确定"按钮，退出"页面设置"对话框。

③ 以文件名 W3-7.docx 保存在原位置 D:\WORD 示例文件夹中。

> 在进行页边距设置之前，一定要先明确页面方向的设置，先设置页面方向，再设置页边距。否则选择了页面方向之后，之前设置的页边距上下和左右的值会交换，又需要重新设置。

（4）打印文档

打印文档前，应先确定是否已正确安装并选定了打印机，打印机的电源是否已经打开。一般来说，打印机类型及打印机端口在安装 Windows 时已设置好。必要时，可在 Windows 的"控制面板"中进行更改。

选择单击"文件"选项卡的"打印"选项，打开"打印"的 Backstage 视图，如图 3-41 所示。该视图右侧为打印页的预览，在左侧可设置打印的份数，选择打印机，选择打印范围（整篇文章、打印当前页、打印指定的几页或打印文档中的某一部分），还可调整页面设置。设置完毕，单击"打印"按钮，便可实施文档打印。

7. 分页控制和分节控制

（1）分页控制

当页面充满文本或图形时，Word 自动插入分页符并生成新页。在普通视图中，自动分页符是一条单点的虚线。

根据文档内容的需要，可用"人工分页"强制换页，也可以用分页选项控制自动分页，以避免"孤行"及在段落内部或段落之间分页等，可参见图 3-26 段落分页的设置。

人工分页时，只需在换页处插入"分页符"即可。把插入点定位到要分页的位置，按以下任一操作方法可实现人工分页。

① 单击"插入"功能区"页"组中的"分页"按钮，光标即位于新页开始处。

② 按 Ctrl+Enter 组合键，光标即位于新页开始处。

③ 单击"页面布局"功能区"页面设置"组中的"分隔符"按钮，弹出图 3-42 所示的下拉列表，单击其中的"分页符"，光标即位于新页开始处。

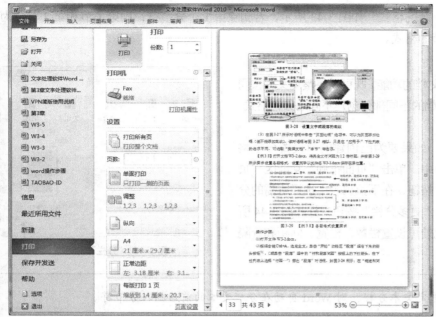

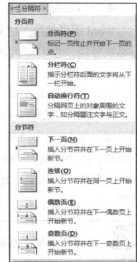

图 3-41　"打印"的 Backstage 视图　　　　图 3-42　"分隔符"按钮的
下拉列表

在页面视图中，单击"开始"功能区"段落"组中的"显示/隐藏"按钮，可显示或隐藏人工分页符（单虚线中间有"分页符"字样）。把插入点定位到人工分页符处，按 Delete（或 Del）键或单击"剪贴板"组中的"剪切"按钮，可删除人工分页符，取消分页。

（2）分节控制

在 Word 文档中插入分节符，可以把文档划分为若干节，每节可设置不同的格式，即不同的节可有独自的页边距、纸张大小或方向、打印机纸张来源、页面边框、页眉和页脚、分栏、页码编排、行号、脚注和尾注。

"创建一个节"即在文档中的指定位置插入一个分节符。将插入点定位在要建立新节的位置，单击"页面布局"功能区"页面设置"组中的"分隔符"按钮，系统打开图 3-42 所示的下拉列表，单击"分节符"区域中的按钮，即可插入分节符（双虚线，中间有"分节符"字样，如图 3-43 所示）。

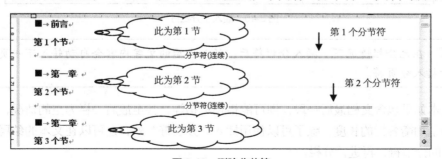

图 3-43　删除分节符

单击"分节符"标记处，按 Delete（或 Del）键，即可删除分节符。由于所有节的格式设置均存放在分节符中，删除分节符意味着删除该分节符之前文本所应用的格式，这部分文本成为后面一节的一部分，并应用后面一节的格式。如图 3-43 所示，若删除第 1 个分节符，则第 1 节和第 2 节合为一个节，使用原来第 2 节的格式。

8. 分栏操作

Word 提供编排多栏文档的功能，既可以将整篇文档按同一格式分栏，也可以为文档的不同部分创建不同的分栏格式。

（1）创建分栏

选定要分栏的文本，如果要为已创建的节设置分栏格式，则将插入点定位在节中。单击"页面布局"功能区"页面设置"组中的"分栏"按钮，在下拉列表中选择所需的分栏效果。若不满意，单击"更多分栏"按钮，打开图 3-44 所示的"分栏"对话框，此处可设置栏数、栏宽、间距和分隔线等。

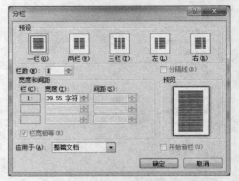

图 3-44 "分栏"对话框

注意 如果是给选定文本分栏，则 Word 自动在分栏文本的前后插入分节符。

（2）分栏调整

在已分栏情况下，强制截断本栏文字内容，使本栏插入点之后的内容转入下一栏显示，可以在需要分栏处插入分栏符。

将光标移到需要开始下一栏的位置，单击"页面布局"功能区"页面设置"组中的"分隔符"按钮，弹出图 3-42 所示的下拉列表，单击其中的"分栏符"按钮，则光标后的文本移入下一栏（见图 3-45）。

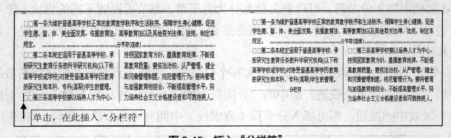

图 3-45 插入"分栏符"

注意 在无分栏情况下，插入分栏符后，插入点后的文字内容会自动转入下一页，功能等同于插入分页符。

分栏文本如果包含文档最后一段，则可能栏长不相等，甚至最后一栏为空的情况，使分栏版面不美观。为了均衡各栏的长度，除了可以使用插入"分栏符"外，还可以在文本的结尾处插入类型为"连续"的分节符，再进行分栏。

（3）取消分栏

将原来的多重分栏设置为单一分栏，即可取消分栏。在"分栏"对话框中单击"预设"区域中的"一栏"选框，或将"栏数"的值改为 1，则选定文本或光标所在节的分栏被取消。

【例 3.15】打开 W3-6.docx，将第 8 段（即最后一段）分成两栏、栏宽相等。完成后以文件名 W3-8.docx 保存在原位置。

操作步骤如下。

（1）打开文档 W3-6. docx。

（2）选定第 8 段（包括段落标记），单击"页面布局"功能区"页面设置"组中的"分栏"按钮，在下拉列表中单击"更多分栏"按钮，打开图 3-44 所示的"分栏"对话框，选择"预设"区域中的"两栏"，确保栏宽相等，单击"确定"按钮，第 8 段文本全部在左栏中，如图 3-46 所示。

图 3-46　分栏排版

（3）将插入点定位在文档结束处，单击"页面布局"功能区"页面设置"组中的"分隔符"按钮，弹出图 3-42 所示的下拉列表，单击"分节符"选项区域中的"连续"按钮，即在文档最后插入分节符，便可均衡栏长，如图 3-47 所示。

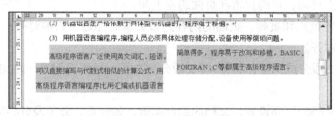

图 3-47　例 3.13 操作结果

【例 3.16】打开 W3.docx，一个段落标记(↵)即为一自然段，进行下列操作后，以文件名 W4.docx 保存在 D:\WORD 示例文件夹中。

（1）将第 1 段作为标题，设置为二号、红色、加粗、黑体，居中。

（2）将第 2~9 段设置为小四号宋体，行间距为固定值 25 磅。

（3）将文章第 2 段设置成左对齐、首行缩进 0.8 厘米、段前距 4 磅、段后距 3 磅，1.5 倍行距。

（4）将第 2 段的格式复制给第 4 段，并为该段落加上绿色、宽度为 3 磅实线边框；段落和文字填充黄色的底纹。

分析：本例是对文档的字体及段落格式设置的一个综合应用，同时要求学会使用格式刷。

操作步骤如下。

（1）选定第 1 段，在"开始"功能区"字体"组中的"字体"下拉列表中选"黑体"，"字号"下拉列表中选"二号"，"字体颜色"下拉列表中选"红色"，单击"加粗"按钮，单击"段落"组中的"居中"按钮。

（2）选定第 2~9 段，在"开始"功能区"字体"组中的"字体"下拉列表中选"宋体"，"字号"下拉列表中选"小四号"，单击"段落"组右下角的箭头按钮 ，打开"段落"对话框（见图 3-24），将"行距"设置为"固定值","设置值"数值框输入"25 磅"。

（3）选定第 2 段（或把光标置于第 2 段中），单击"段落"组右下角的箭头按钮 ，打开"段落"对话框（见图 3-24），在对话框的"缩进和间距"选项卡中设置"特殊格式"为"首行缩进"，"磅值"为"0.8 厘米"；"段前"为"4 磅"，"段后"为"3 磅"；"行距"设置值为"1.5 倍行距"；"对齐方式"为"左对齐"。单击"确定"按钮，回到文档窗口。

（4）选定第 2 段（或把光标置于第 2 段中），单击"开始"功能区"剪贴板"组的"格式刷"按钮，鼠标指针在文本区变成带刷子的光标。按住鼠标左键拖曳选取第 4 段。

（5）选定第 4 段，单击"开始"功能区"段落"组中的"框线"按钮，在下拉列表中选择"边框和底纹"，打开"边框和底纹"对话框（见图 3-27）；在"边框"选项卡中，选择绿色、3.0 磅宽度的实线，单击"方框"按钮，在"应用于"下拉列表中选择"段落"；单击"底纹"选项卡，在"填充"下拉列表中选择"黄色"；再在"应用于"下拉列表中选择"段落"；单击"确定"，关闭"边框和底纹"对话框；单击"底纹"按钮 右侧的三角下拉按钮，在下拉列表中选取"黄色"，则第 4 段的文字和段落的底纹均为"黄色"。

（6）以文件名 W4.docx 保存在原位置 D:\WORD 示例文件夹中。

【例 3.17】打开 W4.docx，进行下列操作后，以文件名 W4-1.docx 保存在 D:\WORD 示例文件夹中。

（1）将文档 W4.docx 的页面设置为：16 开纸，正文与纸边的距离为上下各 2.5 厘米，左右各为 2 厘米。

（2）为该文档建立页码，页码位置在页面的左上角。

（3）为该文档设置页眉和页脚，页眉的内容为该文章的标题，居中对齐；页脚的内容为班级名称、学号和姓名，右对齐。

（4）将文章的第 2 段分成两栏，将第 4、5 段分成 3 栏，且栏宽相等，并加上分隔线，其他段落不变。

分析：本例是对文档的页面设置、文档的综合排版，如分页、分节及分栏的一个综合应用。

操作步骤如下。

（1）单击"页面布局"功能区"页面设置"组右下角的箭头按钮 ，打开"页面设置"对话框（见图 3-37），在"纸张"选项卡中设置"纸张大小"为 16 开，在"页边距"选项卡中设置"上""下"各为 2.5 厘米，"左""右"各为 2 厘米；单击"确定"按钮。

（2）单击"插入"功能区"页面和页脚"组的"页码"按钮，在下拉列表中选择"页面顶端"→"普通数字 1"，然后单击"开始"功能区"段落"组"文本左对齐"按钮。

（3）单击"插入"功能区"页面和页脚"组的"页眉"按钮，在下拉列表中选择"编辑页眉"，在页眉工作区输入文章的标题"计算机语言"，然后单击"开始"功能区"段落"组"居中"按钮；单击"设计"功能区"页眉和页脚"组中的"页脚"按钮，在下拉列表中选择"编辑页脚"，光标移动到页脚工作区；在页脚工作区输入姓名和班级名称，单击"开始"功能区"段落"组的"右对齐"按钮；双击文档编辑区，返回到文档编辑区。

（4）选定文章的第 2 段，单击"页面布局"功能区"页面设置"组中的"分栏"按钮，在下拉列表中单击"两栏"按钮；选定文章的第 4、第 5 段，单击"页面布局"功能区"页面设置"组中的"分栏"按钮，在下拉列表中单击"更多分栏"按钮，系统打开"分栏"对话框（见图 3-44），单击"三栏"按钮，选中"分隔线"复选框，单击"确定"按钮。

（5）操作结果如图 3-48 所示。以文件名 W4-1.docx 保存在 D:\WORD 示例文件夹中。

 举一反三

① 复制字符格式的操作与复制段落格式有什么不同？

② 试给文档 W4.docx 加上页面边框、页面背景。

图 3-48　例 3.7 操作结果

任务四　在文档中插入多种元素

1．插入文本框

在 Word 编辑区输入文档通常是从左到右、从上到下的。但实际的文稿排版会有一些特殊的要求，并且这些要求用分栏或格式化都难以实现。引入文本框能完成排版的特殊要求，例如可以在页面任意位置输入文字，插入表格、图片。

单击"插入"功能区"文本"组的"文本框"按钮，系统打开图 3-49 所示下拉列表，单击"内置"区域中的文本框类型，可在当前页中插入文本框；若单击"绘制文本框"（或"绘制竖排文本框"），光标变为"十"字形，可在页面任意位置拖曳画出文本框。

图 3-49　"文本框"按钮下拉列表

【例 3.18】打开 W3.docx，建立 3 个文本框，将文档的第 3 段、第 4 段、第 5～9 段分别放到这 3 个文本框中。完成后如图 3-50 所示，并以文件名 W5.docx 保存在原位置。

操作步骤如下。

（1）单击"插入"功能区"文本"组的"文本框"按钮，系统打开图 3-49 所示下拉列表，单击"绘制竖排文本框"，鼠标指针变为"十"字形，可在页面左侧位置拖曳形成活动方框。

（2）选定第 3 段，单击"开始"功能区"剪贴板"组中的"剪切"按钮，单击步骤（1）所绘制的文本框，单击"开始"功能区"剪贴板"组中的"粘贴"按钮，第 3 段放入所绘制的文本框。

（3）重复步骤（1）、（2），插入两个文本框（横排的），将第4段、第5～9段分别放入所绘制的文本框。

（4）单击文本框，当鼠标指针形状变为 ，按住鼠标左键，可以移动文本框，当鼠标指针形状变为↔（↕或↗）时，按住鼠标左键可改变文本框的大小。按图3-50所示移动和调整文本框的位置和大小。

（5）以文件名 W5.docx 保存在 D:\WORD 示例文件夹中。

【例 3.19】 给图 3-50 所示左边的文本框加上绿色边框、黄色底纹，以文件名 W5-1.docx 保存在原文件夹。

操作步骤如下。

（1）当鼠标指针形状为 时，在左边的文本框上单击鼠标右键，在弹出的快捷菜单中选择"设置形状格式"，打开"设置形状格式"对话框，如图 3-51 所示，单击"纯色填充"选项，在"填充颜色"选项区中单击"颜色"下拉按钮，选取"黄色"底纹。

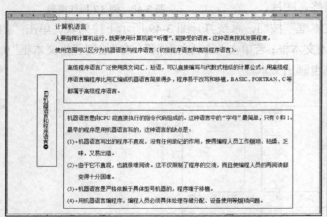

图 3-50　例 3.18 操作结果

图 3-51　"设置形状格式"对话框

（2）单击图 3-51 所示"设置形状格式"对话框左侧的"线条颜色"按钮，给选定的文本框加上绿色边框。

（3）以文件名 W5-1.docx 保存在 D:\WORD 示例文件夹中。

2. 插入图片

图片由其他文件或设备创建（或生成），包括扫描的图片、照片及剪贴画等。

（1）插入剪贴画

用户可以从 Word 提供的剪辑库中选择需要的剪贴画，将其插入文档。

将插入点定位于要插入剪贴画的位置，单击"插入"功能区"插图"组的"剪

插入图片

贴画"按钮，打开"剪贴画"任务窗格。在"搜索文字:"文本框中输入描述所需图片的关键字，如"计算机"，在"结果类型:"下拉列表中选择"所有媒体文件类型"，单击"搜索"按钮。

注意　　如果当前计算机处于联网状态，选中"包括 Office.com 内容"复选框，就可以到 Microsoft 公司的 Office.com 的剪贴画库中搜索，从而扩大剪贴画的选择范围。

如果搜索成功，图片出现在任务窗格下面的列表框中，单击所需插入的图片，即可把图片插入文档中光标所在处，也可以单击图片右侧的下拉按钮，在弹出的下拉菜单中选择"插入"选项，如图 3-52 所示。

（2）插入图片文件

将插入点定位于要插入图片的位置；单击"插入"功能区"插图"组的"图片"按钮，打开"插入图片"对话框（见图 3-53）；选择要插入的图片文件所在磁盘及文件夹，双击该文件（或单击"插入"按钮），即可将图片插入光标所在处。即使文件名和存储位置发生了变化（甚至被删除），文档中的图片也保持不变。

图 3-52　选择"插入"选项

图 3-53　"插入图片"对话框

若单击"插入"按钮右侧的下三角按钮，选择"链接到文件"命令，图片将以链接的形式插入文档中。如果原始图片改变位置或修改文件名，文档中的图片将不再显示；选择"插入和链接"命令，图片将会被插入文档中，且与原始图片建立链接。一旦原始图片发生改变，当然前提是该文件的存储位置没有变化且文件名也没有变化，当再次打开文档时，图片将被自动更新。如果文件名和存储位置发生了变化（甚至被删除），则文档中的图片保持不变。

（3）选定图片

如同编辑文档那样，必须先选定图片，再对图片执行相应的操作。

选定图片的方法如下：将鼠标指针移到图片处，当指针变成四向箭头状时，单击左键。图片被选定后，其四周出现 8 个空心"控点"；图片上方出现一个绿色小圆，称为"旋转控点"（见图 3-54）。选定图片时会自动增加"图片工具格式"功能区，利用该功能区可以设置图片的环绕方式、大小、位置和边框等。选中图片，单击鼠标右键，可打开图片的快捷菜单，利用这个快捷菜单也可以设置图片的环绕方式、大小、位置和边框等。

图 3-54　选定图片

（4）移动（复制）和删除图片

单击选定的图片，将鼠标指针移到图片中的任意位置，指针变成十字箭头时，拖动鼠标（若同时按住 Ctrl）可以移动（复制）图片到新的位置。

当鼠标指针变成十字箭头 ✛ 时，单击鼠标右键，在快捷菜单中选择"剪切"或"复制"后"粘贴"即可实现图片的移动或复制。

选定图片，按 Delete（或 Del）键可删除选定的图片。

注意　嵌入式图片只能在段落中移动或复制；非嵌入式图片可移动到任何位置，按住 Ctrl 键的同时按方向键（←、↑、→、↓），还可使图片在文档中做微小移动。

（5）缩放图片

① 鼠标操作：选定图片，将鼠标移到图片的控点，此时鼠标指针会变成水平◄►、垂直↕或斜对角 ↗ ↘ 的双向箭头，按住鼠标左键，沿箭头方向拖动指针达到所需尺寸时，松开鼠标左键，如图 3-55（a）所示。用鼠标拖动 4 个角的控点，则图片缩放后不变形；若在拖动控点的同时按住 Ctrl 键，则图片缩放后中心位置不变，如图 3-55（b）所示。

② 输入数值操作：选定图片，在"图片工具格式"功能区"大小"组中的"高度""宽度"组合框中输入或调整图片的高度和宽度。

（a）　　　　　　　　　　　　　（b）

图 3-55　鼠标拖动"右下角"控点缩放图片

③ 快捷菜单操作：鼠标右键单击图片，在快捷菜单中选择"大小和位置"，系统打开"布局"对话框，单击"大小"选项卡（见图 3-56），然后进行设置。

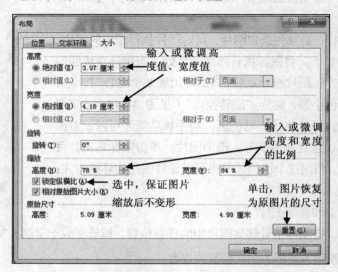

图 3-56　设置图片缩放

（6）旋转图形

① 鼠标操作：选定图片，鼠标移动到图片上方绿色的"旋转控点"（见图 3-53）时，指针形状成为"⟳"，按鼠标左键拖动，即可以任意角度旋转图片。

② "旋转"命令操作：若要按 90° 增量旋转图形，单击"图片工具格式"功能区"排列"组中的"旋转"按钮，在下拉列表中选择所要的翻转。

③ 快捷菜单操作：在图片上单击鼠标右键，在快捷菜单上选择"大小和位置"，系统打开"布局"对话框，单击"大小"选项卡，如图 3-56 所示。在"旋转(T):"组合框中输入旋转角度。

（7）设置图文混排方式

① 选定图片，单击"图片工具格式"功能区"排列"组中的"位置"按钮，在下拉列表（见图 3-57）中选取所需的环绕方式，单击"其他布局选项"按钮，则打开"布局"对话框，如图 3-58 所示。单击"文字环绕"选项卡，选定所需的环绕方式。

图 3-57 "位置"按钮的下拉列表

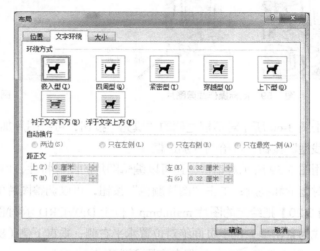

图 3-58 在"布局"对话框设置"文字环绕"

② 快捷菜单操作：在图片上单击鼠标右键，在快捷菜单中选择"大小和位置"，系统打开"布局"对话框，单击"文字环绕"选项卡，如图 3-58 所示，在"环绕方式"选项区中选定所需的环绕方式并单击之。

注意　如果设置图片的"环绕方式"为"嵌入型"，则图片将作为一个符号插入在光标所在位置，与旁边的文字底端对齐；如果图片的高度大于行高，则 Word 自动调节行高，使之与图片高度相等。当图片为非嵌入型环绕方式，"文字环绕"功能可使文字环绕在图片周围。

（8）裁剪图片

① 直接裁剪：选定图片，单击"图片工具格式"功能区"大小"组中的"裁剪"按钮，在下拉列表中单击"裁剪"，图片四周出现 8 个裁剪控点，将光标置于裁剪控点上拖动裁剪控点，如图 3-59 所示。当达到需要的范围时，松开鼠标按键。如果对裁剪结果不满意，可以单击"撤销"按钮恢复原状。

② 快捷菜单操作：在图片上单击鼠标右键，在快捷菜单中选择"设置图片格式"，系统打开"设置图片格式"对话框，单击左侧的"裁剪"按钮，如图 3-60 所示。更改对话框右侧各数值框的值，会立即应用到图片，不必关闭对话框就可以轻松查看图片的更改效果。但是，由于立即应用更改，

因此不能单击此对话框中的"取消";若要删除更改,必须针对要删除的每个更改单击快速访问工具栏上的"撤销" ↶ 按钮或按 Ctrl+Z 组合键。

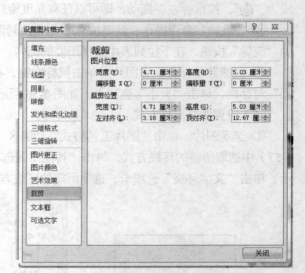

图 3-60 "设置图片格式"对话框

拖动右下角
的裁剪控点

图 3-59 鼠标操作裁剪图片

单击图 3-60 所示对话框左侧的"填充"按钮,可给图片加背景色;单击左侧的"线条颜色"命令及"线型"按钮,可给图片加边框。

利用图 3-59 所示对话框,还可以编辑图片的图像特性,例如单击"图片更正"按钮,可以调整图片的对比度和亮度;单击"图片颜色"按钮,可以调整图片的色调、颜色的保和度等。

【例 3.20】把给定的图片 main.bmp(位于 D:\WORD 示例\图片)插入文档 W3-5.docx 中,要求:环境方式为紧密型,位于页面绝对位置水平右侧、垂直下侧(8,10)厘米处,图形大小高、宽都为 2.5 厘米。以文件名 W6.docx 保存在原文件夹中。

操作步骤如下。

(1)打开文档 W3-5.docx,将插入点定位于要插入图片的位置;单击"插入"功能区"插图"组的"图片"按钮,打开"插入图片"对话框(见图 3-53);选择要插入的图片文件所在磁盘及文件夹,双击该文件 main.bmp,即可将图片插入光标所在处。

(2)在图片上单击鼠标右键,在快捷菜单上选择"大小和位置",系统打开"布局"对话框,单击"大小"选项卡,如图 3-56 所示。取消选中"锁定纵横比"复选框,在"高度"及"宽度"区域的"绝对值"组合框中输入 2.5 厘米。

(3)在"布局"对话框中单击"文字环绕"选项卡(见图 3-58),单击"紧密型";单击"位置"选项卡,设置图片的绝对位置,如图 3-61 所示。

(4)以文件名 W6.docx 保存在 D:\WORD 示例文件夹中。

3. 插入绘制图形

"插入"功能区"插图"组中的"形状"按钮的下拉列表(见图 3-62)提供了现成的形状。根据需要,可绘制单个或多个图形,多个图形可以组合成一个大的图形。

图 3-61　设置图片的绝对位置

图 3-62　"形状"按钮的下拉列表

（1）绘制图形

单击"插入"功能区"插图"组中的"形状"按钮，在弹出的下拉列表（见图 3-61）中选择某一类别及图形，再单击文档，所选图形按默认的大小插入在文档中；若要插入自定义图形，则单击图形起始位置并按住鼠标左键拖动，直至图形成为所需大小时松开鼠标（若要保持图形的高宽比，拖动时应按住 Shift 键；若在拖动鼠标时按住 Ctrl 键，则以图形中心为基准绘制图形）。

刚绘制完成的图形处于被选定状态，除四周有 8 个控点和 1 个旋转控点外，往往还有 1 个或多个黄色的菱形控点，拖动黄色菱形控点可改变图形的基本形状（直线只有两个控点，没有旋转控点和菱形控点）。

（2）编辑图形

选定所绘制的图形时，系统会自动增加"绘图工具格式"功能区，利用该功能区可以设置图形的文字环绕、边框线型和颜色、缩放图形及设置图形在页面中的位置；但是不能设置自选图形的亮度、对比度，也不能裁剪自选图形。

也可以在所绘的图形上单击鼠标右键，在快捷菜单中选取"其他布局选项"，打开图 3-58 所示的"布局"对话框，可设置图形的文字环绕、大小及图形在页面中的位置；在快捷菜单中选取"设置形状格式"，打开"设置形状格式"对话框（与图 3-51 相似），可设置图形的边框线型和颜色。

（3）组合图形

将若干个图形组合在一起，可以创建一个图形对象组，以便将这些图形作为一个整体进行编辑（如设置翻转或旋转、调整大小等）、移动和复制。

组合图形的方法如下：选择要组合的对象（单击第一个对象，然后按住 Shift 键并单击其他对象），单击"绘图工具格式"功能区"排列"中的"组合"按钮，在弹出的列表中选择"组合"。

选择要解除组合的对象，单击"绘图工具格式"功能区"排列"组中的"组合"按钮，在弹出的下拉列表中选择"取消组合"即可解除被选择对象的组合。

（4）层叠图形

可以在一个图形上绘制另一个图形，Word 允许重叠任意数目的图形或图形组，也允许在文档文字上重叠图形。如果上面的对象遮盖了下面的对象，可以按 Tab 键向前循环（或按 Shift+Tab 组合键向后循环）选取对象，直到选定需要的对象。

若要移动层叠中的对象，例如在层叠中每次将对象向上或向下移动一层，或者一次将其移动到层叠的顶部或底部，可先选定对象，然后单击"绘图工具格式"功能区"排列"中组的"上移一层"（或"下移一层"）按钮，也可单击其右侧的下三角按钮，在弹出的下拉列表中选择相应的层叠选项。

（5）在自选图形中添加文字

Word 允许在除线条之外的任何图形中添加文字。

鼠标指向图形，当光标成为四向箭头时单击鼠标右键，在弹出的快捷菜单中选择"添加文字"选项，图形中出现插入点，输入文字；单击自选图形之外任意处，停止添加文字，返回文档。添加的文字是自选图形的一部分，将随着图形一起移动，一起旋转或翻转。

【例 3.21】新建文档，按图 3-63 所示绘制某程序的部分流程图，并将文档以 W7.docx 为文件名保存在 D:\Word 示例文件夹中。

操作步骤如下。

（1）新建文档，单击"插入"功能区"插图"组中的"形状"按钮，在弹出的下拉列表（见图 3-62）中选取"线条"列表中"箭头" ，在文档中按住鼠标左键并垂直向下拖动鼠标，至合适位置松开鼠标，插入第 1 个向下箭头，将它移到中间位置；按住 Ctrl 键并拖动箭头，复制出第 2 个向下箭头；同样方法复制出第 3、第 4 个向下箭头。

（2）单击"插入"功能区"插图"组中的"形状"按钮，在弹出的下拉列表（见图 3-62）中选取"矩形"列表中的"矩形" ，在文档中单击并拖动鼠标，插入矩形，输入文字"输入考试成绩"；将第 1 个向下箭头移到矩形的上方居中，将第 2 个向下箭头移到矩形下方居中。

（3）单击"插入"功能区"插图"组中的"形状"按钮，在弹出的下拉列表（见图 3-62）中选取"流程图"列表中的"决策" ，在文档中单击并拖动鼠标，插入菱形；输入文字"成绩>60?"，将菱形移到第 2 个向下箭头的下方，位置见图 3-63。

（4）创建图 3-64 所示的组合图形。

画文本框，并输入"否"，单击"绘图工具格式"功能区"形状样式"组中的"形状轮廓"按钮，在下拉列表中选"无轮廓"，取消该文本框的框线。画直线和矩形[向下箭头在步骤（1）中已画]，按图 3-64 所示组图；单击最上边的横线①，按住 Shift 分别单击其他对象（②、③、④、⑤、⑥，③为前面复制得到的第 3 个向下箭头），单击"页面布局"功能区"排列"组"组合"按钮，在下拉列表中选择"组合"，图形①、②、③、④、⑤、⑥组合为一个图形对象，将组合图形移到图 3-63 所示位置。

（5）选定组合图形，按住 Ctrl 键拖动组合图形，将它复制为另一个；在"绘图工具格式"功能区"排列"组上单击"旋转"按钮，在下拉列表中选择"水平翻转"，并将文本框中的"否"改为"是"，得到与图 3-64 所示图形对称的组合图形，将它移到图 3-63 所示位置。

（6）在两个组合图形的矩形框中分别输入文字"不发证"和"发成绩合格证"；将前面复制得到的第 4 个向下箭头移到图 3-63 所示位置。

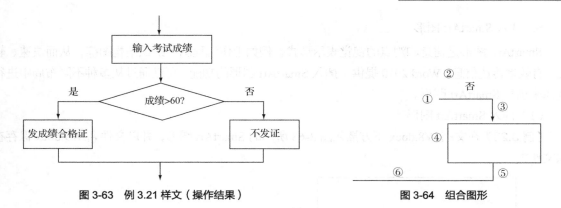

图 3-63 例 3.21 样文（操作结果）

图 3-64 组合图形

（7）按步骤（4）中的方法把所画的流程图组合为一个对象，便于调整在页面上的位置，将文档以 W7.docx 为文件名保存在 D:\Word 示例文件夹中。

4. 插入艺术字

在 Word 中，艺术字也是一种自选图形，在文档中插入艺术字和对艺术字进行编辑的操作具有编辑自选图形的许多特点，并且兼有文字编辑的内容。

【例 3.22】将文档 W3-6.docx 的原标题改为艺术字，按图 3-65 所示样文，在文件上方插入艺术字，字体为"隶书"，字号为 36；文本形状为"朝鲜鼓"。以文件名 W8.docx 保存在原文件夹。

操作步骤如下。

（1）打开文档 W3-6.docx，删掉原标题。单击"插入"功能区"文本"组中的"艺术字"按钮，在弹出的下拉列表（见图 3-66）中选择第 1 行第 1 列艺术字样式，在文档中出现一个艺术字图文框。

（2）在艺术字图文框中输入"计算机语言"。

（3）当鼠标指针形状为 ✛ 时，在艺术字单击鼠标右键。在"开始"功能区"字体"组设置字体为"隶书"，字号为 36。

（4）选中艺术字，单击"绘制工具格式"功能区"艺术字样式"组中的"文本效果"→"转换"按钮，在列表（见图 3-67）中选择"朝鲜鼓"。

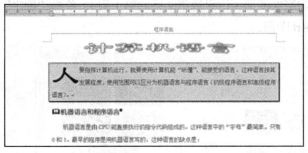

图 3-65 例 3.22 样文（操作结果）

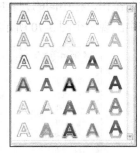

图 3-66 艺术字样式列表框

（5）艺术字属于自选图形，选中艺术字后，与图片的设置类似，可以用"绘制工具格式"功能区改变艺术字的大小、颜色、线型及位置等。例如设置环绕方式为四周型，位于页面绝对位置水平右侧、垂直下侧（5，2）厘米处，艺术字高 1.5 厘米、宽为 10.5 厘米。

（6）单击文档，艺术字四周的控点和"艺术字"工具栏消失，完成插入艺术字的操作。以文件名 W8.docx 保存在 D:\WORD 示例文件夹中。

5. 插入 SmartArt 图形

SmartArt 图形是信息和观点的视觉表示形式，例如工作流程图、组织结构图等，从而快速、轻松、有效地传达信息。Word 2010 提供了插入 SmartArt 图形的功能，可以通过从多种不同布局中进行选择来创建 SmartArt 图形。

（1）插入 SmartArt 图形

【例 3.23】在文档 W8.docx 下方插入图 3-68 所示的 SmartArt 图形，并以文件名 W9.docx 保存在原文件夹。

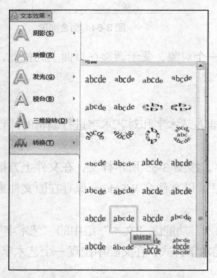

图 3-67　艺术字字形列表

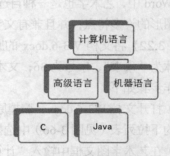

图 3-68　SmartArt 图形

操作步骤如下。

① 打开文档 W8.docx，在最后一段段尾句号后面按 Enter 键。单击 "插入" 功能区 "插图" 组中的 "SmartArt" 按钮，系统打开 "选择 SmartArt 图形" 对话框，如图 3-69 所示；单击左边的 "层次结构" 按钮，在中间的列表中选择所需层次图形（这里选第 2 行的第 1 列），单击 "确定" 按钮，在文档中出现一个图 3-70 所示的 SmartArt 图形。

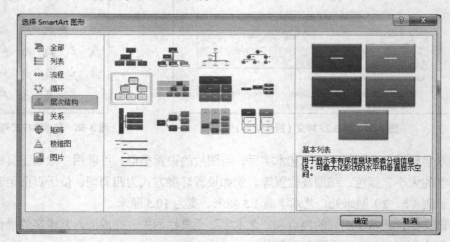

图 3-69　"选择 SmartArt 图形" 对话框

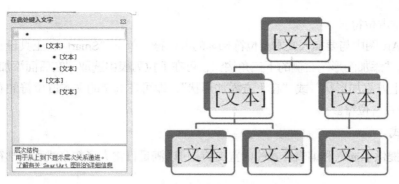

图 3-70　在文档中插入的 SmartArt 图形

② 在插入的 SmartArt 图形中单击文本占位符输入合适的文字。也可以通过左侧的"在此处输入文字"窗格输入文字。

③ 单击"计算机语言"文本占位符，当鼠标指针形状为⟷或↕时，拖动鼠标可调整占位符宽度和高度，单击"机器语言"下边的文本占位符（多余的），按 Delete（或 Del）键即可删除，操作结果如图 3-68 所示。以文件名 W9.docx 保存在 D:\WORD 示例文件夹中。

（2）修改 SmartArt 图形

① 更改 SmartArt 图形布局。

单击要修改的 SmartArt 图形，在"SmartArt 工具设计"功能区中单击"布局"分组中"其他"按钮，在打开的布局列表中根据需要重新选择 SmartArt 布局即可，如图 3-71 所示。

如果当前布局类别中没有合适的 SmartArt 图形布局，则可以单击"其他布局"按钮，打开图 3-69 所示的"选择 SmartArt 图形"对话框，重新选择合适的图形布局。

② 更改 SmartArt 样式。

Word 2010 中的 SmartArt 图形不仅有多种布局可供选择，而且每种布局还有丰富的样式。通过设置样式，可以使 SmartArt 图形更具视觉冲击力。设置 SmartArt 图形样式的操作步骤如下：选中 SmartArt 图形；单击"SmartArt 工具设计"功能区"SmartArt 样式"分组中"其他"按钮，打开 SmartArt 样式窗格，如图 3-72 所示。每一种布局的 SmartArt 样式分为"文档的最佳匹配对象"和"三维"两组，用户可以根据需要选择合适的样式。

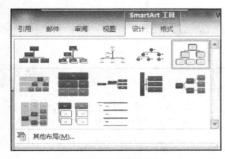

图 3-71　布局列表

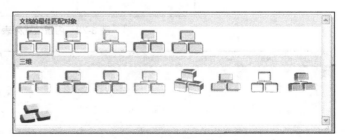

图 3-72　SmartArt 样式窗格

③ 更改 SmartArt 中文本占位符级别。

选定 SmartArt 图中要修改级别的文本占位符，单击"SmartArt 工具设计"功能区"创建图形"组中的"升级"（或"降级"）按钮（"上移""下移"按钮是改变位置，级别不变）。

④ 添加文本占位符。

选定 SmartArt 图中与要插入文本占位符相邻的占位符，单击"SmartArt 工具设计"功能区"创建图形"组中的"添加图形"右侧的下三角按钮，可在下拉列表中选取"在后面添加形状""在前面添加形状""在上方添加形状"或"在下方添加形状"，即可在选定的文本占位符的右边、左边、上方或下方插入空白占位符。

6. 插入公式

Word 2010 提供了插入和编辑公式的内置支持，可以满足日常大多数公式和数学符号的输入和编辑需求。

（1）插入内置公式

将光标定位于要插入公式的位置，单击"插入"功能区"符号"分组中"公式"下拉三角按钮，打开内置公式列表（见图 3-73），选择需要的公式（例如"二次公式"）即可在光标处插入相应的公式，并且系统将增加"公式工具设计"功能区（见图 3-74）。

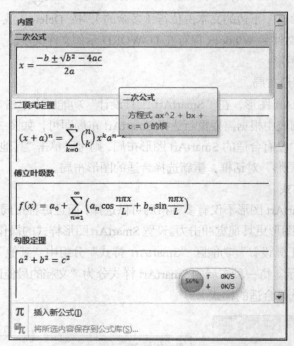

图 3-73　内置公式列表

图 3-74　"公式工具设计"功能区

（2）插入新公式

如果 Word 2010 提供的内置公式不能满足要求，可以插入自己编辑的公式。

【例 3.24】在文档 W8.docx 下方插入图 3-75 所示的公式，并以文件名 W10.docx 保存在原文件夹。

操作步骤如下。

① 打开文档 **W8.docx**，将插入点移到文档中要插入公式处。

② 单击"插入"功能区"符号"分组中"公式"按钮，打开内置公式列表（见图 3-73），单击"插入新公式"，光标处插入一个空白公式框（见图 3-76）进入公式编辑状态。

$$Y = \sum_{n=1}^{\infty} \frac{n + \sqrt{n+1}}{n^2}$$

图 3-75 数学公式

图 3-76 空白公式框

③ 在公式框中输入"Y ="，单击"公式工具设计"功能区"结构"组中的"大型运算符"按钮，在下拉列表中选择求和的样式 ∑（第 1 行第 2 个样式），单击"∑"下方的虚线框，输入"n=1"，单击"∑"上方的虚线框，单击"公式工具设计"功能区"符号"组中的符号按钮 ∞ 。

④ 单击"∑"右边的虚线框，单击"公式工具设计"功能区"结构"组中的"分数"按钮，在下拉列表中选择分数的样式（第 1 行第 1 个样式）。

⑤ 单击分数样式下面的虚线框，单击"公式工具设计"功能区"结构"组中的"上下标"按钮，在下拉列表中选择上标（第 1 行第 1 个样式），在左侧的虚线框中输入 n，在右侧的虚线框中输入 2。

⑥ 单击分数样式上面的虚线框，输入"n+"，单击"公式工具设计"功能区"结构"组中的"根式"按钮，在下拉列表中选择根式 $\sqrt{}$ （第 1 行第 1 个样式），在虚线框中输入"n+1"。

⑦ 公式输入完毕，以文件名 **W10.docx** 保存在 **D:\WORD** 示例文件夹中。

要修改公式，只需将插入点移到要修改的位置，进行修改即可。另外，公式可以像自选图形一样设置格式。

7. 插入书签

Word 提供的"书签"功能，可以对文档指定的部分加上书签，这样就可以非常轻松快速地定位到特定的位置。

（1）插入书签

【例 3.25】 给文档 **W9.docx** 中的 SmartArt 图形加上标签，名为"重点 1"，并以文件名 **W11.docx** 保存在原文件夹。

操作步骤如下。

① 打开文档 **W9.docx**，选中需要添加书签的文本、标题、段落等内容，这里单击文档中的 SmartArt 图形。

如果需要为大段文字添加书签，也可以不选中文字，将插入点光标定位到目标文字的开始位置。

② 单击"插入"功能区"链接"分组中的"书签"按钮，打开"书签"对话框，在"书签名"编辑框中输入书签名称"重点 1"，如图 3-77 所示，单击"添加"按钮即可。

③ 以文件名 **W11.docx** 保存在 **D:\WORD** 示例文件夹中。

（2）隐藏或显示书签

如果 Word 2010 文档中含有书签，用户就可以通过 Word 选项设置以确定隐藏或显示书签，操作步骤如下：打开含有书签的文档，依次单击"文件"→"选项"按钮，打开"Word 选项"对话框，单击左侧的"高级"按钮（见图 3-78）。在"显示文档内容"区域取消或选中"显示书签"复选框，并单击"确定"按钮。

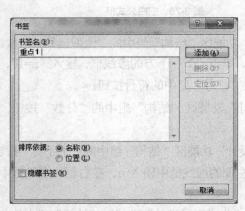

图 3-77　"书签"对话框

图 3-78　设置显示/隐藏书签

（3）使用书签

使用书签可以在文档内部快速定位到不同的位置。打开添加了书签的 Word 2010 文档，单击"开始"功能区"编辑"组中的"查找"按钮，在下拉列表中选择"转到"，打开"查找和替换"对话框，按图 3-79 所示进行设置后，单击"定位"按钮，即可定位到指定的书签。

图 3-79　使用书签定位

打开添加了书签的 Word 2010 文档，单击"插入"功能区"链接"分组中的"书签"按钮，打开"书签"对话框（见图 3-77），在书签列表中选择合适的书签，并单击"定位"按钮，返回 Word 2010 文档窗口，书签指向的文字将反色显示。

若在"书签"对话框的书签名列表中选中不想要的书签，并单击"删除"按钮，即删除书签。

8. 插入超链接

超链接又称为"超级链接""链接"。通过超链接可以跳转到与其相关联的内容上，可以是当前文档的某个位置，也可以是其他文档或程序，甚至可以链接图片、音乐、影像等多媒体文件。

【例 3.26】给文档 W9.docx 第 4 段开头的"机器语言"加上超链接，链接到文件"机器语言.docx"，并以文件名 W12.docx 保存在原文件夹。

操作步骤如下。

（1）打开文档 W9.docx，选中需要创建超链接的文字（第 4 段开头的"机器语言"）。

（2）单击"插入"功能区"链接"分组中的"超链接"按钮，打开"插入超链接"对话框。"要显示的文字"编辑框中已经自动输入文字内容，在"当前文件夹"列表框中选择要链接到的文件"机器语言.docx"（见图 3-80），然后单击"确定"按钮。

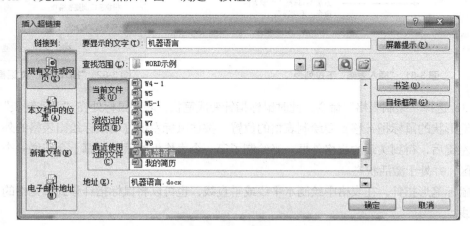

图 3-80　"插入超链接"对话框

（3）以文件名 W12.docx 保存在 D:\WORD 示例文件夹中。

已设置超链接的文字变为蓝色，光标停留在其上，屏幕上显示 file:///d:\word示例\机器语言.docx 按住 Ctrl 并单击可访问链接 ，按住 Ctrl 键的同时单击鼠标，即可打开链接到的文件"机器语言.docx"。

若要取消超链接，可以在已设置超链接的文字上单击鼠标右键，在弹出的快捷菜单中选择"取消超链接"。

9. 插入表格和图表

在工作和生活中我们常用表格的形式来表达某一事物，例如考试成绩表、职工工资表等。Word 提供了丰富的表格功能，不仅可以快速创建表格，而且可以对表格进行编辑、修改，表格与文本间的相互转换和表格格式的自动套用等。这些功能大大方便了用户，使表格的制作和排版变得比较容易、简单。

（1）插入表格

将光标移至要插入表格的位置，单击"插入"功能区"表格"组中的"插入表格"按钮，出现"插入表格"下拉列表。主要有 3 种方法插入表格，如图 3-81 所示。

方法 1：鼠标在表格框内向右下方向拖动，选定所需的行数和列数。松开鼠标，表格自动插到当前的光标处。

方法 2：选择"插入表格"命令，打开图 3-82 所示的"插入表格"对话框，在"行数"和"列数"框中分别输入所需表格的行数和列数，"自动调整操作"区域中默认为选中"固定列宽"单选按钮，单击"确定"按钮，即可在插入点处插入一张表格。

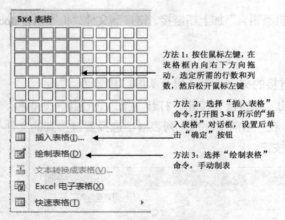

方法 1：按住鼠标左键，在表格框内向右下方向拖动，选定所需的行数和列数，然后松开鼠标左键

方法 2：选择"插入表格"命令，打开图 3-81 所示的"插入表格"对话框，设置后单击"确定"按钮

方法 3：选择"绘制表格"命令，手动制表

图 3-81　"插入表格"下拉列表

图 3-82　"插入表格"对话框

方法 3：选择"绘制表格"命令，此时鼠标指针变成笔状，表明鼠标处在"手动制表"状态。

将铅笔形状的鼠标指针移到要绘制表格的位置，按住鼠标左键拖动鼠标绘出表格的外框虚线，松开鼠标左键后，得到实线的表格外框。当绘制了第一个表格框线后，屏幕上会新增一个"表格工具"功能区，并处于激活状态。

拖动鼠标笔形指针，在表格中绘制水平线或垂直线，也可以将鼠标指针移到单元格的一角向其对角画斜线。

单击"表格工具设计"功能区"绘图边框"组中"擦除"按钮，使鼠标变成橡皮形，把橡皮形鼠标指针移到要擦除线条的一端，单击鼠标左键并拖动到另一端，松开鼠标就可擦除选定的线段。

另外，还可以利用"表格工具设计"功能区"绘图边框"组中的"线型"和"粗细"列表选定线型和粗细，"笔颜色"按钮设置表格外围线或单元格线的颜色和类型；利用"表格样式"组中的"边框""底纹"列表框，给单元格填充颜色，使表格变得丰富多彩。

【例 3.27】按图 3-83 所示，用 Word 创建一个学生成绩表，以文件名 B1.docx 保存到 D:\WORD 示例文件夹中。

学生成绩表

学号	姓名	英语	高等数学	计算机基础
12001	陈立玲	76	67	71
12002	王一平	81	85	90
12003	林军	90	88	94
12004	张大民	65	56	70

图 3-83　学生成绩表

操作步骤如下。

① 启动 Word，把插入点移到需要插入表格的位置，单击"插入"功能区"表格"组中的"插入表格"按钮，出现图 3-81 所示的"插入表格"下拉列表；选择"插入表格"命令，打开图 3-82 所示的"插入表格"对话框。

② 在"列数""行数"框中输入或选择表格包含的行数和列数（本例将"列数"和"行数"都设置为"5"）。

③ 选中"固定列宽"单选按钮，在其右边的数字框中输入或选择所需的列宽（本例选择默认值"自动"）。如果在数字框中选择默认值"自动"，则在设置的左右页面边界之间插入列宽相同的表格，即不管定义的列数是多少，表格的总宽度总是与文本宽度一样。

　　　　　如果选中"根据窗口调整表格"单选按钮，其效果与选择"固定列宽"中的"自动"一样。如果选择"根据内容调整表格"，则所建表格的列宽将随输入内容的变化而变化。

④ 单击"确定"按钮，新建立的空表格出现在插入点处。按图 3-83 所示，在表格各单元格中输入文本。

⑤ 将文件保存为 D:\WORD 示例\B1.docx。

（2）编辑表格

1）选择单元格、行、列或表格

方法 1：用鼠标选定表格中的单元格、行或列。

选择一个单元格：将鼠标指针移到该单元格左边框，变为"➚"时单击左键。

选择表格中一行：将鼠标指针移到该行左边框之外，变为"⟋"时单击左键。

选择表格中一列：将鼠标指针移到该列上方，变为"↓"时单击左键。

选择多个单元格、多行或多列：按住鼠标左键拖曳；或先选定开始的单元格，再按住 Shift 键并选定结束的单元格。

选定表格：鼠标指针移到表格中，表格的左上角将出现"表格移动手柄"⊞，单击⊞即可选取整个表格。

方法 2：用"表格工具布局"功能区"表"组中的"选择"按钮选定行、列或表格。

先在表格中定位插入点，单击"表格工具布局"功能区"表"组中的"选择"按钮，在下拉列表中单击"选择行"（或"选择列""选择单元格""选择表格"）命令可选定插入点所在行（或列、单元格、表格）。

2）插入和删除行或列

在已有的表格中，有时需要增加一些空白行或空白列，也可能需要删除某些行或列。

选定行或列（可以多行或多列），单击"表格工具布局"功能区"行和列"组中的相关按钮。

● "在上方插入"或"在下方插入"按钮：在当前行（或选定的行）的上面或下面插入与选定行数等同数量的行。

● "在左侧插入"或"在右侧插入"按钮：在当前列（或选定的列）的左侧或右侧插入与选定列数等同数量的列。

　　　　　要快捷地插入行，可以单击表格最右边的边框外，按 Enter 键，在当前行的下面插入一行；或光标定位在最后一行最右一列单元格中，按 Tab 键追加一行。

如果想删除表格中的某些行或列，只要选定要删除的行或列，单击"表格工具布局"功能区"行和列"组中的"删除"按钮，在下拉列表中选取相应的选项即可。

3）插入和删除单元格

选定若干单元格；单击"表格工具布局"功能区"行和列"组右下角的箭头按钮 ⊡，打开"插入单元格"对话框（见图3-84），选择下列操作之一。

① 活动单元格右移：在选定的单元格的左侧插入新的单元格，新插入的单元格的个数与选定的单元格个数相同。

② 活动单元格下移：在选定的单元格的上方插入新的单元格，新插入的单元格的个数与选定的单元格个数相同。

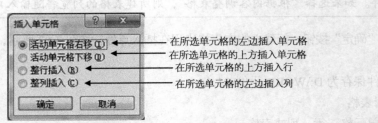

图3-84 "插入单元格"对话框

选定要删除的单元格，单击"表格工具布局"功能区"行和列"组中的"删除"按钮，选取"删除单元格"选项，打开"删除单元格"对话框，按图3-85所示操作即可。

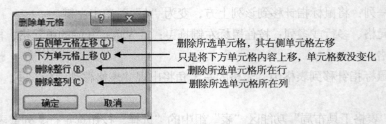

图3-85 "删除单元格"对话框

4）合并或拆分单元格

在简单表格的基础上，通过对单元格的合并或拆分可以构成比较复杂的表格。

① 合并单元格

单元格的合并是指多个相邻的单元格合并成一个单元格。操作步骤如下：选定两个或两个以上相邻的单元格；单击"表格工具布局"功能区"合并"组中的"合并单元格"按钮，则选定的多个单元格合并为1个单元格。

② 拆分单元格

单元格的拆分是指将单元格拆分成多行多列的多个单元格。操作步骤如下：选定要拆分的一个或多个单元格；单击"表格工具布局"功能区"合并"组中的"拆分单元格"按钮，打开"拆分单元格"对话框。在"拆分单元格"对话框中输入要拆分的列数和行数，单击"确定"按钮，则选定的单元格被拆分为指定的行数和列数。

5）调整表格行高和列宽

① 用拖动鼠标修改表格的行高和列宽

调整行高和列宽的方法类似，下面以调整列宽为例。

将鼠标指针移到表格列的竖线上，当指针变成◄╂►时，按住鼠标左键，此时出现一条上下垂直的虚线，向左或右拖动该虚线，同时改变左列和右列的列宽（垂直虚线两端的列宽度总和不变），直到宽度合适时松开鼠标左键。拖动鼠标同时按住 Alt 键可以平滑拖动表格列竖线，并在水平标尺上显示出列宽值。如果按住 Shift 键的同时拖动鼠标，则只调整左列的列宽，右列的宽度保持不变。

将插入点移到表格中。此时，水平标尺上出现表格的列标记▦，当鼠标指针指向列标记时会变成水平的双向箭头◄►，按住鼠标左键拖动列标记▦，也可改变列宽。

② 用"表格属性"对话框改变列宽

使用"表格属性"对话框可以设置包括行高或列宽在内的许多表格的属性，这种方法可以使行高和列宽的尺寸得到精确设定。其操作步骤如下：选定要修改列宽的一列或数列；单击"表格工具布局"功能区"表"组中的"属性"按钮，打开"表格属性"对话框，单击"列"选项卡，如图 3-86 所示。选中"指定宽度"前的复选框，并在数值框中输入列宽的数值，在"度量单位"下拉列表中选定单位（其中"百分比"是指本列占全表中的百分比）；单击"前一列"或"后一列"按钮，可在不关闭对话框的情况下设置相邻的列宽；最后单击"确定"按钮。

③ 用"表格属性"对话框改变行高

选定需要改变高度的一行或数行；单击"表格工具布局"功能区"表"组中的"属性"按钮，打开"表格属性"对话框，单击"行"选项卡，如图 3-87 所示。若选中"指定高度"复选框（否则，行高默认为自动设置），则在文本框中输入行高的数值，并在"行高值是"下拉列表中选定"最小值"或"固定值"。选择"最小值"，则当单元格内容超过指定行高时，Word 调整行高以适应文本或图片；若选择"固定值"，则当单元格内容超过行高时，超出部分将不显示。

图 3-86 设置列宽

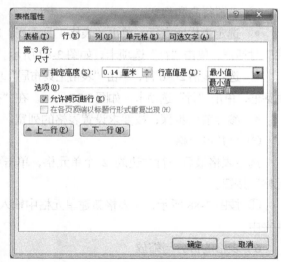

图 3-87 设置行高

【例 3.28】按图 3-88 所示修改文件 B1.docx 中的表格（不需设置格式）并以文件名 B2.docx 保存到 D:\WORD 示例文件夹中。

① 设置表格的列宽：第 1 列为 1.5 厘米，第 2、6 列为 2 厘米，第 3、4、5 列为 2.5 厘米；

② 设置表格的行高（最小值）：第 1、7 行为 0.7 厘米，其余行为 0.6 厘米；

③ 表格上方插入一行，输入"学生成绩表"（宋体、四号字）；

④ 修改后的表格以文件名 B2.docx 保存到 D:\WORD 示例文件夹中。

学 生 成 绩 表

学号	姓名	英语	高等数学	计算机基础	平均分
12001	陈立玲	76	67	71	
12002	王一平	81	85	90	
12005	陈小霞	60	62	65	
12003	林军	90	88	94	
12004	张大民	65	56	70	
各科总分					

图 3-88　修改后的学生成绩表

操作步骤如下。

① 插入行和列。

• 选定表格最右列，单击"表格工具布局"功能区"行和列"组中的"在右侧插入"按钮。

• 选定表格最下行，单击"表格工具布局"功能区"行和列"组中的"在下方插入"按钮。

• 选定表格中"12003 林军"所在行，单击"表格工具布局"功能区"行和列"组中的"在上方插入"按钮。

• 插入点定位于表格左上方第 1 个单元格中"学"字的左边，按 Enter 键，按图 3-88 所示输入"学 生 成 绩 表"并设置格式。

② 设置行高和列宽。

• 选定表格所有行，单击"表格工具布局"功能区"表"组中的"属性"按钮，打开"表格属性"对话框，单击"行"选项卡，如图 3-87 所示。在"行"选项卡中设置行高为 0.7 厘米（最小值）。

• 选定表格 2~6 行，单击"表格工具布局"功能区"表"组中的"属性"按钮，打开"表格属性"对话框，单击"行"选项卡，如图 3-87 所示。在"行"选项卡中设置行高为 0.6 厘米（最小值）。

• 参照前面步骤，按要求设置表格的列宽。

③ 合并单元格。

选定表格最后一行左边的 2 个单元格，单击"表格工具布局"功能区"合并"组中的"合并单元格"按钮。

④ 按图 3-88 所示，在表格新建单元格中输入文字，以文件名 B2.docx 保存到 D:\WORD 示例文件夹中。

6）表格的拆分与缩放

将插入点置于拆分后成为新表格的第一行的任意单元格中，单击"表格工具布局"功能区"合并"组中的"拆分表格"按钮，这样就在插入点所在行的上方插入一空白段，把表格拆分成两张表格。如果要合并两个表格，那么只要删除两表格之间的换行符即可。如果把插入点放在表格的第一行的任意列中，用"拆分表格"按钮可以在表格头部前面加一空白段。

当鼠标指针移动到表格中时，表格的右下方将出现"□"（表格缩放手柄），鼠标指针指向表格缩放手柄，形状为↖时，按住鼠标左键拖动即可缩放表格。

7）表格标题行的重复

当一张表格超过一页时，通常希望在第二页的续表中也包括表格的标题行。Word 提供了重复标题的功能。具体操作步骤如下：选定第一页表格中的一行或多行标题行；单击"表格工具布局"功能区"数据"组中的"重复标题行"按钮。这样，Word 会在因分页而拆开的续表中重复表格的标题行，在页面视图方式下可以查看重复的标题。用这种方法重复的标题，修改时也只要修改第一页表格的标题就可以了。

8）表格格式的设置

① 表格自动套用格式

表格创建后，可以在"表格工具设计"功能区"表格样式"组中内置的表格样式对表格进行排版。该功能还提供修改表格样式，预定义了许多表格的格式、字体、边框、底纹、颜色供选择，使表格的排版变得轻松、容易。具体操作步骤如下：将插入点移到要排版的表格内；在"表格工具设计"功能区"表格样式"组中内置的"其他"按钮 ，打开图 3-89 所示的表格样式列表。在表格样式列表中选定所需的表格样式即可。

② 设置表格的边框与底纹

除了表格样式以外，还可以使用"表格工具设计"功能区"表格样式"组中的"底纹"和"边框"按钮对表格边框线的线型、粗细和颜色、底纹颜色、单元格中文本的对齐方式等进行个性化的设置。

单击"边框"按钮，在打开的边框列表中可以设置所需的边框及单元格中的斜线。

单击"底纹"按钮，在打开的底纹颜色列表中可选择所需的底纹颜色。

③ 设置表格在页面中的位置

设置表格在页面中的对齐方式和文字环绕的操作步骤如下：将插入点移至表格中任意单元格内；单击"表格工具布局"功能区"表"组中的"属性"按钮，打开"表格属性"对话框，单击"表格"选项卡，如图 3-90 所示。在"尺寸"组中，若选中"指定宽度"复选框，则可设定具体的表格宽度；在"对齐方式"组中，选择表格对齐方式；在"文字环绕"组中选择"环绕"；最后单击"确定"按钮。

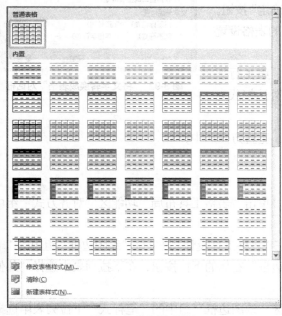

图 3-89　表格样式列表

图 3-90　设置表格在页面中的位置

④ 设置表格中的文本格式

表格中的文字同样可以用对文档文本排版的方法进行诸如字体、字号、字形、颜色和左、中、右对齐方式等设置。此外，还可以单击"表格工具布局"功能区"对齐方式"组中的对齐按钮，选择 9 种对齐方式中的一种。

⑤ 表格与文本的转换

将表格转换成文本的操作步骤如下：把插入点置于表格中或选定整个表格；单击"表格工具布局"功能区"数据"组中的"转换为文本"按钮，系统打开"表格转换成文本"对话框，按图 3-91 所示进行相应设置，单击"确定"按钮即可。

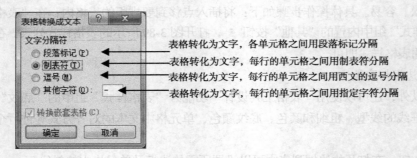

图 3-91 "表格转换成文本"对话框

也可将用段落标记、逗号、制表符或其他特定符号分隔的文本转换成表格。选定要转化为表格的文本，单击"插入"功能区"表格"组中的"表格"按钮，在弹出的下拉列表中选择"文本转换成表格"，系统打开"将文字转换成表格"对话框，如图 3-92 所示；在"文字分隔位置"区域中选择分隔符，将每个分隔符前的内容作为一个单元格；最后单击"确定"按钮。

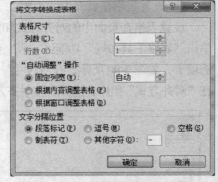

图 3-92 "将文字转换成表格"对话框

【例 3.29】按图 3-88 所示，对文件 B2.docx 中的表格设置格式，操作结果以 B3.docx 保存到原文件夹中。

① 表格第 1 行的底纹颜色为"白色 背景 1"，第 1 行下边框线和最后 1 行的上边框线为 1.5 磅实线，表格外边框线为双线；

② 表格所有单元格中的文本对齐格式为水平、垂直方向居中；

③ 表格在页面的水平方向居中。

操作步骤如下。

① 设置单元格文本对齐方式。选定整个表格，单击"表格工具布局"功能区"对齐方式"组中的"水平居中"按钮。

② 设置表格的边框和底纹。选定整个表格，在"表格工具设计"功能区"绘图边框"组中的"笔样式"中选择"双线"，单击"表格样式"组的"边框"右侧的下拉按钮，在下拉列表中选择"外侧框线"。

选定表格 2～6 行，在"表格工具设计"功能区"绘图边框"组中的"笔样式"下拉列表中选择"单实线"，在"笔画粗细"下拉列表中选择 1.5 磅，单击"表格样式"组钮"边框"按扭，在下拉列表中分别选择"上框线""下框线"。

选定表格第 1 行，单击"表格样式"组的"底纹"，在颜色选择框中选择"白色 背景 1"。

③ 设置表格在页面上水平方向居中。选定整个表格（注意：除了选定表格所有列，还必须选定表格右侧的一列段落标记），单击"表格工具布局"功能区"表"组中的"属性"按钮，打开"表格属性"对话框，单击"表格"选项卡，如图 3-90 所示，在"对齐方式"选项区中选择"居中"。

④ 以 B3.docx 保存到 D:\WORD 示例文件夹中。

【例 3.30】按图 3-93 所示，在 Word 中建立一个不规则表格，以文件名 B4.docx 保存到 D:\WORD 示例文件夹中。

姓名	现名		性别		出生年月		照片
	曾用名		民族		政治面貌		
通信地址					联系电话		
个人简历							

图 3-93　在 Word 中建立的不规则表格

操作步骤如下。

① 创建规范表格，行数为 4，列数为 8；设置 1～3 行行高为 0.8 厘米（最小值），单元格文字水平居中，垂直居中。

② 用鼠标拖动表格下边框线，使最后一行高度能容纳下"个人简历"（竖排）4 个字。

③ 按图 3-93 合并单元格，用鼠标拖动边框线调整列宽，设置表格边框的线型。

注意　选定第 3 行第 1 列单元格，用鼠标拖动右边框，可单独调整该单元格的宽度。

④ 分别设置"姓名""照片""个人简历"单元格的文字方向为竖排。

⑤ 在各单元格中输入文字，以文件名 B4.docx 保存到 D:\WORD 示例文件夹中。

9）表格的计算和排序

在 Word 2010 表格中可以进行加、减、乘、除、求和、求平均值、求最大值、求最小值等运算。表格计算中的公式以等号开始，后面可以是加、减、乘、除等运算符组成的表达式，也可以在"粘贴函数"中选择函数。被计算的数据除了可以直接输入（如 45、67 等）外，也可以通过数据所在的单元格间接引用数据。

单元格可表示为 A1、B1、B2 等，其中，字母表示列号，数字表示行号。函数中，各单元格之间用逗号分开，例如"=AVERAGE(C2,D2,E2)"表示对 C2、D2、E2 单元格中的数据求平均值。若要表示范围，则可用冒号连接该范围的第一个单元和最后一个单元来表示，如"=AVERAGE(C2:E6)"表示对 C2 至 E6 矩形范围内的数据（所有学生、所有课程的成绩）求平均值。

按行或按列求和时可使用系统给出的默认公式"SUM(LEFT)"或"SUM(ABOVE)",公式的计算范围是:插入点所在位置左边同一行或上方同一列的单元格,直至遇到空单元格或包含文字的单元格。

注意　　　　公式中的等号、逗号、冒号、括号等符号必须使用英文符号,否则,系统将提示出错。

【例 3.31】在文档 B2.docx 中,计算表格中每位学生 3 门课程的平均分和各门课程的总分,并以 B2-1.docx 保存到原文件夹中。

操作步骤如下。

① 按列求和(求"各科总分")。

• 将插入点移到存放英语总分的单元格中。

• 单击"表格工具布局"功能区"数据"组中的"公式"按钮,打开图 3-94 所示的"公式"对话框。在"公式"栏中显示计算公式"=SUM(ABOVE)"。其中,"SUM"表示求和,"ABOVE"表示对当前单元格上面(同一列)的数据求和;这里不必修改公式。

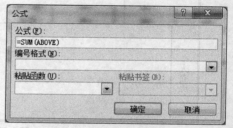

• 单击"确定"按钮,插入点所在单元格中显示 372。

按以上步骤,可以求出其他两门课程的总分。由于是

图 3-94　表格"公式"对话框

对上面的数据求和,计算公式为"=SUM(ABOVE)";若对左边(同一行)的数据求和,计算公式为"=SUM(LEFT)"。

② 其他计算(求"平均分")。

• 将插入点移到计算"陈立玲"平均分的单元格中(第 2 行第 6 列)。

• 单击"表格工具布局"功能区"数据"组中的"公式"按钮,打开图 3-94 所示的"公式"对话框。

• 删除"公式"栏中"SUM(LEFT)"(保留等号"="),在"粘贴函数"下拉列表框中选择"AVERAGE()","公式"栏中显示"=AVERAGE()";在函数的括号中填入"C2,D2,E2"["公式"栏中显示"=AVERAGE(C2,D2,E2)"];或在函数的括号中填入"C2:E2"["公式"栏中显示"=AVERAGE(C2:E2)"]。

注意　　　　也可以在"公式"栏中输入"=(C2+D2+E2)/3"计算"陈立玲"的平均分。

• 在"编号格式"下拉列表中选取或输入一种格式,例如 0.00 表示小数点右面保留 2 位。

• 单击"确定"按钮,插入点所在单元格中显示 71.33。

按以上步骤,求出其他学生的平均分,并以 B2-1.docx 保存到 D:\WORD 示例文件夹中。

【例 3.32】打开文档 B2-1.docx,将表格中各学生的数据行按学号从小至大重新排列,并以 B2-2.docx 保存到原文件夹中。

操作步骤如下。

① 选定表格第 1 至第 6 行。

② 单击"表格工具布局"功能区"数据"组中的"排序"按钮,打开图 3-95 所示的"排序"对话框。

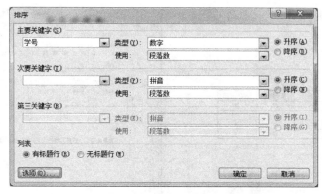

图 3-95 表格"排序"对话框

③ 在"列表"区域中选中"有标题行"单选按钮,系统把所选范围的第 1 行作为标题,不参加排序,并且在"主要关键字"下拉列表中显示第 1 行各单元格中内容。

④ 在"主要关键字"下拉列表中选择"学号",在"类型"下拉列表中选择"数字",并选中"升序"单选按钮。

如果要指定一个以上的排序依据,使用"次要关键字""第三关键字"选项。

⑤ 单击"确定"按钮,表格中的数据行按学号从小至大重新排列。以 B2-2.docx 保存到 D:\WORD 示例文件夹中。

(3)插入图表

在办公文档中,往往需要添加一些图表,以更加直观地反映数据的变化情况,使行情走势等一目了然。

【例 3.33】在文档 B1.docx 中,根据表格中 4 名学生 3 门课程的成绩生成相应的图表,并以 B1-1.docx 保存到原文件夹中。

操作步骤如下。

① 打开文档 B1.docx,将插入点定位到要插入图表的位置;单击"插入"功能区"插图"组中的"图表"按钮,打开图 3-96 所示对话框。选择"柱形图"中的"簇状柱形图",单击"确定"按钮。

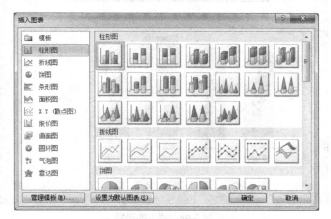

图 3-96 "插入图表"对话框

② 并排显示打开的 Word 窗口和 Excel 窗口，如图 3-97 所示。首先需要在 Excel 窗口中编辑图表数据。例如修改系列名称和类别名称，并编辑具体数值。

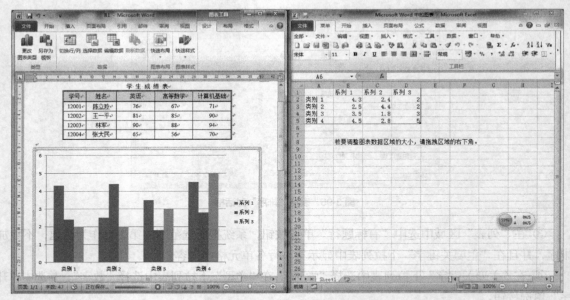

图 3-97　并排打开的 Word 窗口和 Excel 窗口

选定文档 B1.docx 表格中第 2 列至第 5 列区域，单击"复制"按钮；单击 Excel 窗口中的 A1 单元格，按 Ctrl+V 组合键，将 B1.docx 表格中的数据粘贴到 Excel 窗口中。

在编辑 Excel 表格数据的同时，Word 窗口中将同步显示图表结果，如图 3-98 所示。

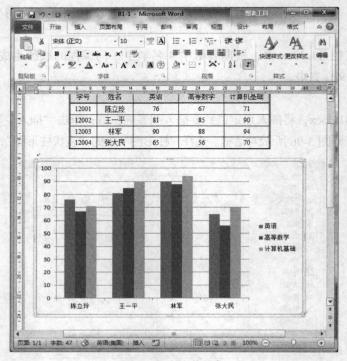

图 3-98　插入的图表

③ 插入图表后，可关闭 Excel 窗口。单击图表，可在"图表工具设计（布局、格式）"功能区中对图表进行编辑。以 B1-1.docx 保存到 D:\WORD 示例文件夹中。

【例 3.34】新建 Word 文档，以"产品说明书.docx"为文件名保存在 D:\WORD 示例文件夹中，完成下列操作。

① 插入"素材.txt"文字内容。

② 在文档中的"图片 1"至"图片 4"文字之前插入图片"01.png"至"04.png"，调整图片大小至合适，并将文档"注意"之前的内容分成两栏，效果如图 3-99 所示。

③ 设置页眉和页脚：在页眉左侧插入有关计算机的剪贴画，中部显示微软雅黑四号的"电池的使用"蓝色文字，右侧插入红色渐变的艺术字"NoteBook.PC"；下侧用 sz.png 图片作为分隔条。

④ 从"注意"开始的文字段落转换为表格，插入图片；设置表格边框线为深蓝色实线，效果如图 3-99 所示。

图 3-99　例 3.34 操作结果样本

分析：本例是对文档的图文混排、表格插入、分栏及在页眉插入图片、艺术字等的综合应用。

操作步骤如下。

① 打开 Word，在插入状态下，单击"插入"功能区"文本"分组中"对象"按钮，在下拉列

表中选择"文件中的文字"选项，弹出"插入文件"对话框，在左边的盘符和文件夹列表中选择"D:\WORD 示例"，在右边文件列表中选取"素材.txt"，单击"插入"按钮。

② 将插入点定位于要插入图片的位置（文字"图片 1"之前），单击"插入"功能区"插图"组的"图片"按钮，打开"插入图片"对话框（见图 3-53）；选择要插入的图片文件所在磁盘及文件夹，双击该文件（01.png），即可将图片插入光标所在处。类似地，在文字"图片 2"至"图片 4"之前插入图片"02.png"至"04.png"。单击图片，用鼠标调整各图片大小。

③ 选定要分栏的内容（"注意"之前的内容），单击"页面布局"功能区"页面设置"组中的"分栏"按钮，在下拉列表中选择"两栏"。

④ 单击"插入"功能区"页面和页脚"组的"页眉"按钮，在下拉列表中选择"编辑页眉"，在页眉工作区输入"电池的使用"，并将其设为蓝色，微软雅黑四号；单击"插入"功能区"插图"组的"剪贴画"按钮，在剪贴画任务窗格中查找"计算机"相关剪贴画，单击将剪贴画插入页眉的左侧。

单击"插入"功能区"文本"组中的"艺术字"按钮，在弹出下拉列表（见图 3-66）中选择第 1行第 1 列艺术字样式，在页眉中出现一个艺术字图文框，在艺术字图文框中输入"NoteBook.PC"，选中艺术字，单击"绘制工具格式"功能区"艺术字样式"组中的"文本效果"→"转换"按钮，在列表（见图 3-67）中选择"朝鲜鼓"；单击"绘制工具格式"功能区"艺术字样式"组中的"文本填充"，在下拉列表中选择"渐变"→"其他渐变"，设置其为红色渐变。

⑤ 在页眉下侧插入图片 sz.png。单击"插入"功能区"插图"组的"图片"按钮，打开"插入图片"对话框（见图 3-53），选择要插入的图片文件所在磁盘及文件夹，双击该文件（sz.png）；用鼠标调整其大小，使其作为分隔条。

⑥ 选择文本从"注意"开始到结束，单击"插入"功能区"表格"组中的"表格"按钮，在弹出的下拉列表（见图 3-81）中选择"文本转换成表格"，打开"将文字转换成表格"对话框，进行相应设置，如图 3-92 所示。在"文字分隔位置"区域中选取"制表符"作为分隔符，将每个分隔符前的内容作为一个单元格，即可在文档中插入图 3-100 所示的表格。合并相关单元格，调整列宽，选择第 1 列，单击"表格工具布局"功能区"对齐方式"组"水平居中"按钮，选择第 2 列，单击"表格工具布局"功能区"对齐方式"组"中部两端对齐"按钮。

注意	请使用 MSK 电子授权并认可的电池。
	未认可的电池可能爆炸。
	在对电池组充电之前，确保电源已关闭。
	如果未稳固锁定（按?"LOCK"方向滑动键），电池组可能会跌落。
	机器闲置不用时，请取出电池组。
	否则可能导致火灾和产品受损。
提示	要更有效地使用电池，请仔细阅读以下内容。
	自然放电：即使不使用电池，也会自然损耗电能。
	定期完全放电/充电：要延长电池使用寿命，对它进行一或两次完全充电和放电。为获得最佳使用效果，每 30 至 60 天进行一次完全充电/放电。最好在电池用尽后对它充电。

图 3-100 插入表格（通过将文字转换为表格）

　⑦ 在"注意"之前插入图片 05.PNG，按样文所示，选定第 2 列中的相关段落，单击"开始"功能区"段落"组中的"项目符号"按钮，选择项目符号"●"。对相关单元格进行合并，设置字体、字号。选定表格，单击"表格工具设计"功能区"绘图边框"组中的"笔颜色"按钮，在下拉列表中选择"蓝色"，并选择 1.5 磅的单实线；单击"表格工具设计"功能区"表格样式"组中的"框线"按钮，在下拉列表中选择"所有框线"，设置表格边框线为蓝色实线。

　⑧ 以"产品说明书.docx"为文件名保存在 D:\WORD 示例文件夹中。

举一反三

　① 试将例 3.34 中的文字"图片 1"至"图片 4"作为图片下方的题注。

　② 将表格套用 Word 内置的表格样式。

　③ 试比较给艺术字的形状填充与文本填充的不同。

任务五　Word 2010 的其他功能

1. 自动更正和自动图文集

　利用"自动更正"或"自动图文集"能自动快速地插入长文本、图像和符号，提高输入的速度与正确率。

　（1）创建和使用"自动更正"词条

　在 Word 2010 中可以使用"自动更正"功能将词组、字符等文本或图形替换成特定的词组、字符或图形，从而提高输入和拼写检查效率。

　用户可以根据实际需要设置自动更正选项，以便更好地使用自动更正功能。在 Word 2010 中设置自动更正选项的操作步骤如下。

　第 1 步，打开 Word 2010 文档，依次选择"文件"→"选项"命令，在打开的"Word 选项"对话框中切换到"校对"选项卡，如图 3-101 所示。

图 3-101　"Word 选项"对话框中的"校对"选项卡

　　第 2 步，单击"自动更正选项"按钮，系统打开"自动更正"对话框，在"自动更正"选项卡中可以设置自动更正选项。用户可以根据实际需要选中或取消选中相应选项的复选框，以启用或关闭相关选项。每种选项的含义如下。

　　① 显示"自动更正选项"按钮：选中该复选框，可以在执行自动更正操作时显示"自动更正选项"按钮。

　　② 更正前两个字母连续大写：选中该复选框，可以自动更正前两个字母大写、其余字母小写的单词为首字母大写，其余字母小写的形式。

　　③ 句首字母大写：选中该复选框，可以自动更正句首的小写字母为大写字母。

　　④ 表格单元格的首字母大写：选中该复选框，自动将表格中每个单元格的小写首字母更正为大写首字母。

　　⑤ 英文日期第一字母大写：选中该复选框，自动将英文日期单词的第一个小写字母更正为大写字母。

　　⑥ 更正意外使用大写锁定键产生的大小写错误：选中该复选框，自动识别并更正拼写中的大写错误。

　　选中"输入时自动替换"复选框，在"替换"文本框中输入"gzhh"，在"替换为"文本框中输入"广州航海学院"（见图 3-102），单击"添加"按钮，最后单击"确定"按钮。此时如在文档编辑区中输入"gzhh"，系统自动将其替换为"广州航海学院"。

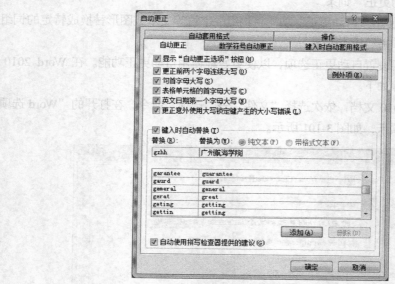

图 3-102　"自动更正"对话框

　　（2）创建和使用"自动图文集"词条

　　在 Word 2010 中，自动图文集词条作为构建基块存储。下面以例 3.35 说明创建和使用"自动图文集"词条的方法。

　　【例 3.35】为例 3.34 保存的文档"产品说明书.docx"中的艺术字创建"自动图文集"的新词条。操作步骤如下。

　　① 在 Word 文档中，选择要添加到自动图文集词条库中的文本或图片，这里单击页眉中的艺术

字。单击"插入"功能区"文本"组中的"文档部件"按钮，在下拉列表中选取"自动图文集"→"将所选内容保存到文档部件库"，即可打开"新建构建基块"对话框。

② 按图 3-103 所示填充"新建构建基块"对话框中的信息。在"名称"文本输入框中为自动图文集构建基块输入唯一名称"logo1"，单击"确定"按钮，系统打开图 3-104 对话框，单击"是"按钮即可在"自动图文集"下增加新词条 logo1，如图 3-105 所示。

图 3-103　"新建构建基块"对话框

图 3-104　确认对话框

图 3-105　"自动图文集"增加新词条 logo1

③ 单击"插入"功能区"文本"组中的"文档部件"按钮，在下拉列表中选择"自动图文集"，在"自动图文集"下拉列表中选择所需词条，即可在文档中插入词条对应的内容。

也可以输入词条的名称（logo1），再按 F3 键，在文档中插入该词条所对应的艺术字。

2. 邮件合并

"邮件合并"这个名称最初是在批量处理"邮件文档"时提出的。具体地说就是在邮件文档（主文档）的固定内容中，合并与发送信息相关的一组通信资料（数据源如 Word 数据表、Excel 表、Access 数据表等），从而批量生成需要的邮件文档，因此大大提高工作的效率，"邮件合并"因此而得名。

"邮件合并"功能除了可以批量处理信函、信封等与邮件相关的文档外，也可以轻松地批量制作标签、工资条、成绩单、奖状等。

【例 3.36】 用 Word 2010 邮件合并功能批量打印荣誉证书。

操作步骤如下。

（1）建立主文档

"主文档"就是前面提到的固定不变的主体内容，例如信封中的落款、信函中的对每个收信人都不变的内容等。使用邮件合并之前先建立主文档，一方面可以考查预计中的工作是否适合使用邮件合并，另一方面是主文档的建立，为数据源的建立或选择提供了标准和思路。

新建文档，单击"页面布局"功能区"页面设置"组"纸张大小"按钮，在下拉列表中选择"A4"，单击"纸张方向"按钮，在下拉列表中选择"横向"；单击"插入"功能区"页眉和页脚"组"页眉"按钮，在下拉列表中选择"编辑页眉"，单击"插入"功能区"插图"组中的"图片"按钮，在"插入图片"对话框中选择"D:\WORD 示例\荣誉证书 1.png"，调整图片大小填充整个页面，最后退出，完成页眉的设置。

也可以单击"页面布局"功能区"页面背景"组"页面颜色"按钮，在下拉列表中选择"填充效果"，打开"填充效果"对话框，单击"图片"选项卡，选取图片"D:\WORD 示例\荣誉证书 1.png"。

在文档编辑区中输入公共部分内容，待填的位置留空（见图 3-106），保存主文档为"荣誉证书.docx"。

图 3-106 主文档页面及内容

（2）准备数据源

数据源就是前面提到的含有标题行的数据记录表，其中包含着相关的字段和记录内容。数据源表格可以是 Word、Excel、Access 或 Outlook 中的联系人记录表。这里的数据源是 Word 表格文档"获奖学生名单.docx"，如图 3-107 所示。

证书编号	姓名	类别	授奖名称
2013001	郭小静	团委会	优秀团干部
2013002	王明荣	团委会	优秀团干部
2013003	张天一	团委会	优秀团员
2013004	陈青	学生会	优秀学生干部
2013005	李如是	学生会	优秀学生干部
2013006	林飞	学生会	先进工作者

图 3-107 数据源"获奖学生名单.docx"

（3）把数据源合并到主文档中

关闭数据源，打开主文档"荣誉证书.docx"，将数据源中的相应字段合并到主文档的固定内容之中。表格中记录的行数，决定着主文件生成的份数。整个合并操作过程利用"邮件合并向导"进行，操作步骤如下。

① 单击"邮件"功能区"开始邮件合并"组中的"开始邮件合并"拉钮，在下拉列表中选择"普通 Word 文档"选项。

② 单击"邮件"功能区"开始邮件合并"组中的"选择收件人"按钮，在下拉列表中选择"使用现有列表"选项，打开"选取数据源"对话框，如图 3-108 所示。定位到"获奖学生名单.docx"文件所在的路径并选择该文件，单击"打开"按钮。

图 3-108 "选取数据源"对话框

③ 单击"邮件"功能区"开始邮件合并"组中的"编辑收件人列表"按钮，在打开的对话框中可以选择授奖人的姓名，默认情况下是全选（见图 3-109），选择完毕后单击"确定"按钮即可。

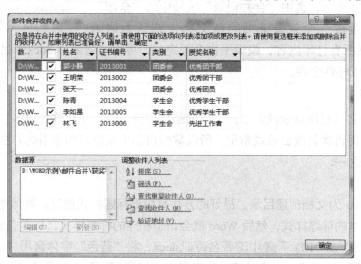

图 3-109 "邮件合并收件人"对话框

④ 光标移到要插入姓名的位置，单击"邮件"功能区"编写和插入域"组中的"插入合并域"按钮，在下拉列表中选择"姓名"。用同样的方法，依次单击"插入合并域"，选择"类别"和"授

奖名称”及"证书编号"，插入完合并域后的主文档如图 3-110 所示。

　　⑤ 如图 3-111 所示，单击"预览结果"按钮，可以看到《姓名》《类别》和《授奖名称》自动更换为受表彰人的信息。单击"预览结果"右侧的箭头或者输入数字，可以查看对应记录的信息。

图 3-110　插入完合并域后的主文档

图 3-111　"预览结果"邮件合并后的信息

　　⑥ 单击图 3-111 所示的"完成并合并"按钮，在下拉列表中选择"编辑单个文档"可以将这些荣誉证书合并到一个 Word 文档中；选择"打印文档"可以将这些荣誉证书通过打印机直接打印出来。这里选择"编辑单个文档"，系统打开"合并到新文档"对话框，如图 3-112 所示，选中"合并记录"区域中的"全部"单选按钮，随即生成一个荣誉证书的新文档（默认为信函

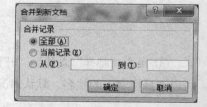

图 3-112　"合并到新文档"对话框

1.docx），其中包括所有打印内容，编辑工作全部完成，可将"信函 1.docx"另存为"荣誉证书打印.docx"，至此完成邮件合并。

　　3. 目录与索引

　　如果手动为长文档制作目录或索引，工作量都是相当大的，而且弊端很多，例如当对文档的标题内容更改后，又得再次更改目录或索引。所以掌握自动生成目录和索引的方法，是提高长文档制作效率的有效途径之一。

　　（1）创建目录

　　使用 Word 2010 为文档创建目录，最好的方法是根据标题样式创建。具体地说，就是先为文档的各级标题指定恰当的标题样式，然后 Word 就会识别相应的标题样式，从而完成目录的制作。

　　【例 3.37】打开 D:\WORD 示例\中国著名诗词.docx，将"蓝色"字体套用"标题 1"样式，红色字体部分套用"标题 2"样式；在文档第 3 段以所有"标题 1"及"标题 2"样式的内容生成目录，目录显示页码，使用超链接。

　　操作步骤如下。

　　① 使用"查找替换"功能按要求快速格式化相关内容。

② 将插入点放在文档第 3 段（"目录"下方），单击"引用"功能区"目录"组中的"目录"按钮，在下拉列表中选择"插入目录"选项，打开"目录"对话框，按要求进行设置，如图 3-113 所示。

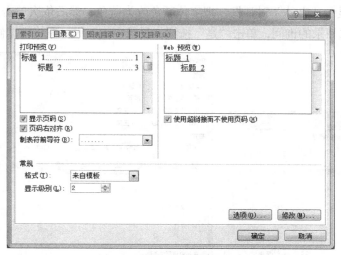

图 3-113　"目录"对话框

③ 在图 3-113 所示的对话框中还可设置与创建目录相关的内容。例如可以单击"格式"框的下拉箭头，在弹出的下拉列表中选择 Word 预设置的若干种目录格式，通过预览区可以查看相关格式的生成效果。单击"显示级别"组合框的选择按钮，可以设置生成目录的标题级数，Word 默认使用三级标题生成目录，这也是通常情况，如果需要调整，在此设置即可。单击"制表前导符"框的下拉箭头，可以在弹出的列表中选择一种选项，设置目录内容与页号之间的连接符号格式，这里选择默认的格式为点线。

完成与目录格式相关的选项设置之后，单击"确定"按钮，Word 即可自动生成目录。示例如图 3-114 所示。

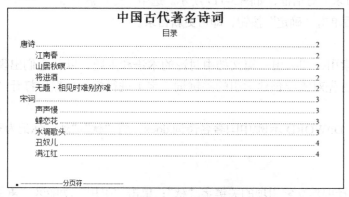

图 3-114　示例

（2）修改目录

目录生成后，也许外观并不符合要求，在这种情况下，可以根据自己的要求进行更改。例如，想把目录中一级标题文字改为"蓝色"，则进行以下操作：用和前面相同的方法进入"目录"对话框，如图 3-113 所示，单击"修改"按钮，系统打开"样式"对话框，如图 3-115 所示。由于要对目录中一级标题文字进行修改，故选中样式列表框中的"目录 1"，然后单击"修改"按钮，系统打开"修改样式"对话框，如图 3-116 所示。单击"修改样式"对话框中的"格式"按钮，在弹出的菜单中选择"字体"命令，显示"字体"对话框，把字体颜色改为蓝色，然后依次单击"确定"按钮，最后会弹出是否替换所选目录的询问，单击"是"按钮，目录中的一级标题将根据修改变为蓝色。

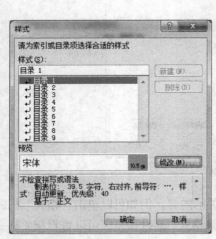

图 3-115 "样式"对话框

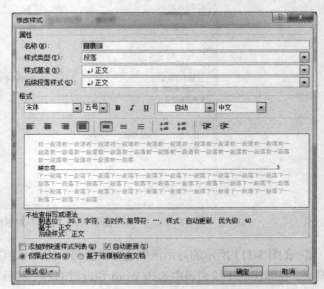

图 3-116 "修改样式"对话框

如果有其他的修改要求，可以参照上面的操作方法进行。另外，如果目录制作完成后又对文档进行了修改，不管是修改了标题还是正文内容，为了保证目录的绝对正确，要对目录进行更新。操作方法为：将鼠标移至目录区域单击右键，在弹出的快捷菜单中选择"更新域"命令，打开"更新目录"对话框，如图 3-117 所示。选中"更新整个目录"单选按钮，然后单击"确定"按钮，即可更新目录。

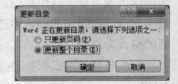

图 3-117 "更新目录"对话框

（3）建立索引

在文档中建立索引，即列出一篇文档中讨论的术语和主题，以及它们出现的页码，以方便查找。要创建索引，首先对需要创建索引的关键词（字）进行标记；然后打开"索引"对话框，插入索引。

【例 3.38】打开 D:\WORD 示例\中国著名诗词.docx，将"秋""愁"标记为索引项，并为之建立索引目录。

操作步骤如下。

① 在文档中选择要建立索引项的关键字"秋"；单击"引用"功能区"索引"组中的"标记索引项"按钮，系统打开"标记索引项"对话框，如图 3-118 所示。

② 单击对话框中的"标记"（或"标记全部"）按钮，文档中选定（或全部）的关键字旁边添加一个"索引标记"。

③ 如果还要建立其他索引项，可不关闭"标记索引项"对话框，继续在文档编辑窗口中选取关键字"愁"，进行设置。

④ 为索引项建立索引目录。将光标定位到要插入索引的位置，单击"索引"功能区"索引"组中的"插入索引"按钮，系统打开"索引"对话框，如图 3-119 所示；可设置"格式""类型""栏数"等，单击"确定"按钮，即可在光标所在处插入索引，如图 3-120 所示。

⑤ 将文档以原文件名保存。

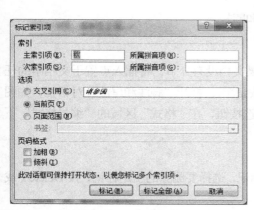

图 3-118　"标记索引项"对话框

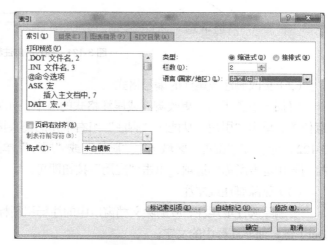

图 3-119　"索引"对话框

图 3-120　在文档中插入的索引

4. 脚注和尾注

脚注是在页面下端添加的注释，例如添加在一篇论文首页下端的作者情况简介；尾注是在文档尾部（或节的尾部）添加的注释，例如添加在一篇论文末尾的参考文献目录。

Word 添加的脚注和尾注由两个互相链接的部分组成，即注释引用标记（用于指明脚注或尾注已包含附加信息的数字、字符或字符的组合）及相应的注释文本。

（1）插入脚注或尾注

【例 3.39】打开 D:\WORD 示例\中国著名诗词.docx，在标题文字"古代"之后插入脚注，内容为"只选取唐、宋两朝"；在标题文字"著名诗词"之后插入尾注，内容为"仅节选自《唐诗宋词三百首》"。操作完成，将文档以原名保存。

操作步骤如下。

① 在页面视图中，单击要插入脚注引用标记的位置，即标题文字"古代"之后。

② 单击"引用"功能区"脚注"组中的"插入脚注"（"插入尾注"）。Word 将在文档插入引用标记编号，并将插入点置于页面底端（或文档尾部）的注释编号的旁边。

键盘快捷方式：插入脚注，按 Ctrl+Alt+F 组合键；插入尾注，按 Ctrl+Alt+D 组合键。在默认情况下，Word 将脚注放在每页的页面底部，将尾注放在文档的结尾处。

③ 输入注释文本，得到图 3-121 所示结果。双击脚注或尾注编号，返回到文档中的引用标记。

④ 以原文件名保存文档。

脚注引用标记

尾注引用标记

中国古代[1]著名诗词[i]

在页面底端插入的脚注

在文档结尾插入的尾注

[1]只选取唐、宋两朝

ⁱ仅节选自《唐诗宋词三百首》

图 3-121　插入的脚注和尾注

（2）更改脚注或尾注的编号格式

将插入点置于需要更改脚注或尾注格式的节中，如果文档没有分节，将插入点置于文档中的任意位置。单击"引用"功能区"脚注"组右下角的箭头按钮 ，打开"脚注和尾注"对话框，如图 3-122 所示。在"位置"区域选中"脚注"或"尾注"单选按钮，在"格式"区域的"编号格式"下拉列表中选取所需的选项，单击"应用"按钮即可。

（3）删除脚注或尾注

要删除脚注或尾注，应删除文档窗口中的注释引用标记，选择要删除的引用标记，按 Delete（或 Del）键，而非注释中的文字。

如果删除了一个自动编号的注释引用标记，Word 会自动对注释引用标记进行重新编号。

（4）移动与复制脚注或尾注

选择要移动与复制的注释引用标记（而非注释中的文字），如果是移动注释引用标记，可按住鼠标左键直接拖动到新位置；如果是复制注释引用标记，则先按住 Ctrl 键，再按住鼠标左键拖动到新位置。

Word 会自动对移动或复制后的注释引用标记进行重新编号。

（5）脚注与尾注的转换

将光标定位在任意脚注或尾注处，单击"引用"功能区"脚注"组右下角的箭头按钮 ，打开"脚注与尾注"对话框，如图 3-122 所示。单击其中的"转换"按钮，可打开图 3-123 所示的"转换注释"对话框，选取要进行的转换，单击"确定"按钮即可。

图 3-122　"脚注和尾注"对话框

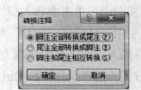

图 3-123　"转换注释"对话框

如果要对个别注释进行转换，则可在对应的注释文本上单击鼠标右键，在弹出的快捷菜单中选取"转换为脚注"或"转换至尾注"即可。

5. 修订的使用

在 Word 中编辑文档时，经常要把一些修改过的地方标注起来，以免日后忘记是哪里进行了修改，但是文档一旦存盘退出，那些删除或修改的内容就不能恢复。利用 Word 的"修订"功能可避免这种情况的发生，因为 Word 的"修订"功能可以轻松地保存文档初始时的内容，文档中每一处的修改都会显示在文档中；同时还能标记由多位审阅者对文档所做的修改。存盘退出文档，等下次文档打开后还可以记录上次编辑的情况，可由作者决定修订是继续保存还是只保留最终修订的结果。

（1）对文稿进行修订

【例 3.40】打开 D:\WORD 示例\W3.docx。打开修订功能，将第 2 段文字"初级程序语言"中的"初"改为"低"，将第 6 段文字"使得编程人员工作烦琐"中的"人员"删除，将第 7 段文字"使编程人员的再阅读"改为"使编程人员维护时的再阅读"；关闭修订功能，将文档以原名保存。

操作步骤如下。

① 打开 D:\WORD 示例\W3.docx，并打开修订功能。

单击"审阅"功能区"修订"组中的"修订"按钮（应在"修订"二字上方的按钮 📝 单击，若单击在"修订"二字，则在下拉列表中选取"修订"），即可使文档处于修订状态，这时对文档的所有操作将被记录下来。

② 将第 2 段文字"初级程序语言"中的"初"改为"低"，将第 6 段文字"使得编程人员工作烦琐"中的"人员"删除，将第 7 段文字"使编程人员的再阅读"改为"使编程人员维护时的再阅读"，操作结果如图 3-124 所示。

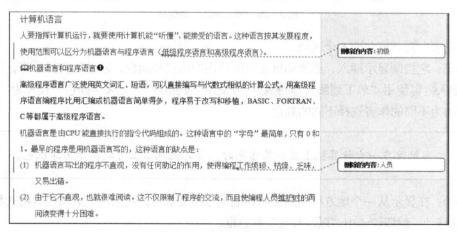

图 3-124　修订后的文档

③ 单击"审阅"功能区"修订"组中的"修订"按钮 📝 即可关闭修订（关闭修订不会删除任何已被跟踪的更改）。单击"保存"按钮 💾，可将所有的修订保存下来。

关闭修订后，若再修改文档，Word 不会对更改的内容做出标记。

（2）设置修订的选项

单击"审阅"功能区"修订"组中的"修订"按钮，在下拉列表中选择"修订选项"，系统打开图 3-125 所示的"修订选项"对话框。

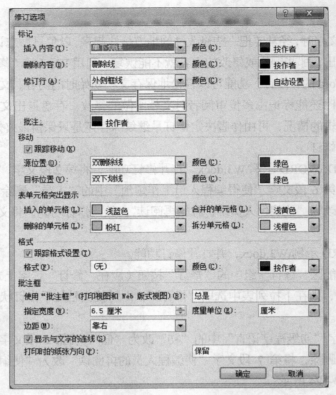

图 3-125 "修订选项"对话框

"修订选项"对话框包含 5 个区域。

① 标记：它控制显示插入、删除和批注时所使用的格式和颜色，以及如何显示修订行，默认的格式是对插入内容使用"单下划线"，对删除内容使用"删除线"。如果"颜色"设置为"按作者"，Word 会自动为不同的作者选择不同的颜色。

当批注在一台计算机上显示为绿色时，在其他机器上可能显示为深红色。

② 移动：在显示从一个地方移动到文档其他地方的文本时，使用这些选项控制格式和颜色。如果不想跟踪移动，就取消选中"跟踪移动"复选框。

③ 表单元格突出显示：这些选项控制表标记显示，包括"插入的单元格""删除的单元格""合并的单元格""拆分单元格"。

④ 格式：它控制表格格式更改的方式，如果不想跟踪格式更改，就取消选中"跟踪格式设置"复选框。注意：这不会影响已跟踪格式的显示，它只是控制是否跟踪格式。当关闭该选项时，原有的已跟踪格式的变化仍然保留在文档中，但接下来的格式变化就完全不受跟踪。要隐藏已跟踪的格式变化，单击"审阅"功能区"修订"组中的"显示标记"按钮，在下拉列表中取消选中"设置格式"复选框。

⑤ 批注框：这里的批注框设置应用于"审阅"功能区中的"批注框"设置。当设置为"从不"时，"修订选项"的"批注框"部分中的其他所有设置都变得不可用。如果设置为"总是"或"仅用于批注

格式"，就可以设置批注框的宽度、显示的边距，以及是否显示修订连线与文本修改之处相连。使用"打印时的纸张方向"设置按需要旋转纸张（横向），以便文字在批注框中显示修订时还能符合文本宽度。

（3）设置修订的显示方式

单击"审阅"功能区"修订"组中的"显示以供审阅"按钮，在弹出的下拉列表中有以下 4 种显示修订的状态方式。

① "最终：显示标记"：该方式是最常用的，既显示修订后的内容，也显示修订的状态，在修订框中显示修订前的内容，如图 3-124 所示。

② "最终状态"：该方式只显示修订后的内容，阅读者看不到原始的信息。

③ "原始：显示标记"：该方式显示修订之前的内容和修订的状态，在修订框中显示修订后的内容，如图 3-126 所示。

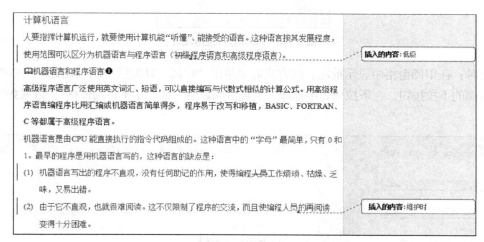

图 3-126 "原始：显示标记"的显示状态

④ "原始状态"：只显示修订前的内容，不显示修订状态，阅读者不知道该处已经被修改，看到的只是修订之前的内容。

（4）接受或拒绝修订

文档进行修订后，可以选择是否接受修改方案。如果要接受修改方案，只需在修改的文字上单击鼠标右键，在弹出的快捷菜单中选择"接受修订"即可；若在弹出的快捷菜单中选择"拒绝修订"，则删除修订的内容。

也可单击"审阅"功能区"更改"组中的"接受"或"拒绝"按钮。

（5）插入和删除批注

批注是为了帮助阅读者更好地理解文档内容，给文档加以注释；当审阅者只是评论文档而不直接修改文档时，可以插入批注。

将光标移动到需要插入批注的位置，单击"审阅"功能区"批注"组中的"新建批注"按钮，在右侧的批注框中编辑批注信息。Word 2010 的批注信息前面会自动加上"批注"二字以及批注的编号，如图 3-127 所示。

机器语言是由CPU 能直接执行的指令代码组成的。这种语言中的"字母"最简单，只有 0 和　批注 [a1]: 含汇编语言

图 3-127 插入批注（在批注框显示批注）

常见的批注显示方式有以下 3 种。

第一种：在批注框中显示批注。如图 3-127 所示，批注会显示在文档右侧页边距的区域，并用一条虚线链接到批注原始文字的位置。使用该方式显示批注需要在"审阅"功能区的"修订"组中，单击"显示标记"按钮，在下拉列表中选择"批注框"→"在批注框中显示修订"。

第二种：以嵌入式方式显示修订。此方式就是屏幕提示的效果，当把鼠标悬停在增加批注的原始文字的括号上方时，屏幕上会显示批注的详细信息，图 3-128 所示。使用该方式显示批注需要在"审阅"功能区的"修订"组中，单击"显示标记"按钮，在下拉列表中选择"批注框"→"以嵌入方式显示所有修订"。

图 3-128　嵌入式方式显示批注

第三种：在审阅窗格中显示批注。此方式需要单击"审阅"功能区中的"修订"组中的"审阅窗格"右侧的下拉按钮，在下拉列表中选择"垂直审阅窗格"或"水平审阅窗格"，效果如图 3-129 所示。

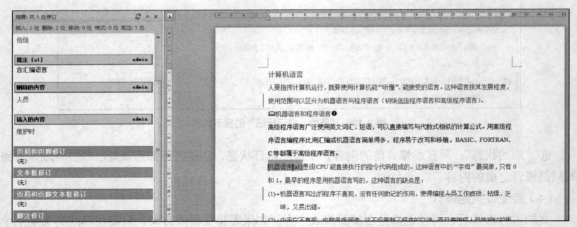

图 3-129　在"垂直审阅窗格"中显示批注

删除批注比较简单，用鼠标右键单击批注框或者批注原始文字方框位置，在弹出的下拉菜单中选择"删除批注"即可。

（6）隐藏/显示修订和批注

单击"审阅"功能区"修订"组中的"显示标记"按钮，系统会显示或隐藏文档中选定审阅者的所有标记。当显示所有标记时，"显示标记"菜单上会选中所有类型的标记。

6．宏的使用

如果在 Word 中反复执行某项任务，可以使用宏自动执行该任务。宏是一系列 Word 命令和指令，将这些命令和指令组合在一起，形成了一个单独的命令，以实现任务执行的自动化。

以下是宏的一些典型应用：加速日常编辑和格式设置；组合多个命令，例如插入具有指定尺寸和边框、指定行数和列数的表格；使对话框中的选项更易于访问；自动执行一系列复杂的任务。

（1）创建宏

Word 提供两种方法来创建宏，即使用宏录制器和 Visual Basic 编辑器创建宏。

【例 3.41】创建一个宏，实现快速输入选择题的选项，可以"一行四个选项"同时快速输入。

操作步骤如下。

① 单击"视图"功能区"宏"组中的"宏"按钮，在弹出的下拉列表中选择"录制宏"，系统打开"录制宏"对话框。

② 如图 3-130 所示，在"宏名"框中输入宏的名称 macro1；在"将宏保存在"框中单击将保存宏的模板或文档；在"说明"框中输入对宏的说明。

③ 单击"将宏指定到"区域中的"键盘"按钮，系统打开"自定义键盘"对话框。这时在键盘上按用于代替该宏操作的组合键（如 Ctrl+F12 组合键），在"将更改保存在"对话框中选择"Normal"，如图 3-131 所示。依次单击"指定""关闭"按钮，光标变为空心箭头加磁带形式，进入录制状态。

图 3-130 "录制宏"对话框　　　　　图 3-131 "自定义键盘"对话框

④ 单击"插入"功能区"表格"组中的"表格"按钮，在下拉列表中选择 1 行 4 列。单击"表格工具布局"功能区"表"组中的"选择"按钮，在下拉列表中选择"选择表格"。

单击"表格工具设计"功能区"表格样式"组中"边框"右侧的下拉按钮，在下拉列表中选择"无框线"。

从左到右，分别在 4 个单元格中输入编号 A.、B.、C.、D.。

⑤ 单击"视图"功能区"宏"组中的"宏"按钮，在弹出的下拉列表中选择"停止录制"，完成宏录制。

　　　　在录制状态，所有操作都将被录制到宏操作里，因而不要进行其他的无关操作。

创建宏后，需要时只要按 Ctrl+F12 组合键或通过运行宏 macro1，就可以得到图 3-132 所示的结果。

A.　　　　　　　　B.　　　　　　　　C.　　　　　　　　D.

图 3-132 运行宏 macro1 的结果

（2）查看宏

单击"视图"功能区"宏"组中的"宏"按钮，在弹出的下拉列表中选择"查看宏"，系统打开图 3-133 所示的"宏"对话框，选择相应的宏，可进行编辑、删除、运行等操作。

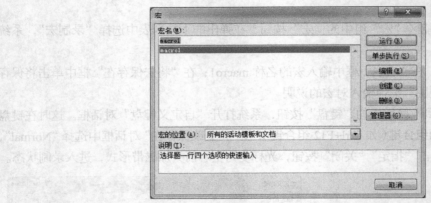

图 3-133 "宏"对话框

思考与习题

一、选择题

1. 一般情况下，输入了错误的英文单词时，Word 2010 会（   ）。

    A. 自动更正   B. 在单词下加绿色波浪线

    C. 在单词下加红色波浪线   D. 无任何措施

2. 在 Word 2010 操作中，鼠标指针位于文本区（   ）时，将变成指向右上方的箭头。

    A. 右边的文本选定区   B. 左边的文本选定区

    C. 下方的滚动条   D. 上方的标尺

3. 在 Word 2010 操作中，选定文本块后，鼠标指针变成箭头形状，（   ）拖动鼠标到需要处即可实现文本块的移动。

    A. 按住 Ctrl 键   B. 按住 Esc 键   C. 按住 Alt 键   D. 无须按键

4. 在 Word 2010 操作中，查找操作（   ）。

    A. 可以无格式或带格式进行，还可以查找一些特殊的非打印字符

    B. 只能带格式进行，还可以查找一些特殊的非打印字符

    C. 搜索范围只能是整篇文档

    D. 可以无格式或带格式进行，但不能用任何通配符进行查找

5. 在 Word 2010 的文档中可以插入各种分隔符，以下一些概念中错误的是（   ）。

    A. 默认文档为一个"节"，若将文档中间某个段落设置为一个节并分栏，则该文档自动分成了 3 个"节"

    B. 在需要分栏的段落前插入一个"分栏符"，就可对此段落进行分栏

    C. 文档的一个节中不可能包含不同格式的分栏

    D. 一个页面中可能设置不同格式的分栏

6. Word 2010 不可以只对（　　　）改变文字方向。

    A. 表格单元格中的文字　　　　　　　　B. 图文框

    C. 文本框　　　　　　　　　　　　　　D. 选中的几个字符

7. 在 Word 2010 中对表格进行拆分与合并操作时（　　　）。

    A. 一个表格可拆分成上、下两个或左、右两个

    B. 对表格单元格的合并，可以左、右或上、下进行

    C. 对表格单元格的拆分要上、下进行，合并要左、右进行

    D. 一个表格只能拆分成左、右两个

8. 在 Word 2010 中，要把所有段落第一行向右移动两个字符的位置，正确的选项是（　　　）。

    A. 单击"开始"功能区中的"字体"

    B. 拖动标尺上的"缩进"游标

    C. 单击"插入"功能区中的"项目符号和编号"

    D. 以上都不是

9. Word 的"格式刷"可用于复制文本或段落的格式，若要将选中的文本或段落格式重复应用多次，应（　　　）。

    A. 单击格式刷　　　　　　　　　　　　B. 双击格式刷

    C. 在格式刷上单击鼠标右键　　　　　　D. 拖动格式刷

10. 在 Word 文档窗口编辑区中，当前输入的文字被显示在（　　　）。

    A. 文档的尾部　　　B. 鼠标指针的位置　　　C. 插入点的位置　　　D. 当前行的行尾

11. 在 Word 2010 中，如果要将选定的文档内容置于页面的正中间，只需单击"开始"功能区中的（　　　）按钮即可。

    A. "两端对齐"　　　B. "居中"　　　　　C. "左对齐"　　　　D. "右对齐"

12. 在 Word 2010 中，每一页都要出现的信息应放在（　　　）。

    A. 文本框　　　　　B. 脚注　　　　　　C. 第一页　　　　　D. 页眉/页脚

13. 在 Word 2010 中，如果要调整行距，可使用"开始"功能区（　　　）组中的命令。

    A. "字体"　　　　　B. "段落"　　　　　C. "制表位"　　　　D. "样式"

14. 在 Word 2010 中，"开始"功能区"字体"组中"B"图形按钮的作用是使选定对象（　　　）。

    A. 变为斜体　　　　B. 变为粗体　　　　C. 加下画线单线　　D. 加下画波浪线

15. 在 Word 中，进行文字移动、复制和删除之前，首先要（　　　）。

    A. 复制　　　　　　B. 选定　　　　　　C. 删除　　　　　　D. 剪切

16. 在 Word 2010 中，要设置字符上、下间距，可选择（　　　）命令。

    A. "开始"功能区"段落"组的"行和段落间距"

    B. "开始"功能区"段落"组的"字符间距"

    C. "页面布局"功能区的"字符间距"

    D. "开始"功能区"段落"组的"缩进和间距"

17. 在 Word 2010 中，要插入艺术字需通过（　　　）命令。

    A. "插入"功能区"文本"组的"艺术字"

    B. "开始"功能区"样式"组的"艺术字"

   C. "开始"功能区"文本"组的"艺术字"

   D. "插入"功能区"插图"组的"艺术字"

18. 选定 Word 表格中的一行（不包括表格外的↵），再执行"开始"功能区的"剪切"命令，则（   ）。

   A. 将该行各单元格的内容删除，变为空白 B. 删除该行，表格减少一行

   C. 将该行的边框删除，保留文字   D. 在该行合并表格

19. Word 的查找、替换功能非常强大，下面的叙述中正确的是（   ）。

   A. 不可以指定查找文字的格式，只可以指定替换文字的格式

   B. 可以指定查找文字的格式，但不可以指定替换文字的格式

   C. 不可以按指定文字的格式进行查找和替换

   D. 可以按指定文字的格式进行查找和替换

20. 在 Word 2010 中，要给段落添加底纹，可以通过（   ）实现。

   A. "开始"功能区"段落"组的"底纹"命令

   B. "插入"功能区的"底纹"命令

   C. "开始"功能区的"字体"命令

   D. 以上都可以

二、操作练习题

1. 对文档 LX1.docx 按以下要求进行操作，操作结果存入 LX11.docx。

（1）设置页面格式：32 开纸，左、右页边距为 2 厘米，上、下页边距为 2.5 厘米。

（2）为正文第 1 段设置段落格式和字符格式。中文：楷体_GB2312，小四号；首行缩进 2 字符，两端对齐，行间距为 1.5 倍行距，段后距为 0.5 行。

（3）将正文第 1 段的格式复制给正文最后一段。

（4）新建样式"YS"，段落格式为：两端对齐，首行缩进 2 字符。字符格式为：中文黑体、小四号，英文 Times New Roman。将样式"YS"应用于第 3 段。

（5）为第 4 至第 7 段设置项目符号"一、""二、"等，删除原来各段前的（1）、（2）等。

（6）设置页眉：奇数页页眉内容为"计算机语言"，偶数页页眉内容为"习题"，格式均为宋体、小五号、居中。设置页脚：内容为"总页数 x 第 y 页"（x 是总页数，y 是当前页的页码），格式为宋体、小五号、右对齐。

（7）在正文第一段左上角插入竖排文本框，文本框的格式：高 3.3 厘米、宽 1.3 厘米，无边框，填充颜色为浅蓝色，文字四周环绕，位于页面绝对位置水平右侧、垂直下侧（0.5，0.5）厘米处；在文本框中输入文字"计算机语言"，文字格式为隶书、三号。

2. 新建文档，制作图 3-134 所示表格，以文件名 LX22.docx 存盘。

3. 打开文件 LX3.docx，在表格中增加两行，输入两名学生的学号、姓名及各科成绩；在表格最右边插入一空列，计算各学生的平均成绩；在表格最后增加 1 行，在相应的单元格中计算各科的最高分（用 MAX 函数）；将表格中学生的数据按英语成绩排序；表格套用格式"立体型 1"；修改后的表格另存为 LX33.docx。

4. 新建文件 LX44.docx，输入公式 $P(x_1 \leqslant x \leqslant x_2) = \int_{x_1}^{x_2} f(x)\mathrm{d}x$。

5. 用邮件合并功能产生教师授课通知，内容及格式如图 3-135 所示。

年 度 工 作 计 划 统 筹 图

进度＼月份		1	2	3	4	5	6	7	8	9	10	11	12	负责人
A项目	工作1													王立朋
	工作2													赵大昌
	工作3													张明晶
B项目	工作1													陈飞明
	工作2													吴起立
	工作3													刘 月
备注														

图 3-134　统筹图

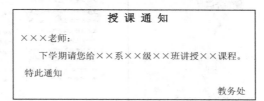

授 课 通 知

×××老师：

　　下学期请您给××系××级××班讲授××课程。

特此通知

教务处

图 3-135　"授课通知"的内容及格式

请自己设计并建立主文档（LX51.docx）和数据源（LX52.docx），将它们合并到新文档（LX53.docx）。

6. 打开文档 LX1.docx，创建宏（宏名为 GSMACRO）用于设置：段落格式——两端对齐，首行缩进 2 字符；字符格式——中文黑体、小四号，英文 Times New Roman。用宏 GSMACRO 为第 3 段和第 8 段设置相同格式。

三、综合实训项目

1. 根据下面文本内容，制作一份社团招募小海报，如图 3-136 所示。

IT 俱乐部邀请书
社团简介：IT 俱乐部经过精心准备，现在闪亮登场！
IT 俱乐部只欢迎持认真交友态度的用户，我们将采用比较严格的程序，对所有加入的用户进行资料审核、身份验证，以保证社区的纯净。全力打造一个高素质人群的时尚交友社区！IT 俱乐部诚招共创人！IT 俱乐部，一个阳光部落！
服务宗旨：普及计算机知识，提高全校同学计算机操作水平。
会员须知：遵守 IT 俱乐部的章程。
专题活动：
程序进阶
动漫天地
办公一族
数码时尚
硬件点滴
加入流程：
填写申请表 → 面试 → 通知结果
联系我们：×××××××××××
IT 学生社团
2018.03.01

2. 制作一份介绍著名音乐家贝多芬的简报，如图 3-137 所示。

图 3-136　效果图　　　　　　　　　　　　图 3-137　效果图

3. 毕业论文的编排。要求：打开已输入内容、名称为"毕业论文"的文档。要求在其中输入流程图、公式，并对其进行编排，分成封面、目录和正文 3 个部分，排版效果如图 3-138 和图 3-139 所示。

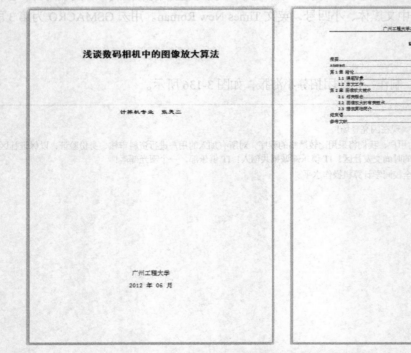
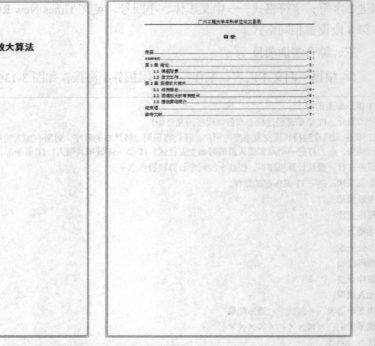

图 3-138　论文的封面和目录制作效果

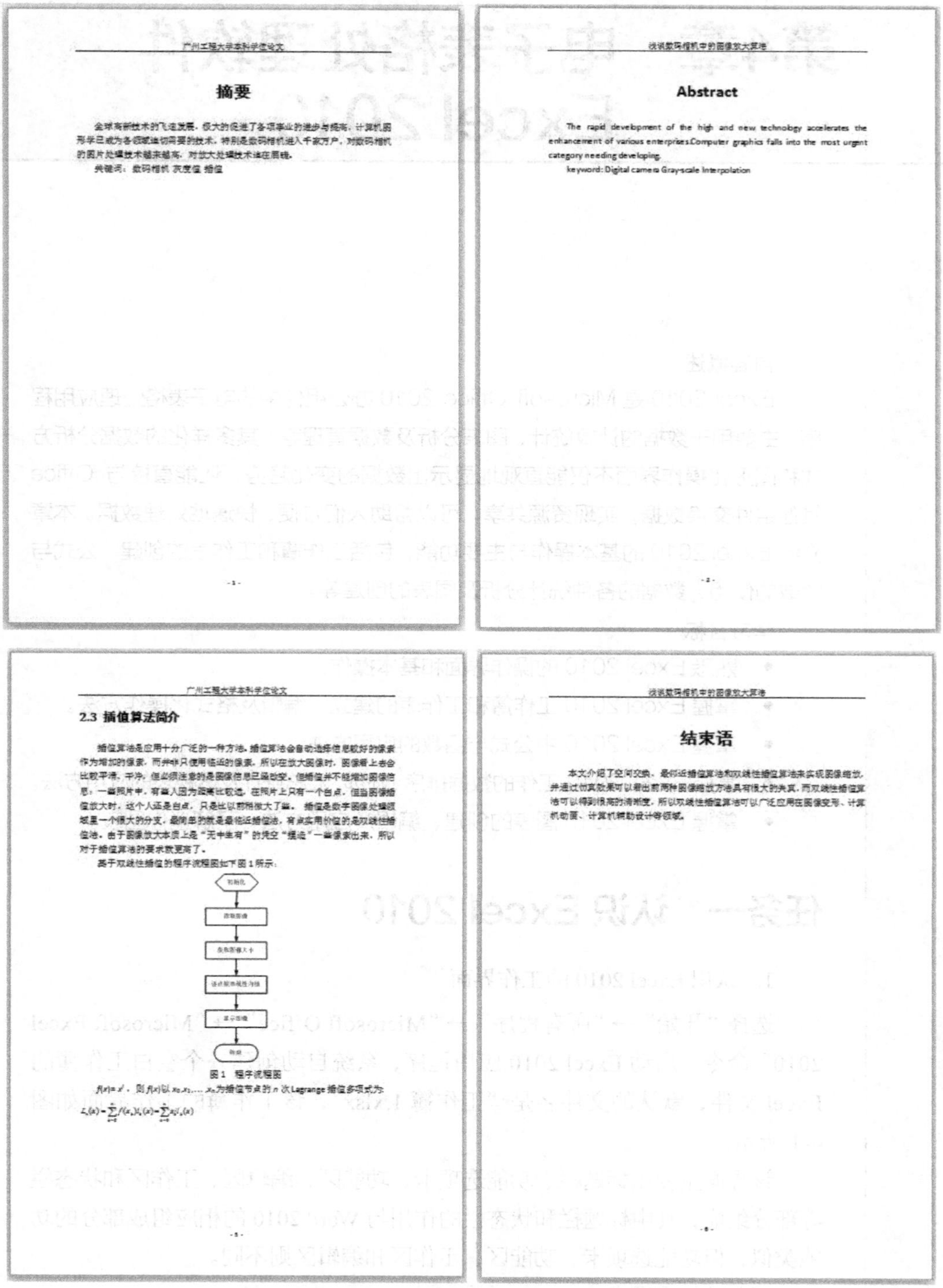

图 3-139　论文的正文（部分）排版效果

04 第4章 电子表格处理软件 Excel 2010

内容概述

Excel 2010 是 Microsoft Office 2010 办公组件中的电子表格处理应用程序，主要用于数据的计算统计、图表分析及数据管理等，其多样化的数据分析方式和图形化操作界面不仅能直观地显示出数据的变化趋势，还能直接与 Office 其他组件交换数据，实现资源共享，可以帮助人们方便、快速地处理数据。本章介绍 Excel 2010 的基本操作与主要功能，包括工作簿和工作表的创建、公式与函数的使用、数据的各种统计分析及图表的创建等。

学习目标

- 熟悉 Excel 2010 的操作界面和基本操作。
- 掌握 Excel 2010 工作簿和工作表的建立、编辑及格式化操作方法。
- 掌握 Excel 2010 中公式与函数的应用方法。
- 掌握 Excel 2010 工作的数据排序、筛选、汇总统计及透视表的应用方法。
- 掌握 Excel 2010 图表的创建、编辑及应用方法，了解迷你图表。

任务一 认识 Excel 2010

1. 认识 Excel 2010 的工作界面

选择"开始"→"所有程序"→"Microsoft Office"→"Microsoft Excel 2010"命令，启动 Excel 2010 应用程序，系统自动创建一个空白工作簿的 Excel 文件，默认的文件名是"工作簿 1.xlsx"，该工作簿的工作界面如图 4-1 所示。

该界面主要由标题栏、功能选项卡、功能区、编辑区、工作区和状态栏等部分组成，其中标题栏和状态栏的作用与 Word 2010 的相应组成部分的功能类似，但功能选项卡、功能区、工作区和编辑区则不同。

（1）功能选项卡

功能选项卡包括"文件""开始""插入""页面布局""公式""数据""审阅""视图""加载项"等，不同的功能选项卡对应不同的功能区，用户可以根据需要单击选项卡进行切换。

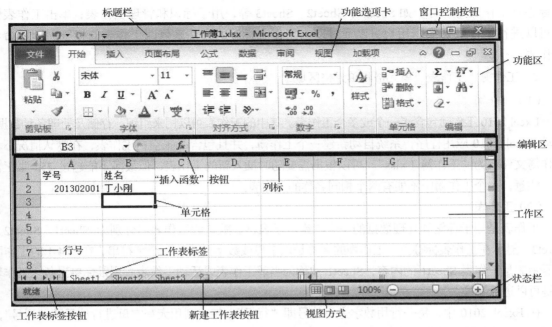

图 4-1 Excel 2010 工作界面

（2）功能区

每个功能区是由一组相关的命令按钮构成的，方便用户快速找到操作的命令。可以使用窗口控制按钮下面的"⌃"按钮打开或关闭功能区。

（3）编辑区

编辑区用于输入、显示和编辑当前活动单元格中的数据或公式，由名称框、编辑按钮和编辑栏 3 个部分组成。名称框用于显示当前单元格的地址和名称，当选择某单元格或单元格区域时，名称框中会出现相应的地址或名称。

如果将鼠标指针定位到编辑区或双击某个单元格时，编辑区将显示该单元格内容，同时 3 个编辑按钮被激活："取消✕"按钮用于取消对该单元格的编辑；"输入✓"按钮用于输入并确认该单元格所编辑的内容；"插入函数 fx"按钮用于打开"插入函数"对话框，通过该对话框向当前单元格输入需要的函数。用户可在编辑栏中输入、修改或删除当前单元格的内容。

（4）工作区

工作区由一个个单元格组成，是数据输入、显示及存储的区域。工作区的列标用英文字母 A、B 等表示，行号用数字 1、2 等表示。每个单元格用一个列标和一个行号来标识，即该单元格的地址。光标所在的单元格称为当前单元格（也称为活动单元格），用户只能在当前单元格中输入数据。

注意

一个工作表由 16348 列和 1048576 行组成。

（5）工作表标签

工作区的底部还有工作表标签、工作表标签按钮、新建工作表按钮及水平滚动条等。工作表标签是工作表的名称，如 Sheet1、Sheet2、Sheet3 等，用于标识和管理工作表；单击工作表标签可以进行工作表切换。用户可以通过双击工作表标签的方法来修改工作表的标签，即重命名工作表。

2. 工作簿、工作表、单元格和单元格区域

（1）工作簿

Excel 2010 工作簿包含了一个或多个工作表。其中的工作表可以用来组织、存储及处理各种数据。启动 Excel 2010 应用程序，系统自动新建一个工作簿，并且包含 3 张空白工作表，在默认情况下，工作簿文件名为"工作簿 1.xlsx"。可以根据需要随时插入新的工作表，但最多不能超过 255 张工作表。注意，一个工作簿中不能有两个相同名称的工作表。

（2）工作表

工作表是用于存储和处理数据的一个二维电子表格。默认的工作表名分别为 Sheet1、Sheet2、Sheet3，显示在工作表标签上。工作表的名称是以字母或数字开头的一个字符串，在图 4-1 的工作区中显示的是工作表 Sheet1 的内容，Sheet1 被称为当前工作表或活动工作表。用鼠标单击各个工作表标签可以进行切换。

在 Excel 2010 中，每一行用数字进行编号即"行号"，每一列用大写字母进行编号即"列号"，行与列交叉的位置称为单元格。

（3）单元格

单元格是指工作表中行与列的交叉部分，是 Excel 的基本操作单位。用户可以在当前单元格中输入各种数据，如数字、字符、日期、时间、函数及公式等。每个单元格最多可以容纳 32767 个字符。

每个单元格所在的位置用列号和行号进行标识，这个标识也称为"单元格地址"，例如，第 A 列与第 6 行交叉点的单元格地址是 A6。

单元格地址通常有以下 3 种表示方法。

① 相对地址：由列标和行号组成，例如，B 列第 3 行的单元格相对地址是 B3。

② 绝对地址：在列标和行号前加上"$"符号，例如，B 列第 3 行的单元格绝对地址是$B$3。

③ 混合地址：在列标或行号中的前面加上"$"符号，例如，B 列第 3 行的单元格混合地址是$B3 或 B$3。

上述 3 种地址的使用是不同的，后面将详细介绍。

由于一个工作簿可包含多张工作表，为了区分不同工作表的单元格，通常在单元格地址前再加上工作表名称，工作表名称与单元格地址之间用"!"分隔。例如，Sheet2!F4 表示的是 Sheet2 工作表中的 F4 单元格。

（4）单元格区域

单元格区域通常是一个矩形区域，一般由若干个连续单元格或者整行、整列单元格组成。引用一个单元格区域时，通常用它的左上角和右下角的单元格地址来表示该区域，中间用一个冒号":"分隔，例如，单元格区域 A2:E5 表示由 A2 到 E5 为对角所构成的一块区域，即包含 20 个单元格。

由多个不连续的单元格所构成的区域，中间用分号";"分隔，例如，单元格区域（A2，E5）表示由 A2 和 E5 两个单元格所构成的一块区域，即只包含两个单元格。

例如，要完整表示一个工作簿 Student.xlsx 中工作表 Sheet2 的单元格区域 A2:F8 的方法是

"[Student.xlsx] Sheet2！A2:F8"。

【例 4.1】启动 Excel 2010，新建一个工作簿，名为"个人信息登记表.xlsx"，将其中一张工作表改名为"个人信息表"，输入数据，如图 4-2 所示。

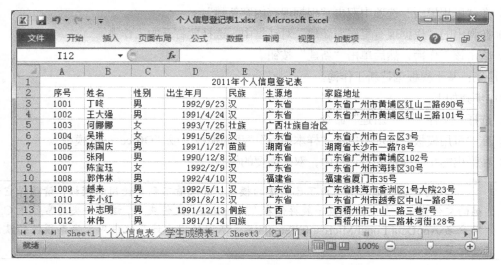

图 4-2 "个人信息表"的内容

在个人信息表中，第一行是标题行，第二行是各列数据的名称，也称为"列标题"或者"字段名"，第三行之后是相应的各个字段的数据项。

 以"个人信息表"为例，每一列数据具有相同的类型，并且用一个列标题标识，这个列标题称为"字段名"；每一行数据称为一个"记录"，表示某人信息的集合。

操作步骤如下。

① 启动 Excel 2010，新建一个工作簿，命名为"个人信息登记表.xlsx"。

② 在工作簿的 Sheet2 工作表中，参照图 4-2 输入数据。

③ 重命名该工作表，在工作表标签 Sheet2 上单击鼠标右键，系统弹出图 4-3 所示的快捷菜单，选择"重命名"命令，输入新的工作表名"个人信息表"。

④ 选择"文件"→"保存"命令，将文件保存在原来的文件夹中。

3. 工作簿的基本操作

（1）建立新工作簿的方法

方法一：创建新的空白工作簿。

操作步骤如下。

① 选择"文件"→"新建"命令。

② 在"可用模板"选项中双击"空白工作簿"。

图 4-3 选择"重命名"命令

工作簿

 键盘快捷方式：要快速新建一个空白工作簿，也可以按 Ctrl+N 组合键。

方法二：基于现有工作簿创建新工作簿。

操作步骤如下。

① 选择"文件"→"新建"命令。

② 在"可用模板"选项中双击"根据现有内容新建"。

③ 在弹出的"根据现有工作簿新建"对话框中，选择要打开的工作簿。

④ 单击该工作簿，然后单击"新建"按钮。

方法三：基于模板创建新工作簿。

操作步骤如下。

① 选择"文件"→"新建"命令。

② 在"可用模板"选项中单击"样本模板""我的模板"或"Office .com 模板"。

③ 在弹出的相应模板的对话框中，双击需要的模板。

"我的模板"选项卡列出了已创建的模板。如果看不到要使用的模板，请确保它位于正确的文件夹中。自定义模板一般存储在"Templates"文件夹中，该文件夹通常位于 C:\Users\用户名\AppData\Local\Microsoft\Templates。不同的用户计算机中用于保存模板的默认目录可能不同。

（2）打开已有的工作簿

选择"文件"→"打开"命令，在打开的对话框中选择需要的工作簿，单击"打开"按钮。

（3）选择其他位置保存工作簿

选择"文件"→"另存为"命令，打开"另存为"对话框，如图 4-4 所示，分别在文件保存的位置、文件名及保存类型 3 个下拉框中修改或输入不同的信息，单击"保存"按钮，就可以改变文件保存的位置、改变文件名或者改变文件类型。

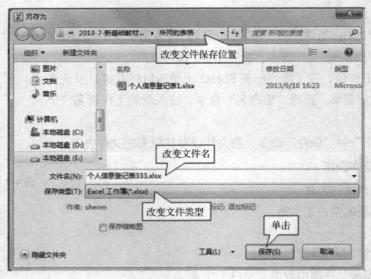

图 4-4 "另存为"对话框

（4）关闭工作簿

方法一：选择"文件"→"关闭"命令。

方法二：单击菜单栏右上角的关闭按钮"　x　"。

方法三：双击菜单栏左上角的控制按钮""。

方法四：按 Alt+F4 组合键。

（5）删除工作簿

先关闭工作簿，再选中该工作簿单击鼠标右键，在弹出的快捷菜单中选择"删除"即可。方法与删除 Word 的文档方法一样。

4. 工作表的基本操作

（1）新建工作表

新建工作表最快捷的方法是用鼠标单击当前工作表标签最右边的"新建工作表"按钮。也可以在"开始"选项卡的"单元格"组中单击"插入"按钮，在弹出的下拉列表中选择"插入工作表"。

（2）移动或复制工作表

移动工作表最快捷的方法是用鼠标选中当前工作表的标签，然后拖动到目标位置。

复制工作表的操作方法如下。

① 在该工作表标签上单击鼠标右键，在弹出的快捷菜单中选择"移动或复制工作表"选项，打开"移动或复制工作表"对话框，如图 4-5 所示。

② 在该对话框中选择移动或复制后的位置，选中"建立副本"复选框（取消该复选框则表示移动工作表）。

③ 单击"确定"按钮。

（3）重命名工作表

用鼠标选中要重命名的工作表，在该工作表标签上单击鼠标右键，在弹出的快捷菜单中选择"重命名"命令，也可以双击该工作表标签，重新命名工作表。

图 4-5　"移动或复制工作表"对话框

（4）删除工作表

用鼠标选中要删除的工作表，在该工作表标签上单击鼠标右键，在弹出的快捷菜单中选择"删除"命令；在"开始"选项卡的"单元格"功能区中单击"删除"按钮，在弹出的下拉列表中选择"删除工作表"。

　　　　删除的工作表不能使用"撤销"功能恢复。

（5）更改工作表标签颜色

用鼠标选中要更改标签颜色的工作表，在该工作表标签上单击鼠标右键，在弹出的快捷菜单中选择"工作表标签颜色"命令。

（6）更改新工作簿中的默认工作表数目

① 选择"文件"→"选项"命令，系统将打开"Excel 选项"对话框，如图 4-6 所示。

② 单击"常规"选项，在其右侧窗口中的"新建工作簿时"区域的"包含的工作表数"文本框中修改数值，即可更改新建工作簿时默认情况下所包含的工作表数目。

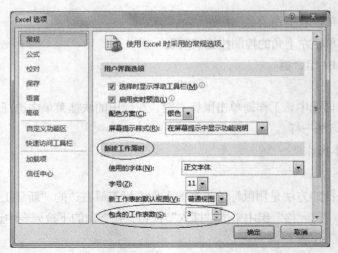

图 4-6 "Excel 选项"对话框

注意　系统默认工作表数是 3，最多为 255。

【例 4.2】打开"个人信息登记表.xlsx"，继续完成下列操作。

（1）插入一张新工作表，并命名为"学生成绩表 1"，内容不限。

操作步骤如下。

① 在"开始"→"单元格"功能组中，单击"插入"按钮右侧的下拉按钮。

② 在打开的下拉列表中选择"插入工作表"选项，将在当前工作表之前插入一张新的工作表。

③ 在该工作表标签上单击鼠标右键或双击该工作表的标签，在弹出的快捷菜单中选择"重命名"命令，再输入新的工作表名，例如"学生成绩表 1"。

（2）复制 2 次"学生成绩表 1"，并分别重命名为"学生成绩表 2"和"学生成绩表 3"。

操作步骤如下。

① 光标定位在"学生成绩表 1"中；

② 在"开始"→"单元格"功能组中，单击"格式"按钮，在弹出的下拉列表中选择"移动或复制工作表"选项，如图 4-7 所示。在打开的"移动或复制工作表"对话框中，选中"建立副本"复选框，不改动其他选项，单击"确定"按钮，即在 Sheet1 前新建"学生成绩表 1（2）"。双击该工作表标签，重命名为"学生成绩表 2"。

③ 重复②，新建"学生成绩表 3"。

（3）将这 3 个表按从左到右依次排列。

操作步骤如下。

① 鼠标定位在要移动的工作表标签上；

② 用鼠标左键拖动该工作表标签，将出现的小黑三角形移至

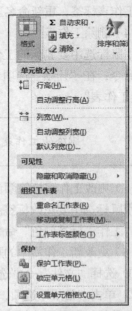

图 4-7 选择"移动或复制工作表"选项

需要的目标位置后，松开鼠标，即移动了工作表。

如果在拖动鼠标的过程同时按住 Ctrl 键，则可实现复制工作表。

（4）删除"学生成绩表 2"工作表。

操作步骤如下。

① 光标定位在"学生成绩表 2"工作表中；

② 在"开始"→"单元格"功能组中，单击"删除"按钮下方的下拉按钮，在弹出的下拉列表中选择"删除工作表"选项即可。

也可以用在该工作表标签上单击鼠标右键，在弹出的快捷菜单中选择"删除"选项。

5. 单元格的基本操作

单元格是 Excel 存储数据、编辑操作的最小独立单元。

（1）选择单个单元格

单击要选择的单元格使之成为当前单元格，该单元格对应行号的数字和列标的字母都将突出显示，也可以用键盘上的方向键（↑、↓、←、→）、Tab 键（右移）及 Shift+Tab 组合键（左移）来选择单元格。

（2）选择多个连续的单元格

操作步骤如下。

① 用鼠标拖动方式：例如，要选择单元格区域 A3:F9，先用鼠标指向区域的左上角单元格 A3，再按住鼠标左键不放并拖动到该单元格区域的右下角单元格 F9，然后松开鼠标即可。

② 用鼠标+Shift 键方式：例如，要选择单元格区域 A3:F9，先用鼠标单击区域的左上角单元格 A3，按住 Shift 键不放，同时单击单元格 F9，最后松开鼠标即可。

（3）选择单列或单行、连续多列或多行区域

操作步骤如下。

① 用鼠标直接在列标或行号上单击即可选择该列或该行。

② 用鼠标在列标或行号上拖动即可选择连续多列或多行。

（4）选择多个不连续的单元格

先选中第一个单元格或单元格区域，再按住 Ctrl 键不放，同时用鼠标依次单击需要选择的单元格或单元格区域，选择完成后松开鼠标和 Ctrl 键即可。

（5）选择不连续的多行或多列

按住 Ctrl 键不放，依次单击需要选择的行号或列标。

（6）选择整个工作表

单击工作表的左上角行号与列标的交叉单元格（即全选按钮），或按 Ctrl+A 组合键，可以选择当前工作表中所有的单元格。

（7）插入单元格或单元格区域

① 选中要插入的单元格或单元格区域。

② 在"开始"选项卡"单元格"组中单击"插入"按钮，系统将弹出"插入"菜单。

• 如果选择"插入单元格"命令，系统将打开"插入"对话框，如图 4-8 所示。根据需要选择"活动单元格右移"或"活动单元格下移"选项，单击"确定"按钮即可。

• 如果选择"插入工作表行"命令，将在活动单元格插入一个空白行，活动单元格所在的行将

下移。

- 如果选中"插入工作表列"命令，将在活动单元格插入一个空白列，活动单元格所在的列将右移。

- 如果选中"插入工作表"命令，将在当前工作表之前插入一个新工作表。

（8）删除单元格或单元格区域

删除单元格或单元格区域的操作如下：选择要删除的单元格或单元格区域，在"单元格"组中单击"删除"按钮，系统弹出"删除"菜单。

- 如果选择"删除单元格"命令，系统将打开"删除"对话框，如图 4-9 所示。根据需要选择"右侧单元格左移"或"下方单元格上移"选项，单击"确定"按钮即可。

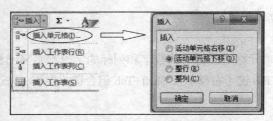

图 4-8 "插入单元格"对话框相关操作

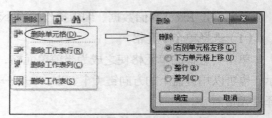

图 4-9 "删除"对话框相关操作

- 如果选择"删除工作表行"命令，将会删除活动单元格区域所在的行，原来活动单元格区域下面的行将上移。

- 如果选择"删除工作表列"命令，将会删除活动单元格区域所在的列，原来活动单元格区域右侧的列将左移。

- 如果选择"删除工作表"命令，将会删除活动单元格区域所在的工作表。

（9）清除单元格或单元格区域

"清除"操作是将单元格或单元格区域的全部或部分信息清除，但单元格本身仍然保留。操作方法如下：选择要清除的单元格或单元格区域，在"编辑"组中单击"清除"按钮，系统弹出图 4-10 所示的菜单，根据需要进行选择即可。

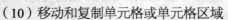

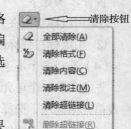

图 4-10 "清除"菜单

（10）移动和复制单元格或单元格区域

① 移动操作是指移走除单元格本身以外的所有信息，包括公式及其结果值、单元格格式、批注等，粘贴时也包括所有信息。

移动的操作方法如下。

- 选中要移动的单元格或单元格区域。

- 在"开始"选项卡"剪贴板"组中单击"剪切"按钮（或按 **Ctrl+X** 组合键）。

- 选择目标单元格，再单击"粘贴"按钮即可。

在移动公式时，无论使用哪种单元格引用，公式内的单元格引用都不会更改。

举一反三

使用鼠标移动的方法：选择要移动的单元格数据，将光标放在单元格的边框上，当光标由空心十字形状变成箭头形状后，移动鼠标至目标单元格即可。

② 复制操作是指在复制单元格时，会将包括公式及其结果值、单元格格式和批注在内的所有信息复制并粘贴到目标单元格。

复制的操作方法如下。

- 选中要复制的单元格或单元格区域。
- 在"开始"选项卡"剪贴板"组中单击"复制"按钮（或按 Ctrl+C 组合键）。
- 选择目标单元格，再单击"粘贴"按钮下方的下拉按钮，系统弹出图 4-11 所示的选项，根据需要选择粘贴方式即可。

如果选择图 4-11 中最底部的"选择性粘贴"命令，系统将弹出图 4-12 所示的对话框，其中包括所有的选择性粘贴选项。部分选项的功能说明见表 4-1。

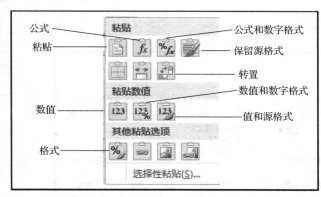

图 4-11　粘贴方式的选项

图 4-12　"选择性粘贴"对话框

表 4–1　　　　　　　　　　　　　　　选择性粘贴部分选项的功能说明

选项	说明
全部	粘贴所有单元格的内容和格式
公式	只粘贴在单元格中输入的公式
数值	只在单元格中显示公式运算后的数值
格式	仅粘贴单元格格式，不粘贴单元格的实际内容
批注	仅粘贴附加到单元格的批注
有效性验证	将复制单元格的数据有效性规则粘贴到粘贴区域
边框除外	粘贴被复制单元格的所有内容和格式，边框除外
公式和数字格式	仅从选中的单元格粘贴公式和所有数字格式选项
值和数字格式	仅从选中的单元格粘贴值和所有数字格式选项
无	复制单元格的数据，不经计算，完全粘贴到目标区域
加	复制单元格的数据，加上粘贴单元格数据，再粘贴到目标区域
减	复制单元格的数据，减去粘贴单元格数据，再粘贴到目标区域
乘	复制单元格的数据，乘上粘贴单元格数据，再粘贴到目标区域
除	复制单元格的数据，除以粘贴单元格数据，再粘贴到目标区域
跳过空单元	当复制区域中有空单元格时，避免替换粘贴区域中的值
转置	将被复制数据的列变成行，将行变成列

6. 查找与替换

在 Excel 工作表中，通过其查找功能可以在工作簿中查找所需要的字符及其格式；替换功能不仅能查找到所需要的字符，还可以替换字符及其格式，操作方法如下。

（1）单击工作表的任意单元格。

（2）在"开始"选项卡"编辑"组中，单击"查找和选择"按钮，系统弹出图 4-13（a）所示下拉列表。

（3）选择"查找"或"替换"选项，系统打开"查找和替换"对话框，如图 4-13（b）所示。

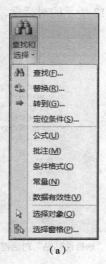

（a）

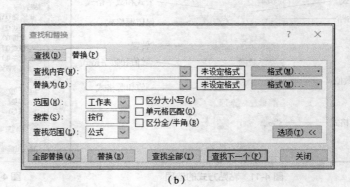

（b）

图 4-13 相关

（4）单击"查找"标签，在"查找内容"框中，输入要查找的字符，或者单击"查找内容"文本框中的下拉箭头，然后在列表中选择一个最近的搜索。

（5）可单击"选项"按钮进一步定义查找范围等，然后执行下列任何一项操作。

① "范围"文本框中选择是在"工作表"还是在"工作簿"中查找数据。

② "搜索"文本框中选择"按行"或"按列"，表示要在行或列中搜索数据。

③ "查找范围"文本框中选择"公式""值"或"批注"，表示要搜索带有特定详细信息的数据。

④ 选中"区分大小写"复选框，表示要搜索区分大小写的数据。

⑤ 选中"单元格匹配"复选框，表示要搜索只包含在"查找内容"文本框中输入的字符的单元格。

⑥ 选中"区分全/半角"复选框，表示要搜索区分全/半角的数据。

如果要查找同时具有特定格式的文本或数字，请单击"格式"按钮，然后在"查找格式"对话框中进行选择。

如果要查找只符合特定格式的单元格，那么可以删除"查找内容"框中的所有条件，然后选择一个特定的单元格格式作为示例。单击"格式"旁边的箭头，在下拉列表中选择"从单元格选择格式"，然后选择要搜索的格式的单元格。

举一反三

可以在查找内容中使用通配符，例如星号（*）或问号（?）：星号代表任意多个字符，例如 s*d

可找到"sad"和"started"；问号代表任意单个字符，例如 s?t 可找到"sat"和"set"。

　　如果要查找包含"?""*"或波形符号"～"的字符，应该在这些字符前加上波形符号"～"作为查找条件。

　　（6）执行下列操作之一。

　　① 要查找文本或数字，请单击"查找全部"或"查找下一个"。

　　② 要替换文本或数字，请在"替换为"文本框中输入替换字符（或将此框留空以便将字符替换成空），然后单击"查找"或"查找全部"按钮。

　　（7）要替换找到的字符的突出显示的重复项或者全部重复项，请单击"替换"或"全部替换"按钮。

举一反三

　　单击"查找全部"按钮时，符合搜索条件的每个匹配项都将被列出。通过单击列表中某个特定的匹配项，可以使特定的单元格成为活动单元格。可以通过单击列标题来对"查找全部"搜索的结果进行排序。

　　如果"替换为"文本框不可用，请单击"替换"选项卡。

　　可以按 Esc 键取消正在进行的搜索。

　　【例 4.3】打开工作簿"个人信息登记表.xlsx"，完成下列操作。

　　（1）将"广西"更改为"广西壮族自治区"。

　　（2）在"学生成绩表 1"工作表中，将单元格区域 A2:G14 以转置的形式复制到以 A20 为左上角的区域中。

　　操作步骤如下。

　　① 打开工作簿的"个人信息登记表"工作表，在"开始"选项卡"编辑"组中单击"查找和选择"按钮，在弹出的下拉列表中单击"替换"，在打开的"查找和替换"对话框中输入查找和替换内容，如图 4-14 所示，单击"全部替换"按钮。

图 4-14　"查找和替换"对话框

　　② 切换到工作表"学生成绩表 1"，选定单元格区域 A2:G14，单击"开始"选项卡的"剪贴板"功能区中的"复制"按钮，再单击目标单元格 A20，在"开始"选项卡"剪贴板"组中单击"粘贴"按钮，在弹出的下拉列表中选择"转置"。

　　也可以选择"选择性粘贴"，在弹出"选择性粘贴"对话框中选择"转置"。

7. Excel 的自动保存功能

　　在使用 Excel 编辑数据表格过程中，如碰到突然断电、操作失误、系统出错等特殊情况，导致 Excel 文档在尚未保存之前就意外关闭，会对工作带来不良影响，甚至造成损失，如果设置了自动保存，就能减少损失。

操作步骤如下。

（1）选择"文件"→"选项"，在弹出的"Excel 选项"对话框中选择"保存"选项卡，如图 4-15 所示。

（2）在"保存工作簿"区域选中"保存自动恢复信息时间间隔"复选框，并在其后面的数值框中设置自动保存的时间时隔，另外，还要选中"如果我没保存就关闭，请保留上次自动保留的版本"复选框。

（3）单击"确定"按钮。

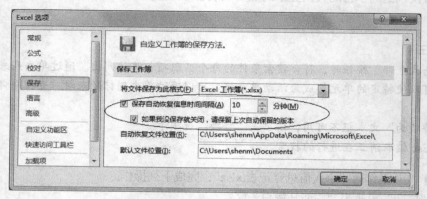

图 4-15　"Excel 选项"对话框

8. 工作簿的保护设置与取消

为了防止别人修改或浏览自己的工作簿，可以在保存时设置密码，也可以将工作表设置为只读模式。

（1）保护工作簿的设置方法

① 在工作簿中，选择"文件"→"另存为"选项。

② 在打开的"另存为"对话框中单击"工具"按钮，在下拉列表中选择"常规选项"。

③ 系统打开"常规选项"对话框，如图 4-16 所示，输入两种密码。如果要设置只读文件，则选中"建议只读"复选框。

其中，"打开权限密码"是打开工作簿时要输入的密码；"修改权限密码"是对工作簿进行修改时需要输入的密码，否则无法操作。

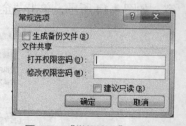

图 4-16　"常规选项"对话框

注意

如果设置了密码，就只能用密码打开；如果忘记密码，文件将无法打开。此操作需谨慎进行。建议在做本操作时做好必要的备份工作。

（2）取消工作簿保护的操作方法

① 在"审阅"→"更改"组中单击"保护工作簿"按钮。

② 打开"撤销工作簿保护"对话框，在其中输入密码。

（3）保护工作表的设置方法

对工作表设置保护，就是将工作表设置为只读状态，防止他人对工作表进行编辑修改。

保护工作表的设置方法如下。

① 在"文件"→"单元格"组中单击"格式"按钮。

② 在弹出的下拉菜单中选择"保护工作表"选项，系统打开"保护工作表"对话框，在"取消工作表保护时使用的密码"的文本框中输入密码，单击"确定"按钮。

③ 在"确认密码"对话框中，重复输入一次之前的密码，再单击"确定"按钮。

（4）取消保护工作表的操作方法

① 在"文件"→"单元格"组中单击"格式"按钮。

② 在弹出的下拉菜单中选择"撤销工作表保护"选项，系统打开"撤销工作表保护"对话框，在密码框中输入密码；

③ 单击"确定"按钮。

任务二　工作表的数据输入

1. 输入单元格的数据

Excel 单元格中可以存放的数据包括文本、数字、日期和时间、函数和公式等。用户可以直接在当前单元格中输入各种数据，也可以在编辑栏里输入，输入后按 Enter 键或用鼠标单击其他单元格，完成输入。

（1）输入文本

"文本"通常指的是非数值类型的数据，由字符或数字与字符的组合所构成，例如员工编号、姓名、出生年月等。

任何输入单元格中的数据，若不能被 Excel 自动识别成数字、日期和时间、逻辑值或公式，则一律被视为文本型的数据。在单元格中，输入的文本默认的对齐方式是靠左对齐。

在单元格中直接输入文本型数据，再按 Enter 键，或者在其他单元格单击鼠标左键，即可输入文本。

如果要输入一些特殊符号，例如√、≠等，单击"插入"选项卡"符号"组中的符号按钮 Ω，在打开的"符号"对话框的"符号"选项卡中选择符号，单击"插入"按钮即可。

（2）输入数字

"数字"指的是可以用于计算的数值型数据，例如正负数、小数、百分数、货币及特殊符号等。有效数字和符号包含 0~9、+、-、/、\$、%、.、E、e 等字符。在单元格中输入的数字，默认的对齐方式是靠右对齐。

如果某单元格中显示出一串"#"符号，表示该单元格的列没有足够的宽度来显示出该数字，需要改变单元格的数字格式或者改变列的宽度。

在输入数字时应注意以下几点。

① 正数的输入。正数前面的"+"被忽略。应注意的是：单元格中可显示的最大数字是 99999999999，当超过这个值时，Excel 会自动以科学计数方式显示数据。

② 负数的输入。在负数前面添加"-"，或用圆括号括起数据。例如，在单元格输入"-23"，或者"（23）"，则在单元格中都会显示是"-23"。

③ 分数的输入。在单元格输入"0+空格+数字"。例如，要输入一个真分数 3/5，则输入"0 3/5"。

④ 百分数的输入。以"数字+%"的方式，即可输入百分数。

（3）输入日期和时间

在输入日期类型的数据时应注意，在单元格上单击鼠标右键，在弹出的快捷菜单中选择"设置单元格格式"命令，然后选择"日期"，再选择相应的日期格式，然后在单元格中输入日期，则单元格中将以不同的形式显示出日期。以同样方法设置时间的显示形式。

① 输入日期时，用斜线或短线分隔日期的年、月、日，例如，输入"2013/4/26"或"2013-4-26"。如果要输入当前的日期，按 Ctrl+;（分号）组合键即可。

② 输入时间时，一般是"时：分：秒"的方式输入。如果按 12 小时制输入时间，需在时间后空一格，再输入字母 a 或 p（字母 a 和 p 分别表示上午和下午）。

例如：输入时间 10：40p，按 Enter 键后，结果是 22：40：00。如果只输入时间数字，Excel 将按 am（上午）处理。如果要输入系统当前的时间，按 Ctrl+Shift+;（分号）组合键即可。

> 在同一单元格中输入日期和时间时，必须用空格隔开，否则 Excel 将把输入的日期和时间作为文本数据处理。

2．编辑单元格中的数据

单元格中的数据或文本，可以直接用新输入的数据或文本来替换，或者按 Delete（或 Del）键删除；也可以用鼠标定位插入点后，直接输入新的数据或删除靠近的数据等。

工作表数据的修改方法有许多，常用的方法如下。

（1）直接修改数据：单击单元格，直接输入正确的数据。

（2）修改部分数据：双击单元格，定位插入点后修改数据。

（3）在编辑栏中修改：选择单元格，将插入点定位到编辑栏中，再进行修改。

（4）利用快捷键修改：按 F2 键，然后在单元格中进行修改。

3．快速输入数据

（1）输入自动完成

在同一列中，对上面单元格曾经输入过的字符，在其下面的单元格当输入其中的第一个字符时，Excel 能自动填入其后的字符并反白显示，可按 Enter 键确认，也可不用理会，继续输入后面的字符。

（2）输入相同的数据

如果在某单元格区域输入相同的数据，可以先在单元格中输入一个，然后使用填充（或复制）功能快速填充其余的区域。

【例 4.4】在工作簿"EX1.xlsx"的工作表 Sheet1 中，在"部门"列的右侧增加一列字段名为"单位名称"，该列全部输入"航海学院"。

操作步骤如下。

① 在 D2 单元格中输入"航海学院"。

② 将鼠标移到 D2 单元格右下角的控制柄上，鼠标指针变为"╋"时，按住鼠标左键不放，并向下拖动至目标位置，松开鼠标，这样拖动经过的单元格区域全部填充相同的字符。

 举一反三

选定要填充的区域（如 D2:D17），在当前单元格输入内容后，按 Ctrl+Enter 键，则所选定区域填充一样的内容。

（3）使用鼠标输入有规律的数据

方法一：要输入一组有规律的数据，首先在起始单元格中输入一个数据，再将鼠标定位在该单元格右下角的控制柄上，此时鼠标指针变为"＋"，然后按住鼠标左键向右或向下拖动至目标单元格后，松开鼠标，就可以将起始单元格中的内容复制到同行或同列的其他单元格中。

 举一反三

使用鼠标拖动的方法填充数据时，若按住 Ctrl 键，则可以快速填充递增的数据。如果该单元格中包含 Excel 可扩展序列中的数字、日期或时间，在操作过程中这些数值将按着序列变化，而非简单的复制。

方法二：要输入一组有规律的数据，首先输入两个有规律的数据，然后使用鼠标操作，同样能快速填充其余的区域。

（4）使用"序列填充"功能填充数据

使用"序列填充"功能，不仅能填充一般序列的数据，还可以填充等差序列、等比序列、日期序列、星期序列等。这种方法自动填充的数据类型有文本型、数值、日期等。

【例 4.5】请在 B3:B9 单元格中输入数字 101,102,…,107。

操作步骤如下。

① 选择起始单元格 B3，输入第一个数据 101。

② 在"开始"→"编辑"组中单击"填充"按钮，在下拉列表中选择"系列"选项，系统打开"序列"对话框。

③ 按图 4-17 所示设置各参数。

④ 单击"确定"按钮，完成填充。

图 4-17　打开"序列"对话框并设置

（5）使用"自定义序列"填充数据

对需要经常使用的数据序列，例如一组多次重复使用的中文序列，将其自定义为一个序列，存储在 Excel 自定义列表中，以后输入表格数据时，可以使用"自动填充"功能填充这些数据。

【例 4.6】在工作簿 "EX1.xlsx" 工作表 Sheet1 中，建立"部门"这列数据的序列，序列是英语系、航海系、数学系、计算机系，然后用"自定义序列"功能填充该列数据，完成后如图 4-18 所示。操作步骤如下。

1）创建自定义序列

① 选择"文件"选项卡中的"选项"命令，系统打开"Excel 选项"对话框，如图 4-19 所示。

图 4-18　自定义序列的样表

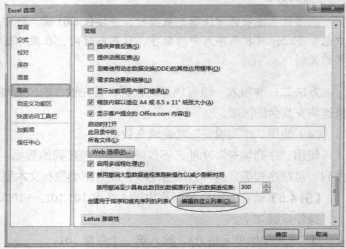

图 4-19　Excel 选项的对话框

② 单击 "Excel 选项" 对话框中的"高级"选项，在右侧窗口中单击"编辑自定义列表"按钮，系统打开"自定义序列"对话框。

③ 在"输入序列"文本框中依次输入"英语系""航海系""数学系""计算机系"。

④ 单击"添加"按钮，此时自定义的序列已经添加，并显示在左侧的"自定义序列"列表中，如图 4-20 所示。单击"确定"按钮即可。

图 4-20　编辑与创建"自定义序列"

注意　除了系统自带的序列，通过"自定义序列"添加的新序列可以应用在数据的排序、筛选及分类汇总等多项功能中。

2）使用"自动填充"功能输入数据

① 选择 C3 单元格，输入序列中的一个数据，例如"英语系"，按 Enter 键。

② 将鼠标移到 C3 单元格右下角的控制柄上，当鼠标指针变为"➕"时，按住左键不放，并向下拖动至 C14 单元格，放开鼠标，这样在拖动的单元格区域中填充了自定义序列的数据。

③ 在 C15、C16、C17 单元格中分别输入"英语系"。

举一反三

最后 3 行都是"英语系"，除了直接输入，还可以如何输入？

（6）使用"数据的有效性"功能输入数据

"数据有效性"用于定义满足指定约束条件的数据才能输入单元格中，这种"约束条件"也称为"有效性条件"，可以限制输入那些不符合条件的数据，还会发出警告，或者提示期望输入数据的有效范围、类型等。

在"数据"选项卡的"数据工具"组中，单击"数据有效性"按钮，系统打开"数据有效性"对话框，可以设置有效性条件、输入信息、出错警告及输入法模式等。

【例 4.7】打开工作簿"EX3.xlsx"的工作表"三个公司销售情况"，针对"商品名"这一列数据使用"数据有效性"方式进行输入。

操作步骤如下。

① 选定单元格区域 B2:B24。

② 在"数据"选项卡"数据工具"组中单击"数据有效性"按钮，系统打开"数据有效性"对话框。

③ 选择"设置"选项卡，在"有效性条件"选项区域的"允许"下拉列表中，选择"序列"选项。

在"来源"文本框中输入各商品名，如图 4-21 所示，单击"确定"按钮。

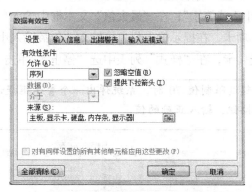

图 4-21　"数据有效性"对话框

各商品名称之间使用英文的逗号分隔。

④ 在 B5 单元格输入数据时，右边有一个小三角，单击这个小三角出现数据列表（见图 4-22），从中选择所要的数据，按 Enter 键。

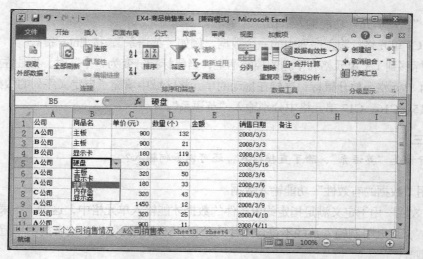

图 4-22　使用"数据的有效性"功能输入数据

【例 4.8】 在工作簿"EX2.xlsx"的工作表 Sheet1 中，快速完成相关数据的输入操作。

（1）在"职称"列前面插入一列数据，字段名为"年龄"。设定年龄值不超过 70，如果输入值超过 70，弹出"出错警告"，并提示信息"年龄输入小于 70"。

操作步骤如下。

① 鼠标单击"职称"这列标号，即选定单元格区域 C2:C16。

② 在"开始"选项卡"单元格"组中单击"插入"按钮，在"职称"列的左侧面插入一空白列，在该列 C2 单元格中输入"年龄"作为字段名。

③ 设置"年龄"有效性，选定单元格区域 C3:C16，选择"数据"→"数据工具"组，单击"数据有效性"按钮，系统打开"数据有效性"对话框，如图 4-21 所示。

④ 选择"设置"选项卡，在"有效性条件"选项区域的"允许"下拉列表中，选择"整数"；在"数据"文本框中选择"小于或等于"；在"最大值"文本框中输入"70"。

⑤ 选择"输入信息"选项卡，在提示输入信息框输入"年龄输入小于 70"。

⑥ 选择"出错警告"选项卡，在"样式"列表中选"停止"，单击"确定"按钮即可。

当输入的年龄超过限制值 70 时，系统弹出一个警示框提示输入值非法，如图 4-23 所示。单击"重试"按钮，输入正确的值。

注意

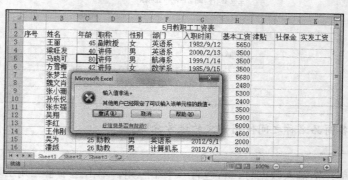

图 4-23　输入数据出错时的警示框

举一反三

如何在"职称"列的右侧插入一列或多列数据？

（2）用填充序列的方法输入每人的序号"200944001""200944002"等。

操作步骤如下。

- 先在 A3、A4 两个单元格中输入"200944001""200944002"；
- 选择 A3、A4 这两个单元格区域；
- 将鼠标移到 A4 单元格右下角的控制柄上，当鼠标指针变为"➕"形状时，按住左键不放，并向下拖动至目标位置，松开鼠标，这样就在拖动的单元格区域中填充了带有递增序列的数据。

（3）将"基本工资"列的数据保留一位小数。

操作步骤如下。

- 选择单元格区域 H3:H16；
- 在"开始"选项卡"数字"组中单击"增加小数位数"按钮，单击一次该按钮，增加一位小数。每单击一次该按钮，就增加一位小数。

（4）删除最后的 3 行数据。

操作步骤如下。

- 鼠标定位在行号区域的最后 3 行，按住左键并拖动选择最后的 3 行数据；
- 在"开始"选项卡"单元格"组中单击"删除"按钮。

注意　按键盘上的 Delete（或 Del）键只是清除这 3 行区域的数据，不会删除该区域。

举一反三

① 如何同时删除"性别"和"年龄"两列数据？

② 如何使用"自定义序列"输入"部门"这列数据？

4. 数据格式的设置

（1）单击"数字"组中的按钮对数字进行格式化

"开始"选项卡的"数字"组提供了 5 个常用格式化数字的按钮，分别是"会计数字样式""百分比样式""千位分隔样式""增加小数位数""减少小数位数"。

操作时先选择要格式化的单元格或单元格区域，再单击相应的按钮即可。

① 使用会计数字样式。

单击该按钮，默认在数字前面加上会计专用符号，即货币符号（￥），并且保留两位小数。若要在数字前面加上其他货币符号，可以单击该按钮右边的下拉小三角，在下拉列表中选择其他的货币符号，还可以设置"其他会计格式"。

② 使用百分比样式。

单击该按钮，将选定单元格的数字变为百分数的形式，并且加上百分号。

③ 使用千位分隔样式。

单击该按钮，将选定单元格的数字从小数点向左每 3 位整数之间用千分号（,）分隔。例如，单击"千位分隔样式"按钮，可将数字 345600.25 的格式变为"345,600.25"。

④ 增加小数位数。

单击该按钮，将选定单元格的数字增加一位小数。

⑤ 减少小数位数。

单击该按钮，将选定单元格的数字减少一位小数。

（2）使用"设置单元格格式"对话框设置数字格式

单击"数字"组右下角的下拉按钮，打开"设置单元格格式"对话框（见图 4-24），也可选择"开始"选项卡"单元格"组中的"格式"按钮，选择快捷菜单中的"设置单元格格式"选项，打开该对话框。在该对话框中，可以对数字进行全面的格式化。

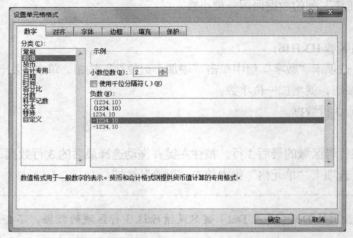

图 4-24 "设置单元格格式"对话框

 在单元格上单击鼠标右键，在弹出的快捷菜单中选择"设置单元格格式"项，也可以弹出"设置单元格格式"对话框。

有关 Excel 中各种数字格式的使用说明见表 4-2。

表 4-2   **Excel 的数字格式的使用说明**

分类	使用说明
常规	不包含特定的数字格式
数值	用于一般数字的表示，包括千位分隔符、小数位数、负数的显示方式等
货币	用于一般货币值的表示，包括多种货币符号、小数位数及负数显示方式
会计专用	与货币一样，可对一列数值以小数点对齐
日期	把日期和时间序列数值显示为日期值
时间	把日期和时间序列数值显示为时间值
百分比	将单元格数值乘以 100 并添加百分号，还可以设置小数点位置
分数	以分数显示小数
科学记数	以科学记数法显示数字，还可以设置小数点位置
文本	在文本单元格格式中，数字作为文本处理
特殊	用来在列表或数据中显示邮政编码、电话号码、中文大或小写数字
自定义	用于创建自定义的数字格式

5. 公式的输入

（1）公式定义

公式是指在 Excel 工作表中对数据进行计算，并返回计算结果的数学表达式。它由常量、变量、运算符、单元格引用值、名称和工作表函数等元素构成。

使用公式可以对工作表数值进行加、减、乘、除、乘幂及逻辑等运算，并且公式必须（且只能）有返回值。

（2）公式中的运算符

运算符用来对公式中的各元素进行运算操作。Excel 包含算术运算符、比较运算符、文本运算符和引用运算符 4 种类型。

① 算术运算符：算术运算符用来完成基本的数学运算，例如加、减、乘、除等。算术运算符有加号（+）、减号（−）、乘号（*）、除号（/）、百分号（%）、乘幂（＾）。

② 比较运算符：比较运算符用来对两个数值进行比较，产生的结果为逻辑值 True（真）或 False（假）。比较运算符有=（等于）、>（大于）、<（小于）、>=（大于等于）、<=（小于等于）、<>（不等于）。

③ 文本运算符：文本运算符（&）用来将一个或多个文本连接成为一个组合文本。例如"Micro" & "soft"的结果为"Microsoft"。如果要在公式中直接使用文本，需要用英文的引号将文本括起来。

④ 引用运算符：一个引用位置表示工作表中的一个单元格或单元格区域，引用位置对应的数据就是公式中要使用的数据。引用运算符用来将单元格区域合并运算，有冒号（:）、逗号（,）和空格。

冒号是区域运算符，表示对两个引用位置之间（包括两个引用在内）的所有区域的单元格进行引用，例如，SUM（B1:D5）表示引用从 B1 到 D5 的所有单元格。

逗号是联合运算符，表示将多个引用合并为一个引用，例如，SUM(B5,B15,D5,D15)表示将 B5、B15、D5 和 D15 共 4 个单元格合并为一个。

空格是交叉运算符，表示产生同时属于两个引用单元格区域的引用。例如，SUM(A2:C3 B3:E6)表示两个区域引用的公共单元格是 B3 和 C3。

（3）运算符的运算顺序

如果公式中同时用到了多个运算符，Excel 将按下面的顺序进行运算。

① 如果公式中包含了相同优先级的运算符，将从左到右进行计算。

② 如果要修改计算的顺序，应该把公式需要首先计算的部分括在圆括号内。

公式中运算符的先后顺序为冒号（:）、逗号（,）、空格、负号（−）、百分号（%）、乘幂（^）、乘和除（*和/）、加和减（+和−）、文本连接符（&）、比较运算符。

（4）公式的输入方式

在 Excel 单元格中输入公式必须以一个等号"="开始、以 Enter 键的输入结束，例如"=D4+5*(B4−C4)"。在 Excel 中可以创建许多公式，其中既有进行简单代数运算的公式，也有分析复杂数学模型的公式。

输入公式的常用方法有以下两种。

方法一：直接输入公式。

① 选定需要输入公式的单元格。

② 在单元格中输入等号"="，如果单击了"编辑公式"（编辑栏）按钮或"粘贴函数"（常用工

具栏）按钮，这时将自动插入一个等号。

③ 输入公式内容。如果计算中用到单元格中的数据，可用鼠标单击所需引用的单元格，或者手工输入引用单元格。

④ 公式输入完后，按 Enter 键，Excel 自动计算并将计算结果显示在单元格中，公式内容显示在编辑栏中。

按 Ctrl+~（位于数字 1 键左边）组合键，可以实现单元格在显示公式内容与公式结果之间进行切换。

方法二：单击"公式"选项卡中的"插入函数"按钮输入公式

单击"公式"选项卡的"插入函数"按钮输入公式与函数，会显示函数的名称、函数功能、参数的描述、参数输入框、函数的当前结果和整个公式的结果。

（5）公式自动填充

在一个单元格输入公式后，如果相邻连续的单元格中使用相同算法的公式（如一行或一列求和），可以利用公式的自动填充功能（即复制公式）实现。

公式自动填充有如下两种操作方法。

① 选择公式所在的单元格，移动鼠标指针到单元格右下角，当指针变为"＋"时，按住鼠标左键，拖动"填充柄"至目标区域后，松开鼠标，公式自动填充完成。

② 选择公式所在的单元格，移动鼠标指针到单元格右下角，当指针变为"＋"时，双击鼠标左键，公式自动填充完成。

举一反三

如果公式所在单元格区域并不连续，还可以借助"复制"和"粘贴"功能来实现公式的复制。

【例 4.9】打开工作簿"个人信息登记表 1"，在"学生成绩表 1"中，用公式计算每位学生的总分。

分析：先计算第一位学生的总分，在单元格 F3 中建立一个公式来计算 3 门科目相加的总分，再复制这个公式计算其余学生的总分。

操作步骤如下。

① 在单元格 F3 中输入"=C3+D3+E3"。

② 按 Enter 键，第一位学生的总分显示在单元格 F3 中。

其余学生的总分可以重复类似操作求得，但较烦琐，效率低，下面介绍几种简便快捷的操作方法。

方法一：鼠标单击单元格 F3；在"开始"选项卡"剪贴板"组中单击"复制"按钮，复制 F3 的公式；鼠标选定目标单元格区域 F4:F18；单击"剪贴板"组中的"粘贴"按钮，即可求得其余学生的总分。

方法二：鼠标单击单元格 F3，移动鼠标指针，至 F3 右下角，当指针变为"＋"时，鼠标是控制柄状态，向下拖动，完成公式的复制。

方法三：鼠标选定单元格 C3:F18；在"开始"选项卡"编辑"组中单击"自动求和"按钮"Σ"，可以一次求得全部学生的总分。

6. 函数的输入

（1）函数的定义

函数是 Excel 2010 内部预先定义的特殊公式，通过对一个或多个参数按着一定的顺序或结构进行计算，最后产生一个或多个返回结果。使用函数可以简化公式操作，将特定用途的公式表达式用"函数"的形式固定下来，使用更加方便灵活。

（2）函数的格式

函数以等号（＝）开始，由函数名、参数及成对的圆括号组成。函数名是 Excel 内部定义的，使用 Shift+F3 组合键可以查看函数列表。

例如，常用的求和函数 SUM，它的格式是"SUM(number1,number2,…)"。

其中，"SUM"称为函数名称，一个函数只有唯一的一个名称，它决定了函数的功能和用途。函数名称后紧跟一对圆括号，圆括号内是用逗号分隔的参与运算的若干个参数。

参数可以是直接输入的数字、文本、逻辑值、其他函数、名称及单元格区域的引用，也可以是使用鼠标选定的单元格或单元格区域。它规定了函数的运算对象、顺序或结构等。

（3）函数的输入方法

在函数的输入中，对比较简单的函数，可以在单元格采用直接输入的方法。较复杂函数的输入，使用 Excel 中的"函数库"组中的各种函数和插入函数（"f_x"）的输入方法，或者单击编辑栏前面的"f_x"（插入函数）按钮。

在"公式"选项卡的"函数库"组中的各种函数功能按钮如图 4-25 所示，包含"插入函数""自动求和""财务""逻辑""文本""日期和时间""查找与引用""数学和三角函数"，以及"其他函数"等功能按钮。

图 4-25　"公式"选项卡的"函数库"组

在单元格中输入函数时，"插入函数"对话框显示 Excel 函数的类别、函数名称列表。当选择一个函数并按"确定"按钮后，系统打开"函数参数"对话框，其中显示出函数的名称、功能、参数输入的文本框、参数的说明及函数的当前结果。

【例 4.10】打开工作簿"个人信息登记表 1"，在"学生成绩表 1"中，用插入函数的方法计算每位学生的平均分（先增加一个"平均分"数据列）。

操作步骤如下。

① 选定要求平均分的第一个单元格 H3。

② 选择"公式"选项卡，单击"函数库"组中的"插入函数"按钮（"f_x"）[也可以单击编辑栏前面的"插入函数"按钮（"f_x"），或者按 Shift+F3 组合键]，系统打开"插入函数"对话框，如图 4-26 所示。

③ 选择"常用函数"列表中的 AVERAGE 函数，单击"确定"按钮，系统打开"函数参数"对话框。

④ 在参数文本框中输入单元格区域 C3:F3，如图 4-27 所示。单击"确定"按钮。

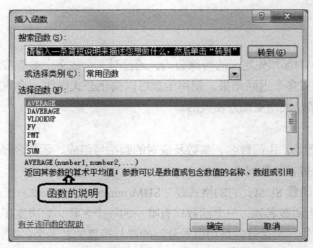

图 4-26 "插入函数"对话框

⑤ 单击单元格 G3，移动鼠标指针至 G3 右下角，当指针变为"十"时，单击左键并向下拖动鼠标至目标单元格，松开鼠标复制公式，求出所有学生的平均分。

本例中 AVERAGE() 函数是求多个数值的平均值，图 4-27 所示的"函数参数"对话框给出函数的名称和参数，并对函数和每个参数进行了说明，同时还给出了函数的当前结果。其中两个输入框是输入参数的，并且在输入框右边提示要输入参数的类型是"数值"，可以直接输入数值或数值所在单元格区域的引用，计算结果显示在下面。

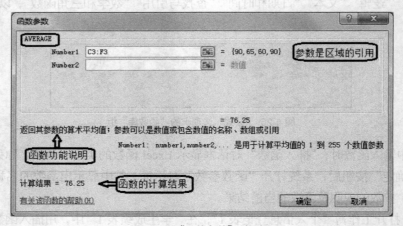

图 4-27 "函数参数"对话框

Excel 中常用的函数及功能见表 4-3。

表 4-3 常用的简单函数及功能

函数名称	函数功能
SUM(number1, number2,...)	计算参数中数值的总和
SUMIF(range, criteria, [sum_range])	计算满足指定条件的单元格区域中数值的总和
AVERAGE(number1, number2,...)	计算参数中数值的平均值
MAX(number1, number2,...)	计算参数中数值的最大值
MIN(number1, number2,...)	计算参数中数值的最小值

续表

函数名称	函数功能
COUNT(value1,value2,…)	统计指定单元格区域中包含数值的单元格个数
COUNTA(value1,value2,…)	统计指定单元格区域中非空值的单元格个数（空值是指单元格没有任何数据）
COUNTIF(range, criteria)	统计指定单元格区域中满足条件的单元格个数
RANK(number, ref, order)	计算一个数值在数字列表中（即单元格区域）的排位
IF(logical_test, value_if_true, value_if_false)	根据判别条件式（即 logical_test）成立与否取值，如果条件成立，则取第一个值（即 value_if_true）； 否则取第二个值（即 value_if_false）
VLOOKUP(lookup_value,table_array,col_index_num, range_lookup)	在选定区域中的首列查找指定的数值，并由此返回区域中该数值所在行中指定列的单元格数值
RAND()	随机函数，产生（0，1）之间的随机小数
Round(number，number_digits)	对数字 number 按指定位数进行四舍五入
FREQUENCY(data_array,bins_array)	以 bins_array 为分段点，统计一列垂直数组 data_array 在各分段出现的频率分布

【例 4.11】打开工作簿"个人信息登记表 1.xlsx"，在工作表"学生成绩表 2"中，计算所有学生的总分。

分析：除了前面介绍的求和方法，这里单击"自动求和"按钮，更加简便。

操作步骤如下。

① 选中单元格区域 C3:G14。

② 在"公式"选项卡"函数库"组中单击"自动求和"按钮（"Σ"）。

（4）函数的嵌套

在某些情况下，一个函数作为另一个函数的参数，就称为"嵌套函数"。

例如，下面的函数将 AVERAGE 和 SUM 函数嵌套在 IF 函数中，将嵌套的 AVERAGE 函数的计算结果与值 90 进行了比较，返回结果是函数 SUM（H2:H5）的值或者是 0。

=IF(AVERAGE(E2:E5)>90, SUM(H2:H5), 0)

有效的返回值：当将嵌套函数作为参数使用时，该嵌套函数返回的值类型必须与参数使用的值类型相同。例如，如果参数返回一个 TRUE 或 FALSE 值，那么嵌套函数也必须返回一个 TRUE 或 FALSE 值。否则，Excel 会显示错误值#VALUE!。

嵌套级别限制：一个公式可以包含多达 7 级的嵌套函数。如果将一个函数（称此函数为 B）用作另一个函数（称此函数为 A）的参数，则函数 B 相当于第二级函数。例如，如果同时将 AVERAGE 函数和 SUM 函数用作 IF 函数的参数，则这两个函数均为第二级函数。在嵌套的 AVERAGE 函数中嵌套的函数则为第三级函数，依次类推。

7. 在公式和函数中引用单元格

在 Excel 的函数或公式中，可以使用单元格或单元格区域的引用代替单元格中的数据。所谓"引用"，指的是将单元格或单元格区域的地址作为公式和函数的参数。引用的作用在于标识工作表上的单元格或单元格区域，并告知 Excel 在何处查找要在公式中使用的数据。

在一个公式中，可以引用同一张工作表的其他单元格区域、同一个工作簿中不同工作表的单元格区域，或者引用其他工作簿的工作表中的单元格区域。

引用其他工作簿中的单元格，也称为"链接或外部引用"（外部引用指的是对其他 Excel 工作簿中的工作表单元格或区域的引用，或对其他工作簿中的定义名称的引用）。

公式中引用单元格的数据之后，当初始单元格的数据发生变化时，其他经"引用"的单元格数据或公式亦将随之变化，不用逐个修改公式。

引用单元格分 3 种，即相对引用、绝对引用和混合引用。

（1）相对引用

Excel 中的引用默认是相对引用，即使用相对地址来表示引用单元格的相对位置，或者说参数的单元格相对当前公式所在单元格的相对位置。

如果将含有相对地址的公式复制到其他单元格，这个公式中的各单元格地址将会随公式移动到目标单元格所产生的行、列的相差值，发生相应改变，以保证这个公式对表格其他元素的运算的正确。或者说，相对引用就是随着公式所在单元格的位置变化，其引用单元格位置也随之改变。

如果多行或多列地复制或填充公式，相对引用会自动调整公式中那些引用单元格的地址。

例如，如图 4-28 所示，在 G3 单元格中输入公式 "=C3+D3+E3+F3" 后，将公式复制到 G4:G14，公式中引用的单元格地址发生了变化，如 G6 单元格中公式变为 "=C6+D6+E6+F6"。

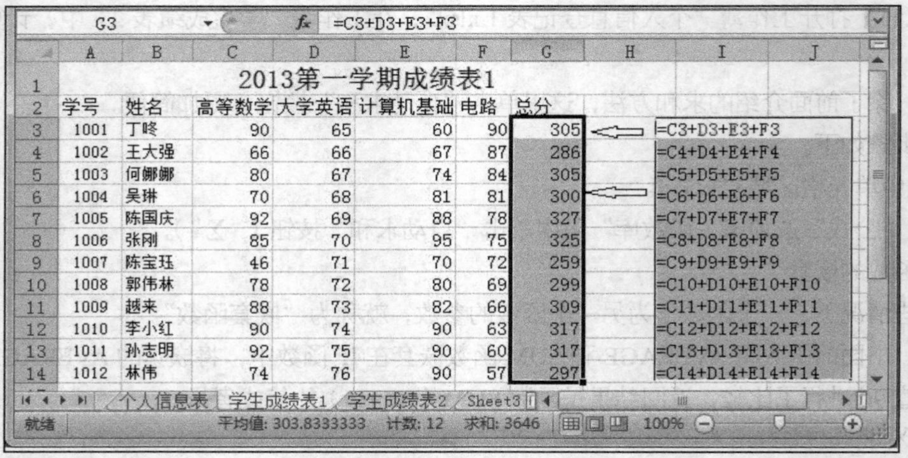

图 4-28　公式中使用相对引用

（2）绝对引用

绝对引用表示引用某一单元格在工作表中的绝对位置，绝对引用要在行号和列标前加一个 "$"符号，如$B$4 表示 B4 单元格的绝对地址。绝对引用就是公式中单元格的精确地址，随着公式所在单元格的位置变化，其引用单元格的位置保持不变。

举一反三

如图 4-28 所示，在 G3 单元格的公式中使用绝对引用 "=$C$3+$D$3+$E$3+$F$3" 后，将公式复制到 G4:G14，公式中引用的单元格地址是否发生变化？

（3）混合引用

混合引用是相对引用与绝对引用的混合使用，例如 E$4 表示 E 是相对引用，$4 是绝对引用。如果公式中使用了混合引用，那么相对引用部分会随着公式所在单元格位置的变化而变化，绝对引用部分不会随着公式位置的变化而变化。

复制公式时，公式中单元格相对地址可能发生变化；但是移动公式时，公式中的相对地址不会改变。这就是复制与移动的区别。

【例 4.12】 在 Excel 2010 中，使用公式及各种引用的方法制作九九乘法表。

操作步骤如下。

① 在 B1 至 B9 中输入 1~9，在 A2 至 A10 中输入 1~9。

② 在 B2 单元格中输入公式 "=B$1&"*"&$A2&"="&B$1*$A2"。

③ 复制 B2 的公式到 B3:B10。

④ 将 B3 公式复制到 C3，再将 C3 公式复制到 C4:C10。

⑤ 将 C4 公式复制到 D5，再将 D5 公式复制到 D6:D10。

⑥ 依次类推，可制作出九九乘法表，如图 4-29 所示。

图 4-29 九九乘法表

【例 4.13】 打开工作簿 "个人信息登记表 1.xlsx"，在工作表 "学生成绩表 2" 中，增加一个 "平均分" 列，用公式计算出第二学期每位学生的总分和平均分；在工作表 "学年总评表" 中，计算这一学年学生的总分和平均分。

操作步骤如下。

① 在工作表 "学生成绩表 2" 选中单元格区域 B3:G14。

② 单击 "开始" 选项卡 "编辑" 组中的 "自动求和" 按钮，求出总分。

③ 在单元格 H3 中输入 "=AVERAGE(C3:F3)"，再复制公式，计算全部学生的平均分。

④ 单击切换至 "学年总评表" 中，计算学年总分，在单元格 C3 中输入 "="，鼠标单击 "学生成绩表 1" 标签，激活该工作表，单击该工作表的单元格 G3，输入 "+"，单击 "学生成绩表 2" 标签，再单击该表单元格 G3，按 Enter 键，再复制公式计算全部学生学年总分。

也可以在单元格 C3 中直接输入 "=学生成绩表 1!G3+学生成绩表 2!G3"。

⑤ 同样的方法计算学年平均分。

在例 4.13 中计算学年总分是跨工作表之间的计算，如果要引用其他工作表的单元格，要先单击工作表标签，激活该工作表，再单击相应的单元格。

运算符要自行输入。

8. 在公式中使用名称

在 Excel 中可以自定义名称来代表单元格、单元格区域、公式、常量或者数据表格。名称是一些有意义的单词简写形式或字符串，便于了解单元格引用、常量、公式或表格的用途。例如，使用"学号"这一名称来代表单元格区域 A3:A14。

（1）定义名称的方法

在 Excel 2010 中，在"公式"选项卡"定义的名称"组中，按钮"定义名称""用于公式"及"名称管理器"等用来定义、编辑和管理名称，如图 4-30 所示。

图 4-30　"公式"选项卡"定义的名称"组

定义名称的方法如下。

① 使用编辑栏上的"名称"框：直接在编辑栏的"名称"框中创建名称。

② 以选定区域创建名称：使用工作表中选定区域首行或者最左列标签来创建名称。

③ 单击"定义名称"按钮：在"新建名称"对话框中创建名称。

【例 4.14】打开工作簿"个人信息登记表 1.xlsx"，在工作表"学年总评表"中，将"总分"列数据定义名称为"学年总分"，用函数 RANK()按全年总分从高到低进行排名（函数中引用该名称）。（提示：在该工作表中增加"排名"列）

操作步骤如下。

① 在工作表"学年总评表"中，选中"总分"的数据区域 C2:C14。

② 在"公式"选项卡"定义的名称"组中单击"定义名称"按钮，系统打开"新建名称"对话框，在"名称"文本框中输入"学年总分"，单击"确定"按钮。

③ 用 RANK 函数排名，将第一个学生的总分进行排名，选中"排名"列的单元格 E3。

④ 在"公式"选项卡"函数库"组中单击"插入函数"按钮，在打开的"插入函数"中单击"或选择类别"右侧的下拉箭头，在下拉列表中选择"全部"，在"选择函数"下的列表区中选择 RANK 函数，打开"确定"按钮，在打开的"函数参数"对话框中，输入每个文本框，如图 4-31 所示。

⑤ 单击"确定"按钮，第一个学生的总分相对全部学生的总分，排名是"7"。

⑥ 复制该公式至 E14，完成其他学生的总分排名。

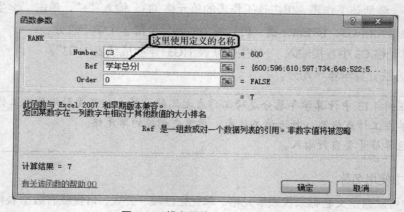

图 4-31　排名函数 RANK 参数输入

定义名称"学年总分"对应的单元格区域用的是绝对引用（$C$2:$C$14）。

（2）Excel 2010 中定义名称的规则

① 必须以字母或下画线开头，可用下画线和句点作为分隔符。

② 一个名称最多包含 255 个字符。

③ 名称中不允许使用空格。

④ 不能使用字母"C""c""R"或"r"。

⑤ 定义的名称不能与单元格引用相同。

（3）名称管理器的使用

如果要编辑、删除、新建及管理工作簿中的所有已定义名称，可以使用"名称管理器"。在"公式"选项卡"定义的名称"组中单击"名称管理器"按钮，打开"名称管理器"对话框，如图 4-32 所示。

图 4-32　"名称管理器"对话框

9．获取外部数据

除了 Excel 工作簿的工作表数据之外，还有许多的其他应用程序中的数据可以在工作簿中使用。通过"获取外部数据"方式，可以将文本文件的数据导入工作表中，或者使用 Office 数据连接（.odc）文件从 Microsoft SQL Server 数据库链接到 Excel 的工作表，还可以自 Access 或者网站导入数据等。

在"数据"选项卡的"获取外部数据"组中，有多个功能按钮，如图 4-33 所示。

图 4-33　"获取外部数据"组

【例 4.15】将文本文件"销售统计表.txt"中的数据导入一个新 Excel 工作表中。

操作步骤如下。

（1）在工作表中，在"数据"选项卡"获取外部数据"组中单击"自文本"按钮。

（2）从打开的"导入文本文件"对话框中找到要导入的数据源文件，单击"导入"按钮，系统将打开弹出"文本导入向导"对话框。

第一步，选中"分隔符号"单选按钮，设置"导入起始行"为"1"，单击"下一步"按钮。

第二步，为导入的表格选择一个分隔符号，例如 Tab 键，单击"下一步"按钮。

第三步，为表格各列选择数据格式，如无特别说明，选中"常规"单选按钮，单击"完成"按钮。

（3）然后在打开的"导入数据"对话框中选择数据表的位置，如"现有工作表"的 A1 单元格开始的位置（或选择"新工作表"），单击"确定"按钮，导入完成。

从 Microsoft Office Excel 连接到外部数据的主要好处是可以在 Excel 中定期分析此数据，而不用重复复制数据，复制操作不仅耗时而且容易出错。连接到外部数据之后，还可以自动刷新（或更新）来自原始数据源的 Excel 工作簿，而不论该数据源是否用新信息进行了更新。

有关公式和函数的详细介绍及操作还将在任务四中介绍。

任务三　工作表的格式化

在 Excel 2010 新建立的工作表中，所有单元格中的数据都应用默认字体格式和对齐方式等，这样的工作表不能满足用户的各种需求，因此需要对工作表进行格式设置。

1. 工作表的格式设置

在 Excel 中输入完数据后，可通过设置字符的字体格式、单元格对齐方式、边框和底纹等方法美化工作表。

（1）设置字体格式

在单元格中输入的字符、数字等默认都是"11"号的"宋体"字体，单击"开始"选项卡"字体"组中的按钮，或者单击"字体"组右下角的"扩展功能"按钮，打开"设置单元格格式"对话框，选择"字体"选项卡，如图 4-34 所示，可以设置单元格的字体、字形、字号、字的颜色及特殊效果等。

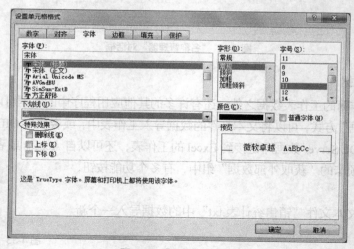

图 4-34　"字体"选项卡

设置字体格式的方法与 Word 中设置的方法相类似，这里不再赘述。

（2）设置数字格式

单元格数字格式的设置在任务二中已有基本的介绍，这里介绍特殊情况下的设置，如编号为

0001、0002 之类的数字，或者表格中为数字"0"的都不显示"0"。

【例 4.16】打开工作簿"加班补助表.xlsx"的工作表 Sheet2，将"编号"列设置为"0"开头的数字，使编号看起来对称。

操作步骤如下。

① 选择该工作表的 A4:A12 单元格区域，单击鼠标右键，在快捷菜单中选择"设置单元格格式"命令，打开"设置单元格格式"对话框。

② 在"数字"选项卡中选择"分类"中的"自定义"选项，在"类型"文本框中输入"0000"，如图 4-35 所示，单击"确定"按钮。此时，如果在 A4 单元格输入 1，即显示为"0001"。

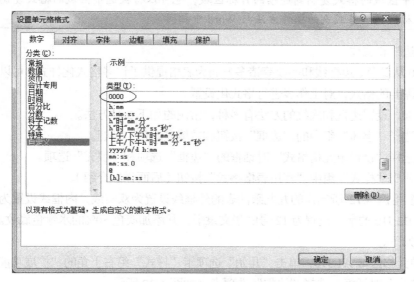

图 4-35　"数字"选项卡

（3）设置单元格对齐方式

在"开始"选项卡"对齐方式"组中单击对齐按钮，或者在"设置单元格格式"对话框中选择"对齐"选项卡进行更多的设置，如图 4-36 所示。

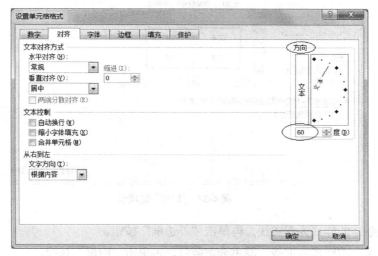

图 4-36　"对齐"选项卡

在"对齐"选项卡中，不仅可以修改数据的水平和垂直对齐方式，还能通过"方向"栏设置任意角度的对齐方式。

如果选中"文本控制"区域的"自动换行"复选框，则在同一单元格中显示的单行如果不够，将自动换到下一行显示。

如果选中"文本控制"区域的"合并单元格"复选框，将选定的若干个单元格合并成一个单元格，并且只能保留最左上角单元格的字符。

使用"格式刷"功能可以将工作表的选中区域的格式快速复制到其他区域，既可以将被选中区域的格式复制到连续的目标区域，也可以将被选中区域的格式复制到不连续的多个目标区域。格式刷的操作方法与 Word 中相同。

（4）添加边框和底纹

Excel 2010 从颜色、边框线和底纹等诸多方面为表格提供了许多格式化样式。可以根据表格中的实际内容选择需要的格式，对工作表进行格式化设置。

为表格添加、设置边框和底纹的方法有多种，常用的如下 3 种方法。

方法一：选择"字体"组中的"边框"按钮和"填充颜色"按钮。

方法二：选择"设置单元格格式"对话框的"边框"选项和"填充"选项。

方法三：使用"样式"组中"套用表格格式"按钮（后面详细介绍）。

【例 4.17】将例 4.12 所制作的九九乘法表的外框线设置为双实线，内框线设置为蓝色的虚线；将单元格区域 B2:J10 的字体设置为 12 号的华文隶书，并添加淡色 80%的水绿色底纹。

操作步骤如下。

① 选定单元格区域 A1:J10，单击"开始"选项卡"样式"组右下角的"扩展功能"按钮，打开"设置单元格格式"对话框，选择"边框"选项卡，如图 4-37 所示。

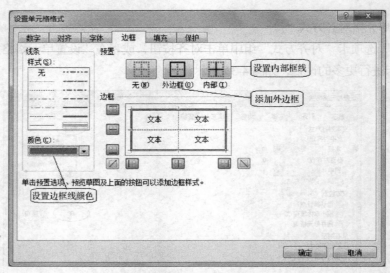

图 4-37 "边框"选项卡

② 选择"线条"的样式为双实线，再单击"外边框"按钮。

③ 选择"线条"的样式为虚线，颜色选定蓝色，再单击"内部"按钮。

④ 单击"确定"按钮，完成表格边框的设置。

⑤ 选择单元格区域 B2:J10，在"开始"选项卡"字体"组中的"字体"和"字号"下拉列表中选择华文隶书、12 号。

⑥ 单击"开始"选项卡"样式"组右下角的"扩展功能"按钮，系统打开"设置单元格格式"对话框，选择"填充"选项卡，如图 4-38 所示。

⑦ 在背景色中选择"水绿色、淡色 80%"，单击"确定"按钮，添加了底纹。

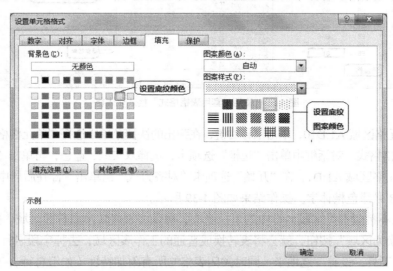

图 4-38 "填充"选项卡

设置背景色的"填充效果"不能与"图案样式"同时存在，只能选其一。

（5）使用"套用表格格式"格式化表格

Excel 2010 为表格预定义了许多格式，称为表格样式，可以套用这些表格样式来格式化表格或者单元格区域，生成美观的报表，以提高工作效率。在套用表格样式的过程中，Excel 会首先将活动单元格所在的整个区域或预先选中的单元格区域（可以选中没有数据的空白区域）转换成表格，再应用选定的表格样式对其进行格式化。可以说，套用表格样式来格式化工作表是最简单、最方便的工作表格式化方法。

如图 4-39 所示，在"开始"选项卡"样式"组中单击"套用表格格式"按钮，系统会弹出由浅色到深色的多种表格样式列表，可根据自己需要选择表格样式。

【例 4.18】打开工作簿"期末成绩表.xlsx"的工作表 Sheet1，使用"套用表格格式"对单元格区域 A2:D10 设置为表样式浅色 9，原工作表的外框线自行设置为双实线、蓝色，标题行为 18 号绿色楷体字、跨行合并居中。

操作步骤如下。

① 在工作表 Sheet1，选中单元格区域 A2:D10。

② 单击"开始"选项卡"样式"组中的"套用表格格式"按钮，在出现的表格样式列表中，选择"浅色"区域中第二行第 2 个"表样式浅色 9"。

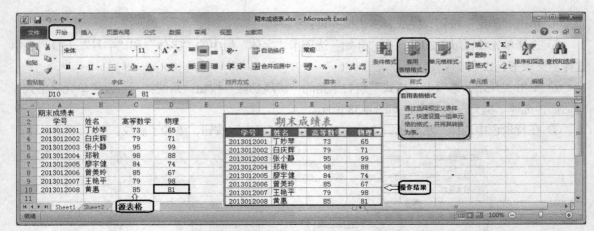

图 4-39　使用"套用表格格式"格式化表格

③ 选中单元格区域 A1:D10，单击鼠标右键，在弹出的快捷菜单中选择"单元格格式"选项，在打开的"设置单元格格式"对话框中单击"边框"选项卡，选择双实线、蓝色，再单击"外框线"按钮。

④ 选中单元格区域 A1:D1，在"开始"选项卡"对齐方式"组单击"合并后居中"按钮，在"字体"组中选择 18 号绿色楷体字。操作结果如图 4-39 所示。

说明：如果不希望看见字段名行中的下拉箭头，可以将表格转换成普通区域。操作方法：单击"工具"组"转换为区域"按钮，就会将表转换成普通的工作表区域，去掉字段名行中的下拉箭头，不再显示"表格工具—设计"选项卡，同时关闭表格的所有附加特性（如汇总行），但会保留已设置的任何可见的表格格式，如单元格的字体、颜色、边框线等样式都会保持不变。

【例 4.19】打开工作簿"加班补助表.xlsx"的工作表 Sheet2，对其中工作表进行计算及格式设置。

① 将 A1 单元格中标题的字体设置为 24 号的华文行楷，并使 A1:G1 单元格合并居中，再将该区域的底纹颜色设置为 80%淡红色。

操作步骤如下：选定 A1:G1 区域，在"开始"选项卡"对齐方式"组中单击"合并后居中"按钮，在"字体"功能区将字体设置为 24 号的华文行楷，再单击"填充颜色"按钮，选择"主题颜色"中 80%淡红色。

② 将 A2:G2 单元格区域跨列合并，单元格内容右对齐。

操作步骤如下：选定 A2:G2 区域，在"开始"选项卡"对齐方式"组中单击"合并后居中"右侧的下拉按钮，在弹出的下拉列表中选择"跨越合并"，再单击右对齐按钮。

③ 在 F3 单元格插入批注，批注内容是"交通和午餐补助"；再将 A3:G3 区域的底纹图案设置为浅绿色的逆对角线条纹。

操作步骤如下。

● 选定 F3 单元格，在"审阅"选项卡"批注"组中单击"新建批注"按钮，在弹出的文本框中输入"交通和午餐补助"。

● 选定 A3:G3 区域，单击鼠标右键，在弹出的快捷菜单中选择"设置单元格格式"命令，在弹出的对话框中选择"填充"选项卡设置底纹，最后单击"确定"按钮。

④ 将 A1:G12 整个表格区域添加浅蓝色、双实线外边框和红色、单实线的内框线。

操作步骤如下：选定 A1:G12 区域，单击鼠标右键，在弹出的快捷菜单中选择"设置单元格格式"

命令，在弹出的对话框中选择"边框"设置内外边框。

⑤ 将 **D4:D12** 区域中加班 8 小时及以上的单元格填充黄色底纹。

操作步骤如下：选定 **D4:D12** 区域，在"样式"组中的"条件格式"下拉列表中选择"新建规则"，系统打开"新建格式规则"对话框，按图 **4-40** 所示设置各项参数。单击"格式"按钮，在打开的"设置单元格格式"对话框中，选择"填充"选项卡，选择黄色，单击两次"确定"按钮。

⑥ 隐藏工作表单元格中的数值 0。

如果希望工作表中那些数值为 0 的单元格不显示 0，可以这样操作：选定工作表区域，单击鼠标右键，在弹出的快捷菜单中选择"设置单元格格式"命令，在弹出的对话框中选择"数字"选项卡"分类"中的"自定义"，在右边"类型"文本框中输入"0;0;;@"。

行高列宽

2. 工作表行高和列宽设置

在单元格行号区域选中整行，单击鼠标右键，在弹出的快捷菜单中选择"行高"命令，在打开的"行高"对话框中输入要设置的行高，如图 **4-41** 所示。

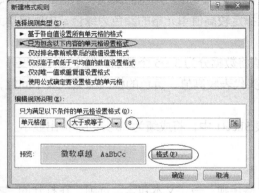

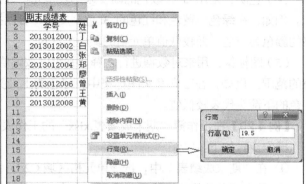

图 4-40　"新建格式规则"对话框　　　　图 4-41　设置行高

设置列宽的方法和设置行高的方法类同。

3. 条件格式设置

所谓"条件格式"，指的是当单元格的内容满足预先设定的条件时，自动将单元格更改成指定的格式。

在"开始"选项卡"样式"组中单击"条件格式"按钮，打开图 4-42 所示的"条件格式"选项，包括"突出显示单元格规则""项目选取规则""数据条""色阶"及"图标集"，还有"新建规则""清除规则"和"管理规则"用来新建、清除、管理条件规则。

（1）突出显示单元格规则：指根据单元格中的数据判断其是否符合已设置的条件。如果数据符合条件，单元格数据外观会突出显示。

其子菜单中包含多个选项，例如"大于""小于""介于""等于"及"文本包含"等，如图 4-42 所示。

（2）项目选取规则：可以根据指定的条件查找单元格区域中的最大值和最小值，或者查找高于或低于平均值或标准偏差的值。

（3）数据条：用来查看某个单元格相对其他单元格的值。数据条的长度代表单元格中的值。数据条越长，表示值越高；数据条越短，表示值越低。

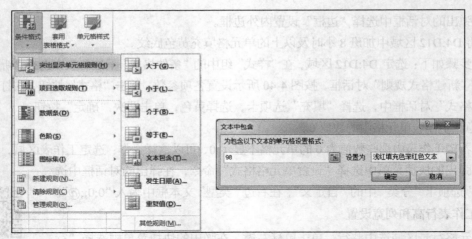

图 4-42　设置条件格式

（4）色阶：是用 3 种颜色的渐变来比较单元格数据分布和变化。颜色的深浅表示值的高、中、低。例如，在绿色、黄色和红色的 3 色刻度中，可以指定较高值单元格的颜色为绿色，中间值单元格的颜色为黄色，而较低值单元格的颜色为红色。

（5）图标集：用来对数据进行注释，并可以按阈值将数据分为 3～5 个类别。每个图标代表一个值的范围。例如，在三向箭头图标集中，绿色的上箭头代表较高值，黄色的横向箭头代表中间值，红色的下箭头代表较低值。

【例 4.20】在工作簿"期末成绩表.xlsx"的工作表 Sheet1 中，将成绩为 98 分的都突出显示。

操作步骤如下。

① 在"期末成绩表"中，选择单元格区域 C2:D10。

② 单击"条件格式"按钮，选择"突出显示单元格规则"→"文本包含"选项，在打开的"文本中包含"对话框中输入"98"，如图 4-42 所示。

③ 单击"确定"按钮，所选单元格区域中所有"98"将显示为深红色字。

对于多个条件的条件格式，要遵循下列原则。

- 按从上到下的顺序判断条件并执行。
- 最多指定 3 个条件。
- 在条件格式中可以使用公式和函数。
- 设置隔行变色等特殊格式。

4. 单元格样式设置

Excel 2010 提供了多种内置的单元格样式，实现快速格式化单元格，还可以通过创建新样式或套用其他工作簿的样式来格式化工作表。在不需要这些样式时，也可以将样式删除，恢复表格原来的状态。

单元格样式的作用范围仅限于被选中的单元格区域，未被选中的单元格则不会被应用单元格样式。

【例 4.21】在工作簿"教职工表-2.xlsx"的工作表 Sheet1 中，根据基本工资划分为不同的等级，区分多少，并用不同颜色标记出来。

操作步骤如下。

（1）在工作表 Sheet1 中，选中基本工资在小于 3000（含）元单元格区域。

（2）在"开始"选项卡"样式"组中单击"单元格样式"按钮，在下拉列表中选择"差"选项，此时选定的单元格区域应用内置的单元格样式，并以粉红色标记符合条件的单元格。

（3）选中基本工资在 3000~4000（含）元单元格区域。

（4）在"开始"选项卡"样式"组中单击"单元格样式"按钮，在下拉列表中选择"适中"选项，此时选定的单元格区域应用内置的单元格样式，并以浅黄色标记符合条件的单元格。

（5）选中基本工资在 4000 元以上的单元格区域。

（6）在"开始"选项卡"样式"组中单击"单元格样式"按钮，在下拉列表中选择"好"选项，此时选定的单元格区域应用内置的单元格样式，并以浅绿色标记符合条件的单元格。

任务四　函数的使用

函数是 Excel 预先定义好的公式，可以根据特定的结构或顺序对数据进行计算和统计的操作。使用函数与公式对工作表中的数据进行计算和分析时，不仅能快速地计算数据，还能根据后期修改的数据而自动更新数据及结果。前面仅简单介绍了函数的通用使用方法，这里深入讲解各个函数的使用方法。

Excel 提供了十大类函数，包括数学与三角函数、财务函数、日期与时间函数、统计函数、数据库函数、逻辑函数、查找与引用函数、文本函数、信息函数、工程函数等。"公式"选项卡的"函数库组"如图 4-43 所示。

图 4-43 "公式选项卡"的"函数库"组

1. 常用函数

（1）SUM 函数

SUM 函数用于计算某一组数字或者单元格区域中数值的总和，忽略非数值的单元格。其语法结构为 SUM(number1,number2,…)。

（2）AVERAGE 函数

AVERAGE 函数用于计算某一组数字或者单元格区域引用的数值的平均值，忽略非数值的单元格。

其语法结构为 AVERAGE(number1,number2,…)。

（3）COUNT 函数

COUNT 函数用来计算包含数字及包含参数列表中的数字的单元格的个数。

语法：COUNT(value1,value2,…)。

参数：value1,value2,…为包含或引用各种类型数据的参数（1~30 个），但只有数字类型的数据才被计算。

说明：①函数 COUNT 在计数时，将把数字、日期或以文本代表的数字计算在内，但是错误值或其他无法转换成数字的文字将被忽略。②如果参数是一个数组或引用，那么只统计数组或引用中的数字，数组或引用中的空白单元格、逻辑值、文字或错误值都将被忽略。

例如，用函数 COUNT(D2:D21)统计参加大学英语考试的人数，但"缺考"不计算在内。

（4）COUNTA 函数

COUNTA 函数用于计算某一单元格区域中非空值的单元格个数。该函数可用于统计非数值的单元格的个数。

例如，用函数 COUNTA(B2:B21)统计全班的人数。

（5）COUNTIF 函数

COUNTIF 函数用于计算某一单元格区域中满足特定条件的单元格个数。

语法：COUNTIF(range,criteria)。

其中，参数 range 是选定单元格区域，criteria 是用双引号括起来的条件，该条件可以是数值、文本或表达式。

例如，用 COUNTIF(E2:E21,">80")函数统计在 E2:E21 区域中满足 80 分以上的人数。

（6）RANK 函数

RANK 函数用于计算一个数值在数字列表中的排位。数字的排位是其大小与列表中其他值的比值。

其语法结构为：RANK(number,ref,order)。

其参数含义如下。

① Number：是指定某一个的数值。

② Ref：是一组数值或一个单元格区域的引用（非数字值将被忽略）。

③ Order：是排名的次序，若为 0 或忽略，降序；非零值，升序。

（7）VLOOKUP 函数

VLOOKUP 函数用于在数据区域的首列查找指定的数据，并由此返回该区域中与查找的数值所在行对应所在列的数据。

VLOOKUP 函数格式：VLOOKUP(lookup_value,table_array,col_index_num,range_lookup)。

其中，各参数含义如下。

① lookup_value 是要查找的数据，可以是数值、字符串或单元格引用。

② table_array 是被查找的数据所在的区域。通常使用绝对引用的单元格区域。

③ col_index_num 是要查找的数据所在数据区域的列序号。若列序号小于 1，函数 VLOOKUP 返回错误值 #VALUE!；如果大于区域的列数，函数 VLOOKUP 返回错误值#REF!。

④ range_lookup 说明是"精确查找"或者"模糊查找"。"精确查找"要求完全一样，模糊即包含的意思。如果指定值是 0 或 FALSE 就表示"精确查找"，而值为 1 或 TRUE 时则表示"模糊查找"。

下面通过实例说明 VLOOKUP 函数的使用。

【例 4.22】在工作簿"销售业绩表.xlsx"的工作表 Sheet2 中，统计并查找最高销售额的人员姓名。操作步骤如下。

① 在工作表 Sheet2 中，选中单元格 E1，输入函数"=MAX（A2:A30）"，求出销售最高额是 9823 元。

② 选中单元格 E4，在"公式"选项卡"函数库"组中单击"查找与引用"按钮，在下拉列表中选择函数 VLOOKUP，系统打开"函数参数"对话框。

③ 如图 4-44 所示，在 4 个文本框分别输入：查找最高销售额 9823 所在单元格"E1"，查找的单元格区域"A1:B30"，要找的"姓名"的列号为"2"，以及查找方式是"false（精确查找）"等参数。

④ 单击"确定"按钮，即查找到销售额最高者的姓名是"吴文静"。

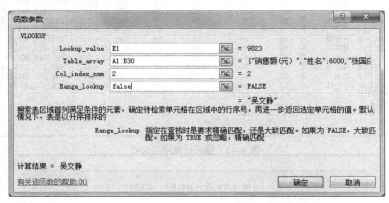

图 4-44 "函数参数"对话框

【例 4.23】打开工作簿"计算机 131.xlsx"，在"总分与排名"工作表中完成下列操作。

① 计算全班的总分、各科平均分、各科最高分，均保留一位小数。

② 统计各科参加考试人数、合格人数及各科合格率（保留一位小数）。

③ 按总分从高到低进行排名。

操作步骤如下。

① 在 H2 单元格中，输入函数"=SUM(D2:G2)"，并保留一位小数，再将其复制到同列的其他单元格。

② 在 D22 单元格中，单击编辑栏的"插入函数"按钮，从中选择 AVERAGE 函数，在参数文本框中输入 D2:D21，单击"确定"按钮。用相同方法计算最高分。

③ 在 D24 单元格中，使用 COUNT(D2:D21)函数统计"大学英语"参加考试人数，并复制到其他科目。

④ 在 D25 单元格中，使用 COUNTIF(D2:D21,">=60")函数统计"大学英语"考试合格人数，并复制到其他科目。

⑤ 在 D26 单元格中，使用"=D25/D24"公式统计"大学英语"考试合格率，保留一位小数，再单击"数字"功能组的"百分比"按钮，设置为百分比格式。将公式复制到其他科目。

⑥ 在 I2 单元格中，输入函数"=RANK(H2,$H$2:$H$21,0)"，根据总分的升序进行排名；再将该函数复制到其他单元格。

注意　　要在单元格中显示/隐藏所使用的函数及公式，按 Ctrl+~ 组合键。

计算所用函数和公式如图 4-45 所示，按总分的升序排名结果如图 4-46 所示。

	A	B	C	D	E	F	G	H	I
1	学号	姓名	性别	大学英语	计算机基础	高等数学	物理	总分	排名
2	2013012001	丁妙琴	女	70	91.9	73	65	=SUM(D2:G2)	=RANK(H2,$H$2:$H$21,0)
3	2013012002	白庆辉	男	46	72.6	79	71	=SUM(D3:G3)	=RANK(H3,$H$2:$H$21,0)
4	2013012003	张小静	女	75	75.1	95	99	=SUM(D4:G4)	=RANK(H4,$H$2:$H$21,0)
5	2013012004	郑敏	女	78	78.5	98	88	=SUM(D5:G5)	=RANK(H5,$H$2:$H$21,0)
6	2013012005	廖宇健	男	35	82.4	84	74	=SUM(D6:G6)	=RANK(H6,$H$2:$H$21,0)
7	2013012006	曾美玲	女	80	90.9	缺考	67	=SUM(D7:G7)	=RANK(H7,$H$2:$H$21,0)
8	2013012007	王艳平	女	47	98.7	79	98	=SUM(D8:G8)	=RANK(H8,$H$2:$H$21,0)
9	2013012008	刘显森	男	96	81.6	74	86	=SUM(D9:G9)	=RANK(H9,$H$2:$H$21,0)
10	2013012009	黄小惠	女	76	78.4	85	81	=SUM(D10:G10)	=RANK(H10,$H$2:$H$21,0)
11	2013012010	黄斯华	女	94	61	94	47	=SUM(D11:G11)	=RANK(H11,$H$2:$H$21,0)
12	2013012011	林巧花	女	82	92	71	41	=SUM(D12:G12)	=RANK(H12,$H$2:$H$21,0)
13	2013012012	吴文静	女	92	81	72	75	=SUM(D13:G13)	=RANK(H13,$H$2:$H$21,0)
14	2013012013	赵宝强	男	34	70	56	78	=SUM(D14:G14)	=RANK(H14,$H$2:$H$21,0)
15	2013012014	林伟	男	缺考	60	70	55	=SUM(D15:G15)	=RANK(H15,$H$2:$H$21,0)
16	2013012015	何娜娜	女	96	88	96	90	=SUM(D16:G16)	=RANK(H16,$H$2:$H$21,0)
17	2013012016	陈国庆	男	94	61	94	47	=SUM(D17:G17)	=RANK(H17,$H$2:$H$21,0)
18	2013012017	张刚	男	67	45	56	77	=SUM(D18:G18)	=RANK(H18,$H$2:$H$21,0)
19	2013012018	陈宝珏	女	72	76	62	87	=SUM(D19:G19)	=RANK(H19,$H$2:$H$21,0)
20	2013012019	赵越	男	92	80	72	75	=SUM(D20:G20)	=RANK(H20,$H$2:$H$21,0)
21	2013012020	李小红	女	92	90	96	75	=SUM(D21:G21)	=RANK(H21,$H$2:$H$21,0)
22	各科平均分			=AVERAGE(D2:D21)					
23	各科最高分			=MAX(D2:D21)					
24	参加考试的人数			=COUNT(D2:D21)					
25	各科合格的人数			=COUNTIF(D2:D21,">=60")					
26	各科合格率			=D25/D24					

图 4-45　显示计算所用公式

	A	B	C	D	E	F	G	H	I
1	学号	姓名	性别	大学英语	计算机基础	高等数学	物理	总分	排名
2	2013012001	丁妙琴	女	70	92	73	65	299.9	10
3	2013012002	白庆辉	男	46	73	79	71	268.6	16
4	2013012003	张小静	女	75	75	95	99	344.1	3
5	2013012004	郑敏	女	78	79	98	88	342.5	4
6	2013012005	廖宇健	男	35	82	84	74	275.4	15
7	2013012006	曾美玲	女	80	91	缺考	67	237.9	19
8	2013012007	王艳平	女	47	99	79	98	322.7	6
9	2013012008	刘显森	男	96	82	74	86	337.6	5
10	2013012009	黄小惠	女	76	78	85	81	320.4	7
11	2013012010	黄斯华	女	94	61	94	47	296.0	12
12	2013012011	林巧花	女	82	92	71	41	286.0	14
13	2013012012	吴文静	女	92	81	72	75	320.0	8
14	2013012013	赵宝强	男	34	70	56	78	238.0	18
15	2013012014	林伟	男	缺考	60	70	55	185.0	20
16	2013012015	何娜娜	女	96	88	96	90	370.0	1
17	2013012016	陈国庆	男	94	61	94	47	296.0	12
18	2013012017	张刚	男	67	45	56	77	245.0	17
19	2013012018	陈宝珏	女	72	76	62	87	297.0	11
20	2013012019	赵越	男	92	80	72	75	319.0	9
21	2013012020	李小红	女	92	90	96	75	353.0	2
22	各科平均分			74.6	77.7	79.3	73.8		
23	各科最高分			96.0	98.7	98.0	99.0		
24	参加考试的人数			19	20	19	20		
25	各科合格的人数			15	19	17	16		
26	各科合格率			78.9%	95.0%	89.5%	80.0%		

图 4-46　计算及排序结果

2. 逻辑函数

Excel 提供了几个逻辑函数，使用这些函数可以对单元格中的数据进行各种判断，检查某些条件是否为真，如果条件为真，则还可以用其他函数对单元格进行一些处理。

（1）IF 函数

IF 函数根据判别条件的表达式成立与否，返回两种不同结果中的一种。如果条件成立，则返回第一个值；否则返回第二个值。

IF 函数的结构：IF(logical_test,value_if_true,value_if_false)。

其参数含义如下。

① logical_test：是判别条件的表达式。

② value_if_true：是条件表达式成立，即为"真"（TRUE）时的返回值。

③ value_if_false：是条件表达式不成立，即为"假"（FALSE）时的返回值。

说明：IF 函数可以嵌套 7 层。

（2）AND 函数

AND 函数用来计算多个逻辑值之间的交集，返回一个逻辑值。

函数结构：AND(logical1,logical2,...)。

参数：logical1,logical2,...为多个逻辑值或包含逻辑值引用的参数（1~30 个），将忽略文本或空白单元格。

功能：当所有参数都为逻辑值真时，AND 函数返回 TRUE；否则返回 FALSE。

（3）OR 函数

OR 函数用来计算多个逻辑值之间的并集，返回一个逻辑值。

函数结构：OR(logical1,logical2,...)。

参数：logical1,logical2,...为多个逻辑值或包含逻辑值引用的参数（1~30 个），将忽略文本或空白单元格。

功能：当参数组中任何一个为逻辑值真时，OR 函数返回 TRUE；否则返回 FALSE。

【例 4.24】打开工作簿"计算机 131.xlsx"，在"评奖"工作表中完成下列操作。

（1）在"奖励等级"一列，根据总分给予 5 个等级的奖励：总分大于 350 分的为"优秀"，大于 320 分的为"良好"，大于 280 分的为"中等"，大于 240（含）分的为"及格"，其余的为"不及格"。

（2）在"备注"一列中，为有任何一门课程小于 60 分的标识出"补考"。

操作步骤如下。

① 在 I2 单元格中，单击编辑栏的"插入函数"按钮，选择 IF 函数，在第一个文本框中输入条件"H2>350"；在第二个文本框中输入"优秀"；光标定位在第三个文本框时，鼠标单击编辑栏左边的 IF 按钮，再插入一个 IF 函数，形成 IF 函数的二层嵌套。

② 在这个 IF 函数的第一个文本框中输入另一条件"H2>320"；在第二个文本框中输入"良好"；光标定位在第三个文本框时，鼠标单击编辑栏左边的 IF 按钮，又插入一个 IF 函数，形成 IF 函数的三层嵌套。相同方法再插入 IF 函数形成四层嵌套，如图 4-47 所示。

	I2		▼		f_x	=IF(H2>350,"优秀",IF(H2>320,"良好",IF(H2>280,"中等",IF(H2>=240,"及格","不及格"))))					
	A	B	C	D	E	F	G	H	I	J	K	L	M
1	学号	姓名	性别	大学英语	计算机基础	高等数学	物理	总分	奖励等级	备注			
2	2013012001	丁妙琴	女	70	92	73	65	299.9	中等		IF函数的嵌套使用	
3	2013012002	白庆辉	男	46	73	79	71	268.6	及格	补考		
4	2013012003	张小静	女	75	75	95	99	344.1	良好			
5	2013012004	郑敏	女	78	79	98	88	342.5	良好			
6	2013012005	廖宇健	男	35	82	84	74	275.4	及格	补考		
7	2013012006	曾美玲	女	80	91	缺考	67	237.9	不及格			
8	2013012007	王艳平	女	47	99	79	98	322.7	良好	补考		
9	2013012008	刘显森	男	96	82	74	86	337.6	良好			
10	2013012009	黄小惠	女	76	78	85	81	320.4	良好			
11	2013012010	黄斯华	男	94	61	94	47	296.0	中等	补考		
12	2013012011	林巧花	女	82	92	71	41	286.0	中等	补考		
13	2013012012	吴文静	女	92	81	72	75	320.0	中等			
14	2013012013	赵宝强	男	34	70	56	78	238.0	不及格	补考		
15	2013012014	林伟	男	缺考	60	70	55	185.0	不及格	补考		
16	2013012015	何娜娜	女	96	88	96	90	370.0	优秀			
17	2013012016	陈国庆	男	94	61	94	47	296.0	中等	补考		
18	2013012017	张刚	男	67	45	56	77	245.0	及格	补考		
19	2013012018	陈宝珏	女	72	76	62	87	297.0	中等			
20	2013012019	赵越	男	92	80	72	75	319.0	中等			
21	2013012020	李小红	女	92	90	96	75	353.0	优秀			

图 4-47 输入 IF 函数

③ 将其复制到其他单元格 I3:I21。

函数和公式中必须使用半角（英文状态）的运算符和标点符号！

④ 在"备注"列的 J3 单元格中，输入 IF 函数"=IF(OR(D3<60,E3<60,F3<60,G3<60),"补考","")"。如果满足指定的条件，将显示"补考"，否则，显示空白；再将该公式复制到其他单元格。也可用插入函数输入 IF，如图 4-48 所示。

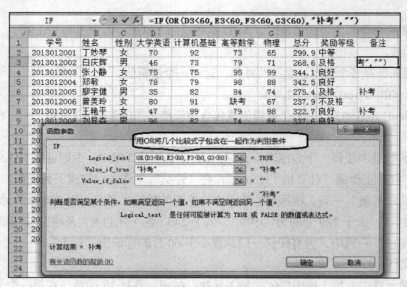

图 4-48　用插入函数输入 IF 函数

3. 财务函数

Excel 中的财务函数可以分为 4 类，即投资计算函数、折旧计算函数、偿还率计算函数、债券及其他金融函数。这些函数为财务分析提供了极大的便利。利用这些函数，可以进行一般的财务计算，例如固定利率的某项贷款的支付额、投资的未来值或现值等。常用的 3 个财务函数见表 4-4。

表 4-4　　　　　　　　　　　　　常用的 3 个财务函数

函数名称	语法格式	函数说明
FV	FV(rate,nper,pmt,pv,type)	基于固定利率及等额分期付款方式，返回某项投资的未来值
PMT	PMT(rate,nper,pv,fv,type)	基于固定利率及等额分期付款方式，返回投资或贷款的每期付款额
PV	PV(rate,nper,pmt,fv,type)	返回投资的现值。现值为一系列未来付款的当前值的累积和。例如，借入方的借入款即为贷出方贷款的现值

（1）FV 函数

FV 函数基于固定利率及等额分期付款方式，返回某项投资的未来值。

函数格式：FV(rate,nper,pmt,pv,type)。

其中 rate 为各期利率，是一固定值；nper 为总投资（或贷款）期，即该项投资（或贷款）的付款期总数；pmt 为各期所应付给（或得到）的金额，其数值在整个年金期间（或投资期内）保持不变；pmt 通常包括本金和利息，但不包括其他费用及税款；pv 为现值或一系列未来付款当前值的累积和，也称为本金，如果省略 pv，则假设其值为零；type 为数字 0 或 1，用以指定各期的付款时间是在期初还是期末，如果省略 type，则假设其值为零。

【例 4.25】小张需要为 5 年后购房预筹资金，现在年利率为 3.5%，他月初将 2000 元（按月计息）存入储蓄账户中，求 5 年后的存款总和。

分析：在计算时以月为单位，存款 5 年（即 5×12 个月），使用函数 FV 来计算在固定存款利率（每月存款利率是 3.5%/12）下，5 年后的存款总和。

操作步骤如下。

① 如图 4-49 所示，选定 B6 单元格，在"公式"选项卡"函数库"组中单击"财务"按钮，在函数列表中选择 FV 函数，在打开的对话框中输入各项参数，则 B6 单元格输入的公式是"=FV(B4/12,B3*12,-2000,0,1)"。负数表示每月支出的金额。

② 单击"确定"按钮，可得 5 年后的存款总和为 131314.11 元。

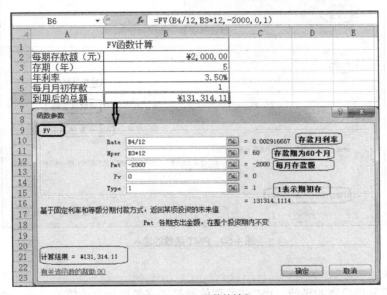

图 4-49　FV 函数的输入

（2）PMT 函数

PMT 函数基于固定利率及等额分期付款方式，返回投资或贷款的每期付款额。

函数格式：PMT(rate,nper,pv,fv,type)。

其中，rate 为各期利率，是一固定值；nper 为总投资（或贷款）期，即该项投资（或贷款）的付款期总数；pv 为现值，或一系列未来付款当前值的累计和，也称为本金；fv 为未来值，或在最后一次付款后希望得到的现金余额，如果省略 fv，则假设其值为零（例如，一笔贷款的未来值即为零）；type 为 0 或 1，用以指定各期的付款时间是在期初还是期末，如果省略 type，则假设其值为零。

例如，要贷款 10000 元，年利率为 8%，需要 10 个月还清，如果支付期限在每期的期末，则贷款的每月支付额为 PMT(8%/12,10,10000,0,0)，计算结果为 ￥-1037.03。

对于与上述相同一笔贷款，如果支付期限在每期的期初，则每月支付额应为 PMT(8%/12,10,10000,0,1)，计算结果为 ￥-1030.16。

【例 4.26】员工小王在 2010 年初向银行贷款 100 万元用于购房，20 年内还清，银行贷款年利率是 6%，要求每月月末还款，计算他每月的还款金额。

分析：在计算时以月为单位，20 年（即 20*12 个月）还款，使用函数 PMT 来计算在固定贷款利率（每月利率是 6%/12）时每月的还款金额。

操作步骤如下。

① 选定 B7 单元格，插入 PMT 函数"=PMT（B3/12,B4*12,B2,0,0）"，操作过程中各项参数输入值如图 4-50 所示。

② 单击"确定"按钮，他每月还款金额为￥-7164.31。

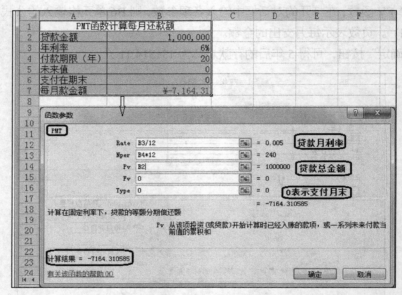

图 4-50　PMT 函数的输入

（3）PV 函数

PV 函数计算某项投资的现值。PV 值的现值就是未来各期年金价值的总和。如果投资回收的当前价值大于投资的价值，则这项投资是有收益的。

函数格式：PV(rate,nper,pmt,fv,type)。

PV 函数各参数的含义同上述的 FV、PMT 函数。

【例 4.27】假设要购买一项保险年金，该保险可以在今后 20 年内于每月末回报￥1200。此项年金的购买成本为￥200000，假定投资回报率为 6%。现在购买这项保险年金是否合算？

分析：在计算时以月为单位，将支出年限变为每月支出 20*12；年利率转变为月利率（6%/12）。使用 PV 函数来计算 20 年后该项年金的现值，各项参数输入值如图 4-51 所示，在单元格 A9 插入公式"=PV（A4/12,A5*12,A3,0,0）"。

计算结果为￥-181455.00。负值表示这是一笔支出现金流。

20 年后的年金现值是￥181455.00，小于实际支付的￥200000。因此，这不是一项正收益的投资。

4．日期和时间函数

Excel 中的日期和时间函数主要用于处理日期与时间信息，常用的日期和时间函数见表 4-5。

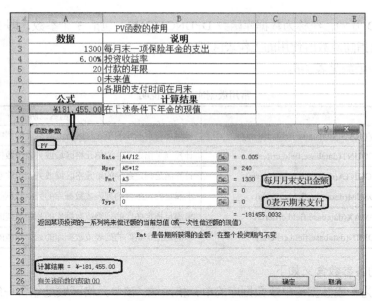

图 4-51　PV 函数的输入

表 4–5　　　　　　　　　　　　　　常用的日期和时间函数

函数名称	语法格式	函数说明
DATE	DATE(year,month,day)	返回代表特定日期的系列数
DATEDIF	DATEDIF(start_date,end_date,unit)	计算两个日期之间相差的天数、月数或年数。（前期版本中的函数）
DAY	DAY(serial_number)	返回以系列数表示的某日期的天数，用整数 1～31 表示
MONTH	MONTH(serial_number)	返回以系列数表示的日期中的月份。月份是介于 1～12 的整数
YEAR	YEAR(serial_number)	返回某日期的年份。返回值为 1900～9999 之间的整数
NOW	NOW()	返回当前日期和时间所对应的系列数
TODAY	TODAY()	返回当前日期的系列数，系列数是 Excel 用于日期和时间计算的日期-时间代码

Microsoft Excel 使用了 1900 日期系统，即将 1900 年 1 月 1 日保存为系列数 1，同理，将 2001 年 1 月 1 日对应的系列数保存为 36892，说明该日期距离 2001 年 1 月 1 日为 36892 天。例如，日期 "2001 年 1 月 1 日"用 3 种不同的格式所显示的结果，如图 4-52 所示。

	A2			f_x	=DATE(2001,1,1)	
	A	B		C	D	
1	同一个日期，不同的格式显示结果					
2	36892	2001年1月1日		2001/1/1		
3						

图 4-52　3 种日期格式

例如，某人出生日期是 1987 年 3 月 24 日，到今天他的年龄用函数计算是 "=YEAR(TODAY())-YEAR("1987-3-24")"。

5. 数据库函数

Microsoft Excel 中的数据库函数是用于对存储在列表或数据库中的数据，根据指定条件进行分析和统计的工作表函数。

这些函数以 D 开始，统称为数据库函数 DFUNCTIONS，包括 3 个参数，即 Database、field 和 criteria，这些参数指向函数所使用的工作表区域。

常用的数据库函数见表 4-6。

表 4–6 　　　　　　　　　　　　　　　常用数据库函数及说明

序号	函数名	函数说明
1	DAVERAGE(database,field,criteria)	求满足指定条件的单元格区域或数据库的列中数值的平均值
2	DCOUNT(database,field,criteria)	计算满足指定条件的单元格区域或列表中数值的单元格的数目
3	DCOUNTA(database,field,criteria)	计算满足指定条件的单元格区域或列表中非空单元格的数目
4	DSUM(database,field,criteria)	求满足指定条件的列表或数据库的列中数据的总和
5	DMAX(database,field,criteria)	求满足指定条件的列表或数据库的列中数值的最大值
6	DMIN(database,field,criteria)	求满足指定条件的列表或数据库的列中数值的最小值

数据库函数的各参数含义如下。

（1）database 为构成数据清单或数据库的单元格区域。该单元格区域是包含一组相关数据的数据清单，其中包含相关信息的行称为"记录"，而包含数据的列称为"字段"。数据清单的第一行也称为"字段名行"，包含着每一列的标志项。

（2）field 为单元格区域的列号或字段名。field 项可以是文本，即用引号括起来的字段名，例如"使用年数"或"产量"；此外，field 也可以是单元格区域的列号，例如 1 表示第一列，2 表示第二列等。

（3）criteria 为一组包含给定条件的单元格区域，或者称为"条件区"。该条件区可以设置在数据表外的任意区域，但它至少包含一个列标志（字段名）和列标志下方用于设定条件的单元格。

【例 4.28】打开工作簿"教职工表.xlsx"，在 Sheet1 工作表中进行下列操作。

① 在 F 列，计算每人的工龄，截止日期是 2013 年 1 月 1 日，保留到整数位。

② 在 G2 单元格用 DAVERAGE 函数计算男教授的平均工龄（保留一位小数），条件区在 H1 单元格为左上角的单元格区域。

③ 在 G5 单元格用 DCOUNTA 函数计算英语系副教授的人数，保留到整数位，条件区在 H4 单元格为左上角的单元格区域。

④ 在 G8 用 DMAX 函数计算航海系的最长工龄，保留到整数位，条件区在 H7 单元格为左上角的单元格区域。

操作步骤如下。

① 先将 F 列设置为"常规"格式，在 F2 单元格输入函数"=YEAR("2013-1-1")–YEAR(D2)"，再将其复制到其他单元格。

举一反三

使用较早版本的 DATEDIF 函数也可以，例如 DATEDIF("2013-1-1",D2,"Y")。

② 以 H1 单元格为左上角建立条件区［见图 4-53（a）］，在 G2 单元格，单击"插入函数"按钮，在打开的对话框中选择"数据库"中的 DAVERAGE 函数，按图 4-54 所示设置各项参数。也可以在 G2 单元格中直接输入函数"=DAVERAGE（A1:F28,F1,H1:I2）"。

③ 以 H4 单元格为左上角建立条件区[见图 4-53（b）]，在 G5 单元格，单击"插入函数"按钮，在打开的对话框中选择"数据库"中的 DCOUNTA 函数，在打开的对话框中设置各项参数（A1:F28、A1、H4:I5）。也可以在 G5 单元格中直接输入函数"=DCOUNTA（A1:F28,A1,H4:I5）"。

④ 以 H7 单元格为左上角建立条件区[见图 4-53（c）]，在 G8 单元格，使用"插入函数"按钮，在打开的对话框中选择"数据库"中的 DMAX 函数，在打开的对话框中设置各项参数（A1:F28、F1、H7:H8）。也可以在 G8 单元格直接输入函数"DMAX（A1:F28,F1,H7:H8）"。

性别	职称		部门	职称		部门
男	教授		英语系	副教授		航海系

（a）　　　　　　　　　（b）　　　　　　　　　（c）

图 4-53　数据库函数设置的条件区

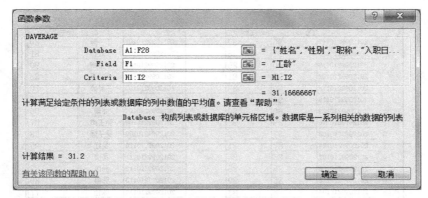

图 4-54　"函数参数"对话框

数据库函数建立条件区域的基本要求如下。

● 条件区域一般在数据清单外的空白处，必须包含列标志（即字段名），且格式与原数据清单保持一致。

● 设置条件时可使用通配符"*""?"及比较运算符等。

● 当条件为多行多列时，同一行内的不同条件互为逻辑"与"的关系，不同行之间的条件互为逻辑"或"的关系。

【例 4.29】在工作簿"EX4.xlsx"的工作表 Sheet1 中，根据学号在单元格区域 A1:C31 中查找"高等数学"的成绩并填入单元格区域 G1:G16 中。用数据库函数统计所有"张"姓学生的高等数学平均分（条件区放置在 E18 开始单元格，结果在 F18）。

操作步骤如下。

（1）在工作表 Sheet1 中，选定 G2 单元格；在"公式"选项卡的"函数库"组中单击"查找与引用"按钮，从下拉列表中选择函数 VLOOKUP，系统打开"函数参数"对话框。

（2）在 4 个文本框分别输入查找依据的学号、所在单元格区域、要找的数据列号以及查找匹配方式等参数（见图 4-55），单击"确定"按钮，即填入该学生的成绩。

（3）复制该公式至其他单元格区域 G3:G1。查找结果如图 4-56 所示。

（4）在 E18 单元格建立条件区，在 F18 单元格中输入公式"=DAVERAGE（E1:G16,G1,E18:E19）"。

（5）单击"确定"按钮。

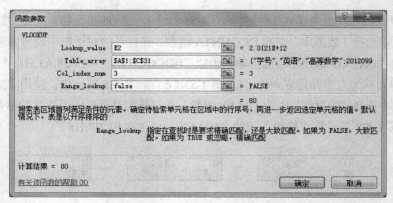

图 4-55 "函数参数"对话框

	A	B	C	D	E	F	G
1	学号	英语	高等数学		学号	姓名	高等数学
2	2012099210117	96	90		2012099210101	丁一静	80
3	2012099210112	91	88		2012099210102	丁虹颖	81
4	2012099210115	90	85		2012099210103	丁玉妍	90
5	2012099210102	90	81		2012099210104	卢芷源	83
6	2012099210118	90	88		2012099210105	王婷婷	70
7	2012099210119	90	93		2012099210106	伍诗文	85
8	2012099210123	90	80		2012099210107	张珊	86
9	2012099210110	89	95		2012099210108	张玉贞	87
10	2012099210108	87	87		2012099210109	吴子强	88
11	2012099210124	87	81		2012099210110	吴红	95
12	2012099210107	86	86		2012099210111	吴倩	60
13	2012099210106	85	85		2012099210112	孙琳	88
14	2012099210128	85	90		2012099210113	张婷	80
15	2012099210104	83	83		2012099210114	张佳	77
16	2012099210103	82	90		2012099210115	李小璐	85
17	2012099210122	79	79				
18	2012099210125	79	82		姓名	82.5	
19	2012099210113	78	80		张*		
20	2012099210109	78	88				
21	2012099210121	78	78				
22	2012099210101	77	80				
23	2012099210114	70	77				

图 4-56 VLOOKUP 函数查找结果

 举一反三

如何查找并填入英语成绩?

任务五 数据统计与分析

1. 数据的排序

Excel 2010 提供了多种方法对工作表中的数据进行排序,可以对一列或多列中的数据按文本、数字,以及日期和时间进行排序,可以按自定义序列或格式(包括单元格颜色、字体颜色或图标集)进行排序。

用户可以根据需要按行或列、进行升序或降序的排列。

(1)默认排序规则

Excel 中默认排序方式是根据单元格的数值、按"列"进行操作的。在对文本(如字符)进行排序时，系统将从左到右、逐个字符进行排序。

通常排序（如升序）时，系统遵循如下规则。

① 数字按从最小的负数到最大的正数排序。

② 文本及包含数字的文本按 0~9、A~Z、a~z 顺序排列。中文字符是按照其拼音对应的英文字母次序进行排序的。

③ 对于逻辑值，FALSE 排在 TRUE 之前。

④ 空格排在最后。

⑤ 所有错误值的优先级等效。

（2）对单列数据的排序

对数据的排序最常见的是按某一列数据进行排序。

【例 4.30】打开工作簿"教职工表.xlsx"，在工作表 Sheet1 中，将数据列表按"入职日期"的升序进行排序。

方法一：单击数据列表中"入职日期"列的任意单元格；单击"开始"选项卡"编辑"组中的"排序和筛选"按钮，在弹出的下拉列表中选择"升序"选项，排序结果如图 4-57 所示。

图 4-57　单列数据的排序

方法二：单击"数据"选项卡"排序和筛选"组中的"排序"按钮，系统打开"排序"对话框。如图 4-58 所示，在"主要关键字"下拉列表中选择"入职日期"；在"排序依据"下拉列表中，选择默认的"数值"作为排序依据；在"次序"下拉列表中选择"升序"选项。最后单击"确定"按钮。

（3）对多列数据的排序

如果要对多列数据排序，需要设置主要关键字、次要关键字及后续的关键字。

【例 4.31】在"教职工表.xlsx"的工作表 Sheet1 中，要根据"入职日期"数据升序来排序，入职日期相同的按"性别"升序排序，"入职日期"和"性别"都相同的按"部门"降序来排序。

分析：本例中，主要关键字是"入职日期"，次要关键字是"性别"，"部门"是后续的关键字。

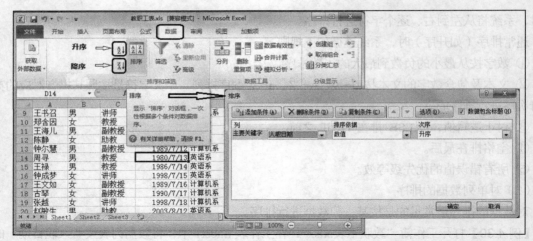

图 4-58　设置排序的选项

操作步骤如下。

① 单击数据列表中的任意一个单元格，再单击"数据"选项卡"排序和筛选"组中的"排序"按钮，此时会出现"排序"对话框。

② 在"主要关键字"下拉列表中选择"入职日期"，在"排序依据"下拉列表中选择"数值"，在"次序"下拉列表中选择"升序"。

③ 单击"添加条件"按钮，此时在对话框中出现"次要关键字"，在下拉列表中选择"性别"，在"次序"下拉列表中选择"升序"，"排序依据"默认为"数值"。

④ 单击"添加条件"添加第三个排序条件，在"次要关键字"下拉列表中选择"部门"，在"次序"下拉列表中选择"降序"，"排序依据"默认为"数值"。

⑤ 设置后的"排序"对话框如图 4-59 所示。单击"确定"按钮。

有关排序的条件、依据及次序进一步说明如下。

● 在图 4-59 所示的"排序"对话框中单击"选项"按钮，系统打开"排序选项"对话框，可以设置区分字母的大小写、排序方向、排序方法等，如图 4-60 所示。

图 4-59　"排序"对话框

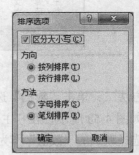

图 4-60　"排序选项"对话框

● 如果要根据单元格颜色等特定格式进行排序，则在"排序"对话框中，在"排序依据"下拉列表中选择"单元格颜色""字体颜色"或"单元格图标"等选项。

● 如果要根据特殊的字段排序（如职务大小），先启用"自定义序列"功能将各职务名称添加到"自定义序列"列表中，然后在"排序"对话框中"次序"下拉列表中设置。

● Excel 2010 排序条件最多可以设置 64 个关键字。

2. 数据的筛选

筛选是一种用于查找工作表中数据的快速方法。在管理数据时，使用筛选功能将满足指定条件的数据记录显示出来，将不满足条件的数据记录隐藏出来，这样方便用户对数据进行查看。Excel 提供了两种筛选方式：自动筛选，适用于简单条件的数据筛选；高级筛选，适用于复杂条件的数据筛选。

（1）自动筛选

自动筛选提供了快速从大量数据记录中查找到所需数据的一种方式。

1）要启用"自动筛选"功能，主要有 3 种方法。

方法一：单击数据列表中的任意单元格，在"开始"选项卡"编辑"组中单击"排序和筛选"按钮，从出现的下拉列表中选择"筛选"选项，此时该表格中的任何一列标题行的右边出现一个下拉按钮，如图 4-61 所示。

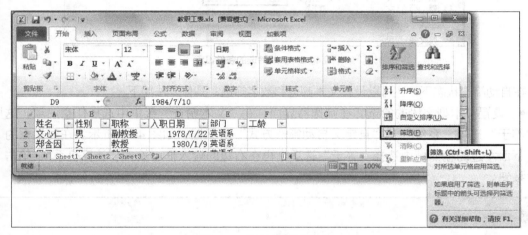

图 4-61　选择"筛选"选项

方法二：单击数据列表中的任意单元格，在"数据"选项卡"排序和筛选"组中单击"筛选"按钮。

方法三：按 Ctrl+Shift+L 组合键。

在自动筛选时，可以按数字值或文本值筛选，也可以使用筛选器界面中的"搜索"框来搜索文本和数字；如果表格中单元格填充了颜色，还可以根据单元格的背景颜色或者文本颜色进行筛选。

如果一个或多个列中的数值不能满足筛选条件，则整行数据都会隐藏起来。

【例 4.32】 在工作簿"教职工表.xlsx"的 sheet1 工作表中，用"自动筛选"功能显示出计算机系的人员记录。

操作步骤如下。

① 将光标定位在 Sheet1 工作表中的数据单元格区域中。

② 在"数据"选项卡"排序和筛选"组中单击"筛选"按钮，启用"自动筛选"功能。

③ 单击"部门"字段的下拉箭头，系统弹出图 4-62 所示的筛选器界面，只选中"计算机系"复选框，单击"确定"按钮。

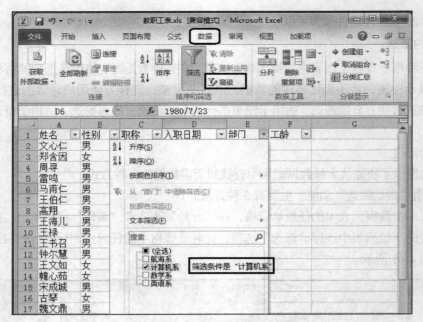

图 4-62　自动筛选的条件设置

在自动筛选状态下，还可以设置文本筛选和数字筛选，具体方法如下。

● 设置文本型字段的筛选。在筛选器界面，在"文本筛选"菜单中选择任意一项，这里单击"等于"选项，系统打开"自定义自动筛选方式"对话框，如图 4-63 所示。在对话框的"部门"下面左边的输入框中选择"等于"选项，再在右边的输入框中输入"计算机系"，单击"确定"按钮。

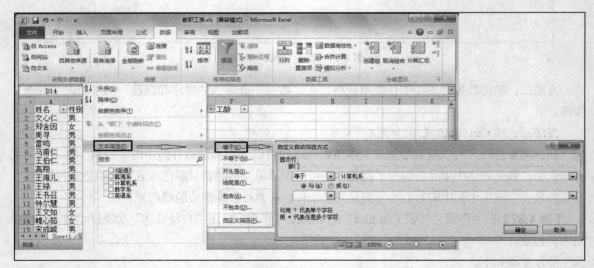

图 4-63　"文本筛选"条件设置

● 设置数字字段的筛选。在筛选器界面，在"数字筛选"菜单中选择任意一项。例如，选择其中"10 个最大的值"项，系统打开"自动筛选前 10 个"对话框，如图 4-64 所示，根据需要设置相应的筛选条件。

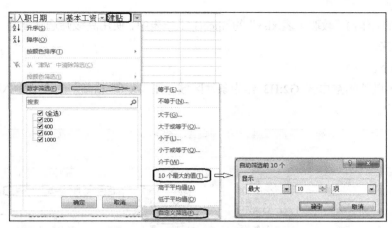

图 4-64 "数字筛选"条件设置

2）要恢复原来的数据，取消"自动筛选"功能的方法如下。

① 在"数据"选项卡的"排序和筛选"组中，再次单击"筛选"按钮；

② 按 Ctrl+Shift+L 组合键。

 单击"数据"选项卡"排序和筛选"组中的"清除"按钮，可以取消之前的筛选结果，但仍然在"自动筛选"状态。

如果筛选条件比较多且复杂，可以使用"高级筛选"功能。

（2）高级筛选

如果要从数据表中查找出同时满足两个或两个以上的指定条件的数据（或记录），可使用高级筛选功能。

要启用高级筛选功能，单击"数据"选项卡"排序和筛选"组中的"高级筛选"按钮（见图 4-62），在打开的"高级筛选"对话框中进行输入及设置。

在高级筛选时，关键是要在数据区域以外的空白位置建立一个存放筛选条件的区域（称为"条件区"），其次筛选出来的数据记录也要放置在数据区域以外的空白区域，不要覆盖原来的数据表。

通常设置高级筛选的条件区域的规则如下。

- 条件区域的第一行是字段名行。
- 第二行（即字段名行）的下面是与每一个字段名相对应的筛选条件行。
- 条件区域中不能包含空行或空列，单元格中不能包含空格。
- 字符字段的条件可以使用通配符*和?。
- 如果多个条件是逻辑"与"关系，则这些条件要写在同一行中，表示这些条件必须同时满足；如果多个条件是逻辑"或"关系，则这些条件要写在不同的行中，表示这些条件只需满足其中任何一个，如图 4-65 所示。

性别	职称	部门		性别	职称	部门
男	教授	数学系		男		
					教授	
						数学系
逻辑"与"关系的条件区				逻辑"或"关系的条件区		

图 4-65 高级筛选的条件区域的设置

215

【例 4.33】在工作簿"教职工表.xlsx"的 Sheet1 工作表中，使用高级筛选功能将"数学系"的"教授"记录显示出来。

操作步骤如下。

① 将数据表以外的空白区 G2:H3 作为条件区域，用"复制/粘贴"的方法输入字段名行和条件行，如图 4-66 所示。

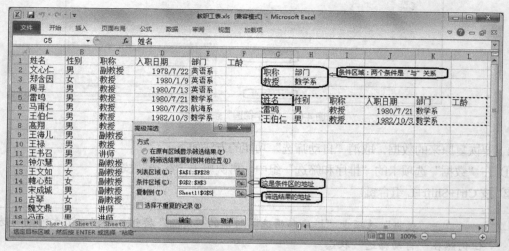

图 4-66　高级筛选操作过程

② 选择整个数据表（包含字段名行）。

③ 在"数据"选项卡"排序和筛选"组中单击"高级"按钮，系统打开"高级筛选"对话框，如图 4-66 所示。

④ 在"列表区域"参数框中输入 A2:H18，或者用鼠标选择整个数据表的区域。

⑤ 在"条件区域"参数框中输入 G2:H3 或者用鼠标选定 G2:H3 区域。

⑥ 选中"将筛选结果复制到其他位置"单选按钮后，在"复制到"参数框中输入空白区域的左上角单元格地址 G5，或者用鼠标单击 G5 单元格。

⑦ 单击"确定"按钮，满足条件的筛选结果将被显示出来。

高级筛选的说明：①在高级筛选中，还可以使用公式的计算结果作为条件。当使用公式生成条件时，首先让条件字段（条件标记）空着，下面写出计算条件式。用作条件的公式必须引用列标记或费用第一个记录的相关字段地址。②复合条件的计算式还可以使用"AND"函数表示"与"关系，用"OR"函数表示"或"关系。

【例 4.34】在工作簿"EX5.xlsx"的 Sheet1 工作表中，将有任何一门课程<60 分的学生记录筛选出来，放置在 G7 开始的单元格区域，条件区放在 G1 开始的单元格中。

操作步骤如下。

① 将数据表以外的空白区 G1:I4 作为条件区域，如图 4-67（a）所示。

② 选择整个数据表（含字段名行）。

③ 在"数据"选项卡"排序和筛选"组中单击"高级"按钮，系统打开"高级筛选"对话框，在 3 个文本框中输入参数，如图 4-67（b）所示。

④ 单击"确定"按钮，满足条件的筛选结果将显示在 G7 开始的单元格区域。

（a）条件区的设置　　　　　　（b）高级筛选的设置

图 4-67　条件区和高级筛选的区域设置

3. 数据的分类汇总

分类汇总指的是对数据表中的数据按相同类别的数据进行统计汇总。Excel 对工作表中选定列进行分类汇总，并将分类汇总结果显示在相应类别数据行的上方或下方。分类汇总的计算方式有求和、求平均、计数等。

在进行分类汇总操作之前，必须先对需要分类汇总的数据列（字段）进行排序操作。

【例 4.35】打开工作簿"教职工表.xlsx"中的工作表"工资表"，使用"分类汇总"统计各部门的人数。

操作步骤如下。

① 打开该工作簿的"工资表"，先对要分类汇总的数据列即"部门"进行排序，即在"数据"选项卡"排序和筛选"组中单击"升序"（或"降序"）按钮。

② 在"数据"选项卡"分级显示"组中单击"分类汇总"按钮，系统打开"分类汇总"对话框。

③ "分类字段"选择"部门"，"汇总方式"选择"计数"，在"选定汇总项"下拉列表中选中"职称""姓名"复选框，如图 4-68 所示。

④ 单击"确定"按钮，各部门的分类汇总结果如图 4-69 所示。

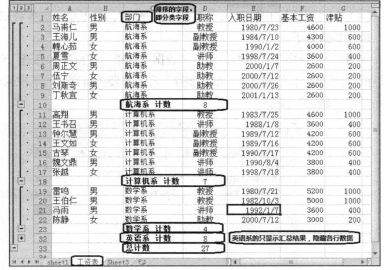

图 4-68　"分类汇总"对话框　　　　**图 4-69　按"部门"分类汇总的结果**

分类汇总后，在工作表的左边自动产生分组显示控制符，如图 4-69 所示，其中"1、2、3"为分级编号，单击分级编号，可以选择该分级显示内容。分别单击各分级编号，可以显示相应级的汇总数据情况。

"+、−"为分级分组标记。单击分级分组标记"−"，系统将隐藏本级或本组数据内容；单击分级分组标记"+"，系统将显示本级或本组数据内容。

分类汇总的说明如下。

- 在"分类汇总"对话框中，"分类字段"用来指定按哪一个字段进行分类，也是排序的字段。
- "汇总方式"用来指定统计时所用的计算方式，有求和、计数等。
- "选定汇总项"用来指定对哪些字段进行统计，可以选择多个。
- 如果选中"替换当前分类汇总"复选框，则新分类汇总结果将替换原有的所有分类汇总；如果取消选中该复选框，则保留现有的分类汇总，并向其中插入新的分类汇总结果。
- 如果选中"每组数据分页"复选框，则在进行分类汇总的各组数据之间自动插入一分页线。
- 如果选中"汇总结果显示在数据下方"复选框，则指定汇总结果行位于数据明细行的下面；如果取消选中该复选框，则指定汇总结果行位于数据明细行的上面。
- 如果多次使用"分类汇总"命令，就可以使用不同汇总函数添加更多分类汇总。
- 如果要取消分类汇总，可在"分类汇总"对话框中单击"全部删除"按钮。

【例 4.36】打开工作簿"教职工表.xlsx"，将其中的"工资表"复制 4 个，并将复制后的 4 张工作表标签分别改名为"排序""汇总""自动筛选"和"高级筛选"，完成下列操作。

（1）在"排序"工作表中，按性别"女在前、男在后"排序（降序），相同性别的，按职称升序排序。

（2）在"自动筛选"工作表中，用"自动筛选"方式显示出基本工资在[3800，4000]的讲师的记录。

（3）在"高级筛选"工作表中，用"高级筛选"方式将所有"教授"和航海系的"副教授"的人员记录筛选出来，并显示在 H2 为左上角的单元格区域，条件区放在 A30 开始的单元格区域。

（4）在"汇总"工作表中，按"职称"分类，并汇总统计各种职称的人数和基本工资平均值。

操作步骤如下。

① 打开"排序"工作表，单击"数据"选项卡"排序和筛选"组中的"排序"按钮，在打开的"排序"对话框中，分别在"主要关键字"和"次要关键字"的下拉列表中进行选择，如图 4-70 所示。最后单击"确定"按钮。

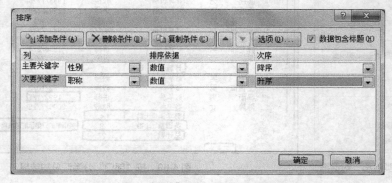

图 4-70　"排序"对话框中关键字的设置

② 打开"自动筛选"工作表，将光标定位在"工资表"的数据区域，单击"数据"选项卡"排序和筛选"组中的"筛选"按钮；在"职称"字段的下拉列表中选中"讲师"复选框[见图 4-71（a）]；在"基本工资"字段的下拉列表中选择"数字筛选"→"介于"选项，在打开的"自定义自动筛选方式"对话框中输入条件，如图 4-71（b）所示。最后单击"确定"按钮。

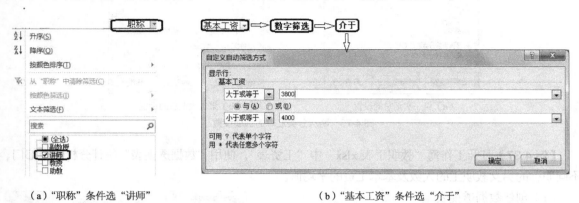

（a）"职称"条件选"讲师"　　　　　　　　　　（b）"基本工资"条件选"介于"

图 4-71　自动筛选的条件设置

③ 打开"高级筛选"工作表，在单元格 H2 开始建立条件区，选择整个数据区域，再单击"数据"选项卡"排序和筛选"组中的"高级"按钮，在弹出的"高级筛选"对话框中输入或选择数据区（A1:G28）、条件区（H2:J4）及放置筛选结果区域（以 A30 开始的区域），如图 4-72 所示。

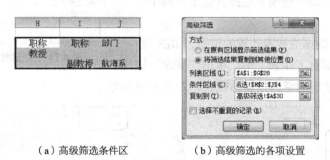

（a）高级筛选条件区　　　　（b）高级筛选的各项设置

图 4-72　高级筛选的条件设置及区域选择

④ 打开"汇总"工作表，先按"职称"排序（升序），在"数据"选项卡"分级显示"组中单击"分类汇总"按钮，第一次汇总时，在"分类汇总"对话框中选择的各项字段及统计方式如图 4-73（a）所示。第二次汇总时，在"分类汇总"对话框中选择的各项字段及统计方式如图 4-73（b）所示。

4. 数据透视表

Excel 中的"数据透视表"是一种对大量数据进行快速统计、分析、汇总的工具。数据透视表的优点在于它的结构可以随用户的需要进行设置、调整，并且可以根据不同字段、从多个角度得出不同的视图，用来查看数据表格不同层面的关键数据、汇总信息及分析结果。

创建数据透视表主要有 3 个步骤：选择透视表的数据源区域→指定透视表的位置→设置透视表的布局及显示格式。

下面以一个例子说明创建数据透视表的操作方法。

（a）第一次汇总的设置

（b）第二次汇总的设置

图 4-73　两次分类汇总的选项设置

【例 4.37】打开工作簿"教职工表.xlsx"中"工资表"，使用"数据透视表"统计分析每个部门、不同职称的男女教职工的人数及基本工资的平均值。

（1）创建数据透视表

① 在"插入"选项卡"表格"组中单击"数据透视表"按钮，系统打开"创建数据透视表"对话框（见图 4-74），默认情况选择当前工资表 A1:G28 区域的所有数据创建数据透视表。也可以修改选择其他数据区域，或者选择"使用外部数据源"选项来选择其他工作簿中的数据表。

② 选择新创建的数据透视表放置的位置，如在"新工作表"中或者在"现有工作表"中。单击"确定"按钮，系统自动创建一张新的空白数据透视表，如图 4-75 所示。

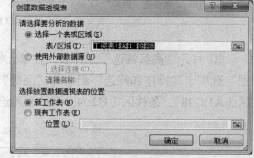

图 4-74　"创建数据透视表"对话框

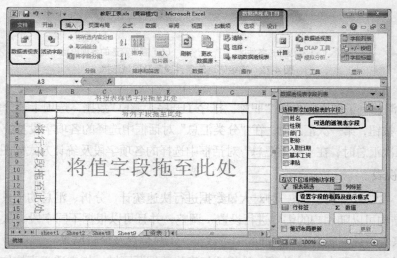

图 4-75　数据透视表的各部分字段

③ 设置透视表的字段布局。在空白数据透视表中，直接拖动相应的字段到"报表筛选字段""行字段""列字段"及"值字段"4 个区域，完成字段的布局。

例 4.37 中，要查看各部门、不同职称、男女人数和基本工资的平均值等统计情况，就将"部门"字段添加到"报表筛选字段"，拖动"职称"至"行字段"，拖动"性别"至"列字段"，最后拖动"姓名"和"基本工资"到"值字段"，此时，可以看到每个部门不同职称的男女人数和基本工资的平均值，还可以看到各项总计，如图 4-76 所示。

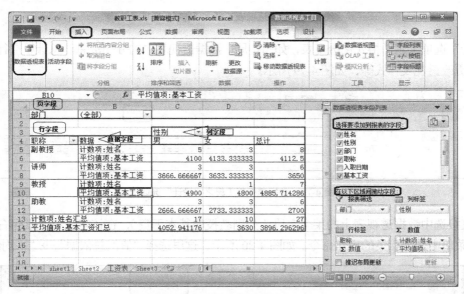

图 4-76　数据透视表的布局

数据透视表可以有多种数据统计的布局和显示格式，只要按自己的需求进行字段的布局，就可得到不同的数据统计表。

另外，可以在透视表右边的"数据透视表字段列表"下选择相应的字段名，拖动到下面 4 个区域的任何一个，如"报表筛选"区域、"列标签"区域、"行标签"区域或者"数值"区域，并完成布局。

还可以在字段名列表中，在相应的字段名上单击鼠标右键，然后在快捷菜单中选择"添加到报表筛选""添加到列标签""添加到行标签"或"添加到值"等选项。

（2）数据透视表的编辑和显示格式的设置

建立数据透视表后，编辑和设置布局及显示格式的 3 种方法如下。

① 在图 4-75 所示的"数据透视表字段列表"中，单击右下角数值项右边的下拉按钮，从中选择"值字段设置"命令，系统打开弹出"值字段设置"对话框，如图 4-77 所示，用于"值字段汇总方式"的计算类型有求和、计数等。

② 使用"数据透视表工具"进行操作。单击透视表任何位置，激活"数据透视表工具"，包含"选项"和"设计"两个选项卡，其中"选项"选项卡用于编辑透视表名称、设置活动字段、分组、排序及插入切片器、更改数据源、设置透视表汇总方式，以及移动或删除透视表等，如图 4-78 所示。

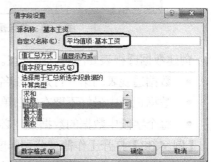

图 4-77　数据透视表的"数值字段设置"对话框

图 4-78　数据透视表工具之"选项"选项卡

"设计"选项卡用于格式化透视表，如"布局"数据透视表中的分类汇总、总计、空行等显示方式，还可更改透视表样式等，如图 4-79 所示。

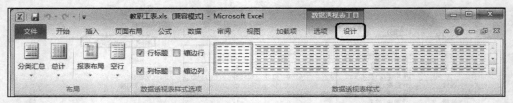

图 4-79　数据透视表工具之"设计"选项卡

③ 直接选中数据透视表上的某个字段（如副教授的基本工资），在该字段单击鼠标右键，在弹出的快捷菜单中选择相关的操作命令。如图 4-80 所示，这里选择"值汇总依据"→"平均值"命令。

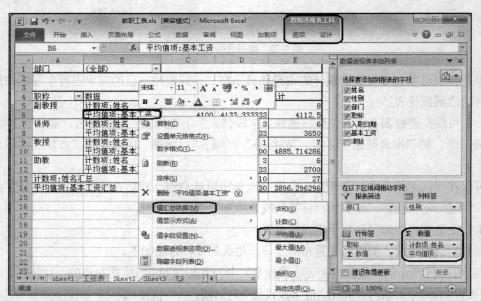

图 4-80　数据透视表的"数值字段设置"快捷菜单方式的设置

创建数据透视表要注意以下几点。

- 数据透视表的第一行是字段名称，字段名称不能为空。
- 数据记录中最好不要有空白单元格或合并单元格。
- 每个字段中数据的数据类型必须一致。

【例 4.38】打开工作簿"公司年度统计表.xlsx"中，创建数据透视表名"公司总利润透视表"，位置在数据表右边 G1 开始空白区，按不同的年度、季度、公司和小组统计利润总和，年度作为报表筛选字段（即分页字段），季度为列字段，公司和小组为行字段。

操作步骤如下。

① 单击数据表任意单元格，在"插入"选项卡"表格"组中单击"数据透视表"按钮，在打开的"创建数据透视表"对话框中选择数据来源，如 A1:G28 区域，位置选择在现有工作表 G1（即 Sheet1G1），单击"确定"按钮。

② 拖动"年度"至"报表筛选"作为页字段，拖动"季度"至列标签，拖动"公司"和"小组"至行标签，拖动"利润"至求和数值项，生成的透视表如图 4-81 所示。

5. 切片器

切片器是 Excel 2010 中的新增功能，它以交互方式快速筛选数据透视表中的数据，而无须打开下拉列表以查找要筛选的项目。

年度	(全部)	▼				
求和项:利润		季度	▼			
公司	小组	一	二	三	四	总计
⊟第1公司	1	112	155	87	72	426
	2	110	141	104	102	457
第1公司 汇总		222	296	191	174	883
⊟第2公司	1	116	113	130	115	474
	2	104	80	141	89	414
第2公司 汇总		220	193	271	204	888
⊟第3公司	1	96	94	98	116	404
	2	90	92	86	100	368
第3公司 汇总		186	186	184	216	772
总计		628	675	646	594	2543

图 4-81　透视表结果

切片器通常与在其中创建切片器的数据透视表相关联，可以使切片器与工作簿的格式设置相符，并且能够在其他数据透视表、数据透视图和多维数据集函数中轻松地重复使用这些切片器。

需要注意的是只有使用 Excel 2010 创建的数据表才能插入或使用切片器，低版本的 Excel 文档即使能在 Excel 2010 中打开，也不能插入切片器，必须将数据复制至 Excel 2010 文档中才能使用该功能。

（1）插入切片器

使用切片器可以方便、快速筛选数据透视表和多维数据集功能。

【例 4.39】在工作簿"教职工表－A.xlsx"的"透视表"中插入切片器，用于"性别""入职日期"和"基本工资"3 个字段的数据筛选。

操作步骤如下。

① 单击数据透视表中数据区域的任意单元格，激活"数据透视表工具"，单击"数据透视表工具选项"卡，如图 4-82 所示。

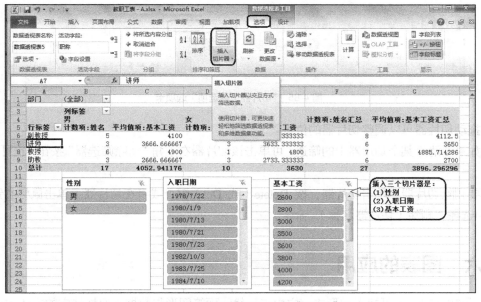

图 4-82　数据透视表中插入 3 个"切片器"

② 单击"数据透视表工具选项"选项卡"排序和筛选"组中的"插入切片器"按钮，系统打开"插入切片器"对话框。根据要筛选数据的类别，选中要插入切片器的字段名如"性别""入职日期"和"基本工资"复选框，如图 4-83 所示。

③ 单击"确定"按钮，系统为选中的每一个字段创建了一个切片器，如图 4-82 所示。

④ 在当前数据透视表中，可以使用每个切片器，单击要筛选的字段。若要选择多个字段，则按住 Ctrl 键，再单击要筛选的字段。

⑤ 此时单击不同切片器中的选项来筛选当前数据透视表，其效果与直接单击数据透视表中的字段筛选按钮是相同的，只是在切片器中的操作更方便、更直观。这里在切片器中单击"女"和"2000/7/12"，筛选结果如图 4-84 所示。

图 4-83 "插入切片器"对话框　　　　　　图 4-84 使用"切片器"筛选的结果

（2）切片器的其他操作

① 单击任一个切片器可打开"切片器工具选项"选项卡，包含"切片器""切片器样式""排列方式""按钮"及"大小"组，如图 4-85 所示。

图 4-85 "切片器工具选项"选项卡

② 拖动切片器可以调整切片器的位置。

③ 如果要清除某个切片器中的筛选，可单击该切片器右上角"清除筛选器"按钮，也可按 Alt+C 组合键。

④ 要删除切片器，单击切片器，按 Delete（或 Del）键；或者在切片器上单击鼠标右键，在快捷菜单中选择"删除（切片器名称）"命令。

任务六　图表的应用

图表是数据的一种可视表示形式，它由点、线、面等图形与数据文件按特定的方式组合而成。

Excel 中用图表将工作表数据及数据系列之间的关系以柱形、饼形、折线等图形格式展示出来，具有直观、形象、双向联动等特点，使工作表数据的统计分析结果更易于理解和交流。

1. **图表的建立、类型及组成元素**

（1）图表的建立

使用 Excel 工作簿中的数据制作图表，生成的图表也存放在工作簿中。本节通过在学生成绩表中创建一个图表，介绍有关图表的操作和基本概念。

在"插入"选项卡"图表"组中，有多种用于图表操作的功能按钮及插入"图表类型"的按钮。通常图表有两种，一种是与数据源放在同一张工作表的内嵌图表，另一种是与数据源分开、存放在工作簿中的独立图表。

【例 4.40】打开工作簿"学生成绩表.xlsx"中的工作表 Sheet1，根据学生成绩创建一个簇状柱形的图表。

操作步骤如下。

① 在工作表 Sheet1 中，选择制作图表的数据区域 B1:F9。

② 在"插入"选项卡"图表"组（见图 4-86）中单击右下角的启动按钮，系统打开图 4-87 所示的"插入图表"对话框。选择其中一种图表类型，如"柱形图"选项卡中的"簇状柱形图"。

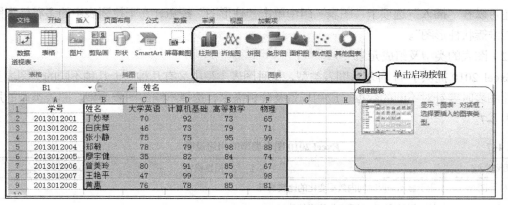

图 4-86　图表的类型

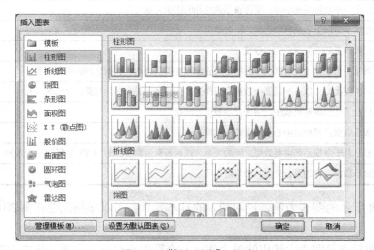

图 4-87　"插入图表"对话框

③ 单击中"确定"按钮，创建的簇状柱形图表如图 4-88 所示。

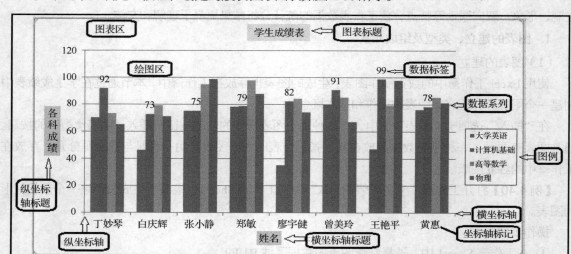

图 4-88　生成的簇状柱形图表及图表的组成元素

将鼠标指针停留在任何图表类型上时，屏幕将会显示其名称。

还可以在"插入"选项卡"图表"组中单击"柱形图"按钮，在下拉列表中的多种柱形图中选择"二维簇状柱形图"。

（2）图表的类型及组成元素

Excel 2010 提供了 11 种基本图表类型，每种图表类型中又有几种到十几种不同的子图表类型，在创建图表时要针对不同的数据、应用场景及分析需求，选择不同的图表类型。图表类型的用途说明见表 4-7。

表 4–7   Excel 2010 图表类型的用途说明

图表类型	用途说明
柱形图	用于显示一段时间内数据变化的比较情况
折线图	按类别显示随时间而变化的连续数据
饼图	显示一个数据系列中每一项占该系列总和的比例关系
条形图	在水平方向上显示各项之间的比较情况
面积图	强调数量随时间而变化的程度
曲面图	当某一组数据变化时以三维图的形式显示相关的另外两组数据之间的变化关系
圆环图	与饼图类似，以一个或多个数据系列作为部分，显示各个部分与整体之间的关系
股价图	综合了柱形图和折线图，用来显示股价的波动
雷达图	表示数据系列相对中心点数据的变化情况
XY 散点图	显示若干数据系列中各数值之间的关系，或者将两组数字绘制为 XY 坐标的一个系列
气泡图	显示数据系列的聚合情况，类似散点图

下面以图 4-88 所示的图表为例，说明图表的基本元素。可以根据需要在图表中设置添加一些图表元素。

① 数据点。数据点是图表中绘出的单个值，一个数据点对应一个单元格中的数值。这些数据点

用柱形、折线、饼图、条形或圆环图的扇面、圆点和其他被称为数据标记的各种图形表示，这也称为数据标志。相同类型的数据标记组成一个数据系列。

② 数据系列。一个数据系列是图表中绘制的一组相关数据点，这些数据系列来自工作表的一行（列）或多行（列）。图表中的每个数据系列具有唯一的颜色或图案，并且在图表的图例中表示。

③ 数据标签。为数据标记提供附加信息的标签，数据标签代表源于数据表单元格的单个数据点或值。

④ 图表标题。为图表说明性的文本，可以自动与坐标轴对齐或在图表顶部居中。

⑤ 坐标轴与坐标轴标题。坐标轴用于界定图表绘图区的线条，通常有两个用于对数据进行度量和分类的坐标轴，其中，Y 轴为垂直坐标轴并包含数据，而 X 轴为水平轴并包含分类。

坐标轴标题为坐标轴说明性的文本。

三维图表还有第三个坐标轴，即竖坐标轴（也称系列轴或 Z 轴），以便能够根据图表的深度绘制数据。

雷达图没有水平轴，而饼图和圆环图没有任何坐标轴。

⑥ 坐标轴标记。坐标轴标记是用来分类数据系列中的各个值，其对应着所选数据区域的首行或首列的字段，例如图中每个学生的姓名作为 X 轴的标记，分数作为 Y 轴的标记。

⑦ 图例。图例是用于标识图表中的数据系列或分类指定的图案或颜色。

2. 图表的编辑与格式化

图表的编辑包括图表的移动、复制、缩放、删除及更改图表名称等。单击图表的任意位置激活图表，菜单栏中自动出现"图表工具"菜单，其中还有"设计""布局"和"格式"3 个选项卡，用于更改图表类型、添加图表标题、设置坐标轴标题、添加数据标签及更改图例等图表元素，还可以更改图表的设计、布局、样式及位置。

下面通过实例对图 4-89 所示的图表进行编辑和格式化。

（1）"设计"选项卡

单击"图表工具"中的 "设计"选项卡，系统弹出图 4-89 所示的功能区。

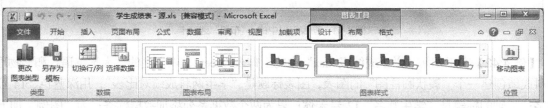

图 4-89　图表工具中的"设计"选项卡

【例 4.41】将工作簿"学生成绩表.xlsx"中的工作表 Sheet1 的"簇状柱形图表"更改为"簇状条形图表"，图表布局为"布局 3"，图表样式为"样式 2"，并将图表以新工作表放在该工作簿中。

操作步骤如下。

① 单击工作表 Sheet1 中图表区任何位置，激活"图表工具"。

② 选择"设计"选项卡，单击"类型"组中"更改图表类型"按钮，在弹出的"更改图表类型"列表中选择"簇状条形图"。

③ 单击"确定"按钮。

④ 单击 "设计" 选项卡 "图表布局" 组中 "布局 3"。

⑤ 单击 "设计" 选项卡 "图表样式" 组中 "样式 2"。

⑥ 在 "设计" 选项卡 "位置" 组中单击 "移动图表" 按钮, 在打开的 "移动图表" 对话框中选中 "新工作表" 单选按钮, 默认新工作表 (即图表) 名为 Chart1, 如图 4-90 所示。

⑦ 单击 "确定" 按钮, 新图表 (默认名为 Chart1) 存储在工作簿中。

图 4-90 "移动图表" 对话框

"设计" 选项卡中各组的功能如下。

- "数据" 组中的 "切换行/列" 按钮, 可以实现 X/Y 坐标轴上的数据互换。
- "数据" 组中的 "选择数据" 按钮, 用于修改或删除图表中包含的数据区域。
- "图表布局" 组提供了多种更改图表布局的方案。
- "图表样式" 组列出了多种可以套用或更改的图表样式。
- "位置" 组中的 "移动图标" 按钮用来将内嵌的图表移至工作簿的其他独立的工作表中。

(2) "布局" 选项卡

单击 "图表工具" 中的 "布局" 选项卡, 系统弹出图 4-91 所示的功能区。

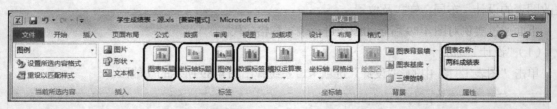

图 4-91 图表工具中的 "布局" 选项卡

【例 4.42】在工作簿 "学生成绩表.xlsx" 中的工作表 Sheet2, 以学生的 "大学英语" 和 "物理" 两科成绩创建一个 "簇状圆柱图" 的图表, 图表标题是 "学生两科成绩对比表", 用深蓝色、14 号宋体字; X 轴的标题是 "学生姓名" 12 号宋体; 只为两个数据系列添加数据标签; 为 "图例" 加上橙色底纹、黑色实线框, 在图表右侧位置; 将图表名称设置为 "两科成绩表"。

操作步骤如下。

① 在工作表 Sheet2 中选择数据区域 B1:C9 和 F1:F9。

② 在 "插入" 选项卡的 "图表" 组中单击右下角的启动按钮, 在 "插入图表" 列表中选择 "三维簇状水平圆柱图", 单击 "确定" 按钮。

③ 设置图表标题。单击图表区, 激活 "图表工具", 在 "布局" 选项卡 "标签" 组中单击 "图表标题" 按钮, 从中选择 "图表上方", 输入标题文字。如果选择 "其他标题选项" 可以对图表标题进行更多设置, 例如, 填充颜色、加边框颜色和样式、阴影及对齐方式等。

④ 设置 X 坐标轴标题。单击"标签"组中的"坐标轴标题"按钮，选择"主要横坐标轴标题"列表中的"坐标轴下方标题"，输入"学生姓名"后，在该标题上单击鼠标右键，在出现的工具栏中选择"宋体、12 号"即可。

⑤ 添加数据系列标签。单击"数据标签"列表中的"显示"。

⑥ 设置图例。单击"图例"列表中的"在右侧显示图例"，在图例上单击鼠标右键，在快捷菜单中选择"设置图例格式"命令，系统打开"设置图例格式"对话框，如图 4-92 所示。选择填充橙色底纹、黑色实线框。

⑦ 设置图表名称。在"布局"选项卡"属性"组中单击"图表名称"的文本框，输入"两科成绩表"。

图 4-92　"设置图例格式"对话框

"布局"选项卡中各组的功能说明如下。

* 在"插入"组中，可以添加图片、形状或选择文本框的选项。
* 在"标签"组中，可以设置或更改图表标题、坐标轴标题、图例、数据标签等。
* 在"坐标轴"组中，可以设置或更改坐标轴或网格线的布局。
* 在"背景"组中，可以设置或更改绘图区背景的布局选项。"图表背景墙""图表基底"和"三维旋转"选项只适用于三维图表。
* 在"属性"组中，可以更改图表的名称。

（3）"格式"选项卡

单击"图表工具"中的"格式"选项卡，系统弹出图 4-93 所示的功能区。

图 4-93　图表工具中的"格式"选项卡

"格式"选项卡中各组的功能说明如下。

* 在"当前所选内容"组中，单击"图表元素"框下拉箭头，可以选择要更改格式样式的图表元素。
* 在"当前所选内容"组中，单击"设置所选内容格式"按钮，然后在"设置图表元素格式"

对话框中，选择所需的格式选项。

- 在"形状样式"组中，可以设置"形状填充""形状轮廓"或"形状效果"。
- 在"艺术字样式"组中，可以设置图表文本的"艺术字样式""文本填充""文本轮廓"或"文本效果"等文本格式。
- 在"排列"组中，可以将设置图表的对齐、组合、旋转等。
- 在"大小"组中，可以设置图表的高度和宽度。

（4）移动图表

对于与数据源存放一起的图表，单击图表，可以用鼠标拖动图表至当前工作表的任意位置。

还可以单击"设计"选项卡"位置"组中的"移动图表"按钮，将内嵌图表移至工作簿的其他工作表中。

（5）调整图表大小

单击以激活图表，此时图表的 4 角及 4 边的中央位置有黑色点的标记，将鼠标指针指向标记，再按住鼠标沿着指示方向拖动，就可以调整图表的大小。若要准确地调整图表的大小，可以在"图表工具"中"格式"选项卡"大小"组中输入图表的高度和宽度值。

举一反三

通过鼠标右键单击图表中的任何元素，在弹出的快捷菜单中选择相关命令，以更改图表的设计、布局和格式。

【例 4.43】对例 4.42 生成的图表，删除"大学英语"数据系列，增加"计算机基础"和"高等数学"两科成绩，将图表标题设置为"细微效果-红色，强调颜色 2"，将"图例"文字修改为"渐变填充-橙色，强调文字颜色 6，内部阴影"，将绘图区背景墙更改为"水滴"纹理的填充。

操作步骤如下。

① 在例 4.42 的图表中，在"大学英语"数据系列上单击鼠标右键，在弹出的快捷菜单中选择"删除"。

② 选择"图表工具"中"设计"选项卡，单击"数据"组中的"选择数据"按钮，系统打开"选择数据源"对话框，如图 4-94 所示。

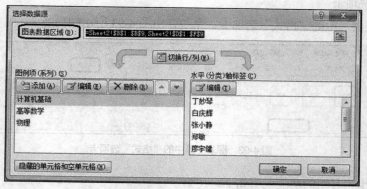

图 4-94 增加数据系列的"选择数据源"对话框

③ 在"图表数据区域"中重新选择（或输入）要增加两个数据系列：B1:B9 和 D1:F9，单击"确定"按钮。

④ 选中"图表标题"，单击"格式"选项卡，选择"形状样式"组的下拉列表中的"细微效果-红色，强调颜色2"。

⑤ 选中"图例"，单击"格式"选项卡，选择"艺术字样式"组下拉列表中的"渐变填充-橙色，强调文字颜色6，内部阴影"。

⑥ 选中图表的"背景墙"，单击"格式"选项卡，在"形状样式"组的"形状填充"下拉列表中选择"纹理"，单击"水滴"，如图 4-95 所示。

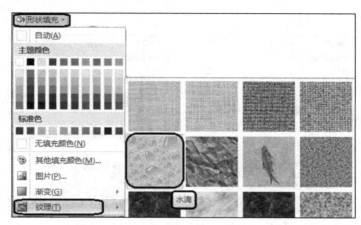

图 4-95　设置水滴纹理

【例 4.44】在工作簿"EX6.xlsx"的工作表 Sheet1 中，进行下列操作。

（1）标题行设置为 20 号、黑体字、合并居中、底纹是红色、强调文字颜色 2、淡色 80%。

（2）第二行（字段名行）底纹是蓝色、强调文字颜色 1、淡色 60%。

（3）整个表格加上绿色实线内外边框。

（4）在 C3 单元格中添加批注"统计于 2013 年 7 月"。

（5）用 IF 函数计算"津贴系数"列，即教龄 10 年（含）以下为教龄乘 10%，11～20 年（含）教龄乘 20%，20 年以上为教龄乘 30%。

（6）以"姓名"和"教龄"两个数据系列建立数据标记折线图，图表以独立工作表存储在当前工作簿中，图表标题为"教师教龄折线图"、16 号、宋体字、黄色底纹，给图例加红色边框。

（7）以"学历"为分类字段、"教龄"为汇总项建立分类汇总，统计各种学历人员总数及教龄的平均值，汇总结果位于数据下方。

操作步骤如下。

① 在工作表 Sheet1 中，选定标题行，即单元格区域 A1:E1，设置黑体、20 号、合并居中，再单击"填充颜色"按钮，在列表中选择"红色、强调文字颜色 2、淡色 80%"。

② 选定第二行（即单元格区域 A2:E2），单击"填充颜色"按钮，设置第二行（字段名行）底纹是蓝色、强调文字颜色 1、淡色 60%。

③ 选定整个表格 A1:E21，单击鼠标右键，在弹出的快捷菜单中选择"单元格格式"，在打开的"设置单元格格式"对话框中选择"边框"选项卡，线条颜色选择绿色实线，单击"内部"和"外边框"按钮。

④ 单击 C3 单元格，在"审阅"选项卡"批注"组中单击"新建批注"按钮，在文本框中输入

批注内容。

⑤ 在 E3 单元格中使用"插入函数"输入函数，或者直接输入函数：=IF(D3<=10,D3*10%,IF(D3<=20,D3*20%,D3*30%))"。

⑥ 以"学历"排序（升序），在"数据"选项卡"分组显示"组中单击"分类汇总"按钮，系统打开"分类汇总"对话框，设置选项如图4-96（a）所示。单击"确定"按钮。

⑦ 再次单击"分类汇总"按钮，系统打开"分类汇总"对话框，设置选项如图4-96（b）所示。单击"确定"按钮。

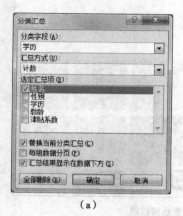

（a）　　　　　　　　　　　　（b）

图 4-96　两次分类汇总的设置

【例 4.45】在工作簿"销售统计表.xlsx"的工作表 Sheet1 中，选择合适的图表恰当反映数据的变化趋势。

分析：这张工作表的两组数据"数量"和"平均价格"相差较大，如果使用"柱形图"，则只能看到"平均价格"的变化情况而无法看到"数量"的变化，无法进行比较、分析。在这种情况下需要增加一个 Y 轴显示"数量"，并且选择与"平均价格"不同的图表类型反映其变化趋势，两者结合所生成的图表能更直观、生动地显示每种数据的变化趋势和状态。

操作步骤如下。

① 打开工作簿"销售统计表.xlsx"中工作表 Sheet1，选择数据区域 A2:M4。

② 在"插入"选项卡"图表"组中单击"柱形图"按钮，在打开的"插入图表"对话框中单击"柱形图"选项卡，在右侧"柱形图"列表中单击"簇状柱形图"，生成一个图表。

③ 单击图表中的"数量"数据系列，单击鼠标右键，在弹出的快捷菜单中选择"设置数据系列格式"命令，系统打开"设置数据系列格式"对话框，在"系统选项"中选择"次坐标轴"，单击"关闭"按钮。

④ 再次单击"数量"数据系列，单击鼠标右键，在弹出的快捷菜单中选择"更改系列图表类型"命令。

⑤ 在打开的"更改图表类型"对话框中选择"XY（散点图）"中"带平滑线的散点图"命令，单击"确定"按钮，生成的图表如图4-97所示。

图表清晰地显示两个数据系列"数量"和"平均价格"的变化情况。

使用"图表工具"组中的其他命令按钮或者快捷菜单命令，还可以在图表中添加误差线、趋势线、涨跌柱线等。

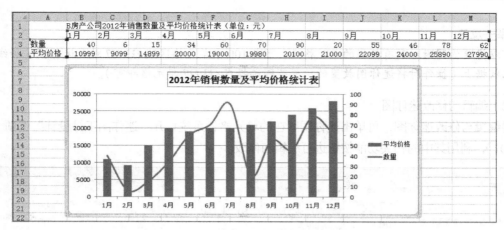

图 4-97　生成的统计表

3. 迷你图

通常 Excel 创建的图表都占用很多个单元格，有没有什么办法能够让图表只在一个单元格中显示呢？Excel 2010 新增的"迷你图"就具有这种功能。迷你图实质上是一个制图小工具，以单元格为绘图区域，简单快速地绘制出微型图表，并存储在单元格中。

需要注意的是只有使用 Excel 2010 创建的数据表才能创建迷你图，低版本 Excel 文档即使使用 Excel 2010 打开也不能创建，必须将数据复制至 Excel 2010 文档中才能创建迷你图。

（1）创建迷你图

由"插入"选项卡"迷你图"组可知，可创建的"迷你图"的类型只有 3 种，即拆线图、柱形图、盈亏图，如图 4-98 所示。

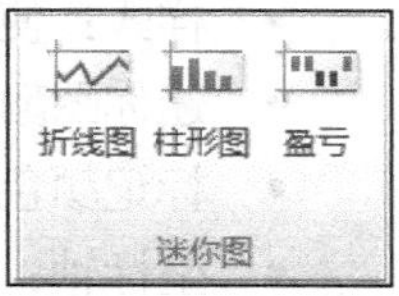

图 4-98　"迷你图"组

【例 4.46】工作簿"报表.xlsx"中 Sheet1 工作表是 A 公司 5 个部门 5 个月的销售额，创建迷你图来分析比较各部门的销售情况。

操作步骤如下。

① 打开工作簿"月报表.xlsx"中 Sheet1 工作表。

② 选择要创建迷你图的单元格区域 B3:F7。

③ 单击"插入"选项卡"迷你图"组中的"柱形图"，系统打开"创建迷你图"对话框，如图 4-99 所示。

④ 选择放置迷你图的位置时，在"位置范围"文本框中输入 H3:H7。

⑤ 单击"确定"按钮，迷你图插入单元格 H3:H7 中，如图 4-100 所示。

图 4-99　"创建迷你图"对话框

图 4-100　"迷你图"插入单元格中

举一反三

可以将迷你图附加到有数据的单元格上，图 4-100 中单元格区域 G3:G7 就是迷你图（折线图）叠加在数据上（操作时将迷你图放置的位置范围选择在 G3:G7 单元格即可）。

（2）编辑与修改迷你图

要编辑与修改迷你图，可单击迷你图所在的单元格，系统打开"迷你图工具设计"选项卡（见图 4-101），利用其中的相关功能按钮进行编辑与修改。

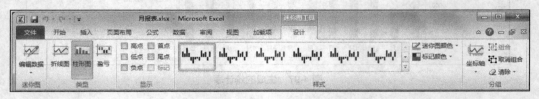

图 4-101 "迷你图工具设计"选项卡

"迷你图工具的设计"选项卡中各按钮的功能如下。

- 编辑数据：修改迷你图的源数据区域或单个迷你图的源数据区域。
- 类型：更改迷你图的类型为折线图、柱形图、盈亏图。
- 显示：在迷你图中标识什么样的特殊数据。
- 样式：使迷你图直接应用预定义格式的图表样式。
- 迷你图颜色：修改迷你图折线或柱形的颜色。
- 标记颜色：迷你图中特殊数据着重显示的颜色。
- 坐标轴：迷你图坐标范围控制。
- 组合及取消组合：由于创建本例迷你图时"位置范围"选择了单元格区域，4 个单元格内的迷你图为一组迷你图，可通过使用此功能进行组的拆分或将多个不同组的迷你图组合为一组。

思考与习题

一、思考题

1. 如何在 Excel 中制作带有斜线表头的工作表？在带有斜线的单元格内如何输入数据或文本？
2. 如何设置表格样式？
3. 如何在工作簿之间复制单元格样式？
4. 如何在 Excel 中插入线条、矩形、流程图？
5. 创建图表后，如何更改数据标签的数字格式，以及字体大小、颜色等？
6. 在 Excel 工作表中如何设置页边距、页眉/页脚？

二、单项选择题

1. 一个 Excel 2010 工作簿中含有（   ）个默认工作表。

   A. 1   B. 3   C. 16   D. 256

2. 在单元格中输入一个数值数据时，Excel 默认设置为（   ），输入文本时，自动设置为（   ）。

   A. 右对齐   B. 左对齐   C. 居中对齐   D. 两端对齐

3. Excel 2010 工作簿文件的默认扩展名为（　　　）。

    A． .docx   B． .xlsx   C．.pptx   D． .mdbx

4. 对选定的单元格或区域命名时，需要选择（　　　）选项卡"定义的名称"组中的"定义名称"命令。

    A．"开始"   B．"插入"   C．"公式"   D．"数据"

5. Excel 2010 中提供的主题样式包括（　　　）等。

    A．字体   B．颜色   C．效果   D．以上都正确

6. 在 Excel 2010 的图表中，水平 X 轴通常用来作为（　　　）。

    A．排序轴   B．分类轴   C．数据轴   D．时间轴

7. 对数据表进行自动筛选后，所选数据表的每个字段名旁都对应一个（　　　）。

    A．下拉箭头   B．对话框   C．窗口   D．工具栏

8. 在默认的情况下，Excel 自定义单元格为通用格式，当数值长度超出单元格长度时将用（　　　）显示。

    A．普通记数法   B．分数记数法   C．科学记数法   D．#######

9. Excel 的主要功能是（　　　）。

    A．表格处理、文字处理、文件管理   B．表格处理、网络通信、图形处理

    C．表格处理、数据库处理、图形处理   D．表格处理、数据处理、网络通信

10. 在 Excel 2010 工作表中，若对选择的某一单元格只要复制其公式，而不要复制单元格格式到另一单元格，应先选择"编辑"选项卡的"复制"命令，然后定位目标单元格，最后选择（　　　）。

    A．"选择性粘贴"   B．"粘贴"   C．"剪切"   D．以上命令均可

11. 若要把一个数字作为文本（如邮政编码、电话号码、产品代号等），只要在输入时加上一个（　　　），Excel 就会把该数字作为文本处理，将它沿单元格左边对齐。

    A．双撇号   B．单撇号   C．分号   D．逗号

12. 如果要对数据进行分类汇总，必须先对数据进行（　　　）。

    A．按分类汇总的字段排序，从而使相同的记录集中在一起

    B．自动筛选

    C．按任何一个字段排序

    D．格式化

13. 要在单元格中得到 2789+12345 的和，应输入（　　　）。

    A．2789+12345   B．=2789+12345   C．278912345   D．2789,1234

14. 在 Excel 中，如果要在 G2 单元格得到 B2 到 F2 单元格的数值和，应在 G2 单元格中输入（　　　）。

    A．=SUM(B2 F2)   B．=SUM(B2:F2)   C．=B:F   D．=SUM(B2:F)

15. 在 Excel 2010 中，假定 B2 单元格的内容为数值 15，则公式 "=IF（B2>20,"好",IF(B2>10,"中","差"))" 的值为（　　　）。

    A．好   B．良   C．中   D．差

16. 在 Excel 2010 中，对工作表中公式单元格进行移动或复制时，以下正确的说法是（　　　）。

    A．其公式中的绝对地址或相对地址都不变

    B．其公式中的绝对地址或相对地址都会自动调整

C. 其公式中的绝对地址不变，相对地址自动调整

D. 其公式中的绝对地址自动调整，相对地址不变

17. 在 Excel 2010 的电子工作表中建立的数据表，通常把每一行称为一个（　　）。

  A. 记录   B. 二维表   C. 属性   D. 关键字

18. 在 Excel 2010 中，数据源发生变化时，相应的图表（　　）。

  A. 手动跟随变化 B. 自动跟随变化 C. 不跟随变化 D. 不受任何影响

19. 在 Excel 2010 的"图表工具"下的"布局"选项卡中，不能设置（或修改）（　　）。

  A. 图表标题   B. 坐标轴标题   C. 图例   D. 图表位置

20. Excel 2010 所建立的图表（　　）。

  A. 只能插入数据源工作表中

  B. 只能插入一个新的工作表中

  C. 可以插入数据源工作表，也可以插入新工作表中

  D. 既不能插入数据源工作表，也不能插入新工作表中

21. 在对数据表进行排序时，在"排序"对话框中能够指定的排序关键字个数限制为（　　）。

  A. 1 个   B. 2 个   C. 3 个   D. 任意

22. 在 Excel 2010 中，若需要将工作表中某列上大于某个值的记录挑选出来，应执行数据菜单中的（　　）。

  A. 排序命令   B. 筛选命令   C. 分类汇总命令 D. 合并计算命令

23. 在 Excel 2010 的自动筛选中，每个列标题（又称字段名）右边的下三角按钮都对应一个（　　）。

  A. 下拉菜单   B. 对话框   C. 窗口   D. 工具栏

24. 在 Excel 2010 的高级筛选中，条件区域中写在同一行的条件是（　　）。

  A. 或关系   B. 与关系   C. 非关系   D. 异或关系

25. 在 Excel 2010 的高级筛选中，条件区域中不同行的条件是（　　）。

  A. 或关系   B. 与关系   C. 非关系   D. 异或关系

26. 在 Excel 2010 中设置高级筛选的条件区域时，第一行必须包含（　　）。

  A. 行号   B. 列号   C. 工作表名   D. 字段名

27. 在 Excel 2010 中，进行分类汇总前，首先必须对数据表中的某个列标题（即字段名）进行（　　）。

  A. 自动筛选   B. 高级筛选   C. 查找   D. 排序

28. 在 Excel 2010 中，假定存在着一个职工简表，要对职工工资按职称属性进行分类汇总，则在分类汇总前必须进行数据排序，所选择的关键字为（　　）。

  A. 性别   B. 职工号   C. 工资   D. 职称

29. 在 Excel 2010 中建立图表时，有很多图表类型可供选择，能够很好地表现一段时期内数据变化趋势的图表类型是（　　）。

  A. 柱形图   B. 饼图   C. 折线图   D. XY 散点图

30. 在 Excel 2010 的饼图类型中，应包含的数值系列的个数（　　）。它与"柱形图"不一样，"柱形图"可以表示几个不同属性值（即不同列的值）大小。

  A. 1   B. 2   C. 3   D. 任意

31. 在编辑工作表时，隐藏的行或列在打印时将（　　　）。

　　A. 被打印出来　　　　B. 不被打印出来　　　　C. 不确定　　　　D. 以上都不正确

三、综合实训项目

1. 打开工作簿"EX8.xlsx"，完成下列操作，再以原文件名保存。

（1）在"工资表"中，将第一列"员工号"，以数字 20109001、20109002 等样式开始自动填充；标题行的字体设置为 20 号、楷体，合并居中；字段名行设置为 12 号、宋体、深蓝色字；加淡蓝色底纹。

（2）按"职称"及比例计算奖金（表中给出比例，且要用 IF 函数计算奖金），再计算每个教师的实发工资，保留 2 位小数（实发工资=基本工资+奖金-扣款）。

（3）复制 5 张相同的工作表，并将 5 张工作表分别改名为"排序""自动筛选""高级筛选""分类汇总"和"数据库函数"。

（4）在"排序"工作表中，按性别（先"女"后"男"）排序，性别相同按基本工资（从小至大）排序。

（5）在工作表"自动筛选"中，筛选条件为机械系的教授和副教授。

（6）在工作表"高级筛选"中，筛选"管理系"和"计算机系"的基本工资都高于 4500 元的记录。条件区域从 K8 单元格开始，筛选结果复制到以 A21 单元格开始的区域。

（7）在"分类汇总"表中，按"部门"汇总各部门人数、基本工资的平均值和奖金的总和。

（8）在"数据库函数"中用数据库函数计算英语系姓"林"的人数。

（9）计算"管理系"的实发工资的总和（两个条件区自行设置）。

2. 打开工作簿"EX7.xlsx"，完成下列操作，再以原文件名保存。

在工作表 Sheet1 中对计算机统考成绩进行统计计算。

（1）在单元格区域 H2:K6 中计算各系参加考试的学生人数、各系笔试的平均分和各系机试的平均分（要求用 SUMIF 函数和 COUNTIF 函数，笔试和机试的平均分都保留 1 位小数）。

（2）在单元格区域 H8:K10 中计算笔试和机试的平均分（保留 1 位小数）、最高分和最低分。

（3）在单元格区域 H12:I13 中计算本次统考的优秀率（优秀人数/参加考试人数）和通过率（"优秀"和"通过"的人数/参加考试的人数），并分别以百分比显示（保留一位小数）。

（4）在单元格区域 H15:J20 中统计笔试和机试中不及格、60～70（不含 70）分、70～80（不含 80）分、80～90（不含 90）分、90 分及以上的学生人数。

（5）以单元格区域 H15:I20 中的"分数段"和"笔试"两列数据，建立嵌入的分离型三维饼图，添加百分比的数据标签，给图表加上标题"笔试统计"。图例放在右侧。样例如图 4-102 所示。

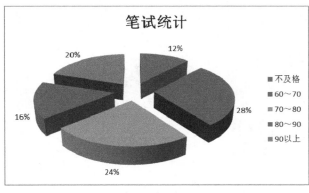

图 4-102　图表的样例

（6）以单元格区域 H8:K10 中的数据，建立三维簇状圆柱形的独立图表，并将表标签改名为"成绩图表"。给"机试"添加"系别名称"和"值"的数据标签，再给图表加上标题"计算机等级考试分析图"。

3. 打开工作簿"EX9.xlsx"，完成下列操作，再以原文件名保存。

（1）首先将工作表 Sheet1 复制 3 张，将它们分别改名为"高级筛选""透视表"和"图表"。

（2）在工作表 Sheet1 中，用函数 COUNTIF 计算男、女职工人数，放在 C24、C25 单元格；用函数找到最低实发工资以及对应的职工编号、姓名，存放在 L3:N3 区域。

（3）在"高级筛选"表中，筛选部门为"行政办"和"开发部"的实发工资在 4800 元（含）以上的员工记录。条件区为 L2 单元格开始的单元格区域，结果放在 A25 单元格开始的单元格区域。

（4）在"透视表"中，按不同部门、不同的职务统计出人数总和、平均实发工资，其中"部门"为行字段，"职务"为列字段。

（5）在"图表"中，创建一个簇状柱形图表，反映各种"职务"的人数状况。提示：以职务分类汇总，从汇总表中复制或选择各种职务及人数生成一个单元格区域 E30:F35（见图 4-103），以这个数据区域生成图表。

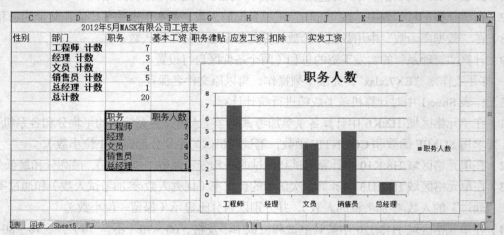

图 4-103　图表的样例

05

第5章 演示文稿软件 PowerPoint 2010

内容概述

PowerPoint 是 Microsoft Office 办公软件的一个重要组件，用于制作具有图文并茂效果的演示文稿。演示文稿由用户根据软件提供的功能自行设计、制作和放映，具有动态性、交互性和可视性，广泛应用在演讲、报告、产品演示和课件制作等内容展示上，借助演示文稿，可更有效地进行表达与交流。

本章主要介绍 PowerPoint 2010 的常用术语、工作界面、基本操作，演示文稿的制作、放映及高级技巧等。

学习目标
- 熟悉 PowerPoint 2010 的基本概念。
- 熟悉 PowerPoint 2010 的基本操作。
- 掌握 PowerPoint 2010 演示文稿的设计与制作方法。
- 掌握 PowerPoint 2010 演示文稿的放映方法。
- 掌握 PowerPoint 2010 演示文稿的打印和打包方法。

PowerPoint 2010 为制作演示文稿提供了一整套易学易用的工具。它除了能完成一般的文本演示文稿制作外，还提供了丰富的图形和图表制作功能，可以在幻灯片中创建各类图形、图表，插入图片，使幻灯片图文并茂、生动活泼。同时它增加了动画效果和多媒体功能，可以根据演示文稿的内容设置不同的动画效果、动作及超链接来动态地组织和显示文本、图表，也可以插入演示者的旁白或背景音乐。另外，它还提供了不同的放映方式的设置和演示文稿的"打包"功能。演讲者可以很方便地设计制作出具有鲜明个性的幻灯片。

任务一 PowerPoint 2010 的基本概念

PowerPoint 引入"演示文稿"概念，把一部分零乱的幻灯片整编、处理形成一个幻灯片集进行演示。PowerPoint 是多媒体演示文稿软件，可以制作包含文字、图片、表格、组织结构图、音频、视频等内容的幻灯片，并将这些幻灯片编辑成演示文稿。PowerPoint 做出来的文件整体称为演示文稿，演示文稿中的每一页称为幻灯片，每张幻灯片都是演示文稿中既相互独立又相互联系的内容。用户可以在投影仪或计算机上进行演示，也可以将演示文稿打印出来，制作成胶片，以便应用到更广泛的领域中。

1. PowerPoint 2010 的工作窗口

PowerPoint 2010 的工作窗口和其他 Office 2010 组件的窗口基本相同，如图 5-1 所示。

标题栏：显示软件名称和当前文档名称，新建时系统默认的文档名为"演示文稿 1.pptx"。PowerPoint 2007 及之后的版本文件扩展名为.pptx，PowerPoint 2003 及之前的版本文件扩展名为.ppt。

功能选项卡区：默认情况下提供开始、插入、设计、切换、动画、幻灯片放映、审阅、视图 8 个功能选项卡，每个选项卡包含若干个组，每个组包含若干个命令。

幻灯片编辑区：位于工作窗口最中间，是编辑幻灯片的场所，是演示文稿的核心部分，在其中可以直观地看到幻灯片的外观效果，编辑文本、添加图形、插入动画和音频等操作都在该区域内完成。

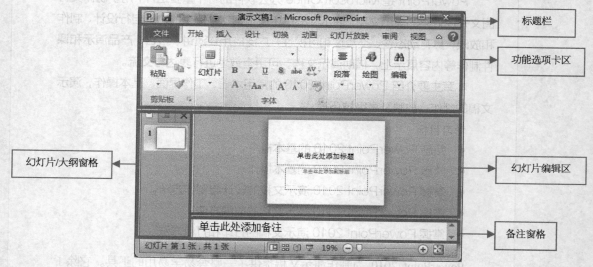

图 5-1　PowerPoint 2010 的工作窗口

幻灯片/大纲窗格：位于幻灯片编辑区左侧，包括"大纲"和"幻灯片"两个选项卡。单击"大纲"选项卡，在该窗格中以大纲形式列出当前演示文稿中每张幻灯片中的文本内容，在该窗格中可以对幻灯片的文本进行编辑；单击"幻灯片"选项卡，在该窗格中将显示当前演示文稿中所有幻灯片的缩略图，但在该窗格中无法编辑幻灯片中的内容。

备注窗格：位于幻灯片编辑区的下方。在备注窗格中可以为幻灯片添加说明，提供幻灯片展示的内容背景和细节等。

2. 视图方式

PowerPoint 2010 根据不同的需要提供了多种视图方式来显示演示文稿的内容。视图方式包括普通视图、幻灯片浏览视图、幻灯片放映视图和备注页视图。当启动 PowerPoint 时，系统默认的是普通视图。

（1）普通视图

普通视图也称为编辑视图。在该视图下，可对演示文稿进行文字编辑，进行插入图形、图片、音频、视频，设置动画、切换效果、超链接等操作。

（2）幻灯片浏览视图

幻灯片浏览视图是以缩略图的形式来显示演示文稿。在该视图下，可以整体对演示文稿进行浏览，调整演示文稿的顺序，对幻灯片进行选择、复制、删除、隐藏等操作，对幻灯片的背景和配色方案进行调整，设置幻灯片的切换效果。在幻灯片浏览视图下不能对幻灯片的内容进行编辑，只能对其进行调整。

（3）幻灯片放映视图

幻灯片放映视图显示的是演示文稿的放映效果，占据整个计算机屏幕，就像实际的演示效果一样。在该视图下看到的演示文稿就是观众将来看到的效果。可以看到图形、时间、影片、动画元素及将在实际放映中看到的切换效果。如果要退出幻灯片放映视图，可以按 Esc 键或单击鼠标右键，在弹出的快捷菜单中选择"结束放映"命令。

（4）备注页视图

在 PowerPoint 2010 中没有"备注页视图"按钮，只能在"视图"选项卡中选择"备注页"命令来切换至备注页视图。在备注页视图中可以看到画面被分成了两部分，上半部分是幻灯片，下半部分是一个文本框。文本框中显示的是备注内容，可以输入、编辑备注内容。

如果在备注页视图中无法看清输入的备注文字，可选择"视图"选项卡中的"显示比例"命令，在打开的对话框中选择一个合适的显示比例。

除文字外，插入备注页中的对象只能在备注页中显示，可通过打印备注页打印出来，但是不能在普通视图模式下显示。

3. 幻灯片版式与占位符

幻灯片版式又叫作自动布局格式。它是幻灯片中各对象间的搭配布局，这种布局是否合理、协调，影响了整个视觉效果。所以，要根据不同的需要，选择不同的布局。幻灯片版式是一张幻灯片上各种对象（文本、表格、图片等）的格式和排列形式，如图 5-2 所示。PowerPoint 中的版式分为文字版式、内容版式、文字和内容版式，以及其他版式。

幻灯片版式在"开始"选项卡的"幻灯片"组中选择"幻灯片版式"命令打开。当某张幻灯片应用一个新的版式时，该幻灯片中原有的文本和对象保留，但会重新排列位置，以适应新的版式。

在创建幻灯片时，若用户选择一种非空的自动版式，则该幻灯片中会自动给出相应的标题区域、文本区域和其他对象区域。它们分别用一个虚框表示，该虚框被称为"占位符"。单击占位符可以添加文字，也可以单击图标添加制定对象，如图 5-3 所示。

图 5-2　幻灯片版式

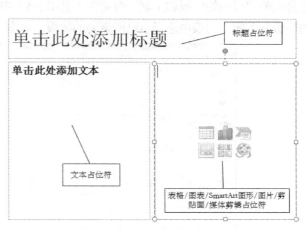

图 5-3　幻灯片占位符

241

占位符是 PowerPoint 提供的输入提示信息。因此，占位符的编辑与普通文本框的编辑完全一致，用户可以通过改变幻灯片版式来更改幻灯片中占位符的类型和数量。

4. 演示文稿打印

PowerPoint 演示文稿可以采用幻灯片、讲义、备注页和大纲的形式进行打印。操作方法如下：选择"文件"→"打印"→"打印"命令，在弹出的"打印"对话框（见图 5-4）中进行设置，设置完成后单击"确定"按钮。

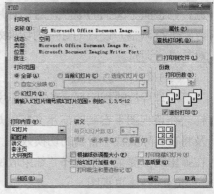

图 5-4 "打印"对话框

任务二 PowerPoint 2010 的基本操作

1. 新建演示文稿

制作演示文稿的第一步就是新建演示文稿，PowerPoint 2010 中的"新建演示文稿"对话框提供了一系列创建演示文稿的方法，包括新建空白演示文稿、根据设计模板新建等。

新建并保存演示文稿

（1）新建空白演示文稿

空白演示文稿是没有任何内容的演示文稿，即具备最少的设计且未应用颜色的幻灯片。新建空白演示文稿的方法：单击"文件"选项卡→选择"新建"命令，在弹出的"可用模板和主题"对话框中选择"空白演示文稿"图标，如图 5-5 所示。单击"创建"按钮完成新建。

（2）根据设计模板新建

设计模板就是带有各种幻灯片版式及配色方案的幻灯片模板。打开一个模板后只需要根据自己的需要输入内容即可，这样就省去了设计文稿格式的时间，提高了工作效率。

PowerPoint 2010 提供了多种设计模板的样式供用户选择。在"新建演示文稿"对话框中，用户可以选择系统提供的模板新建自己的文稿。操作方法：单击"文件"选项卡→选择"新建"命令，在弹出的"可用的模板和主题"对话框（见图 5-5）中选择"样本模板"选项，然后在打开的"可用的模板和主题"列表中选择自己所需要的模板，单击"创建"按钮完成新建。

图 5-5 新建空白演示文稿

2. 保存演示文稿

在 PowerPoint 中，当用户中断文稿编辑或退出时，必须保存，否则文稿将会丢失。保存时，演示文稿将作为"文件"保存在计算机上。保存的操作步骤如下：单击"文件"按钮（或直接单击快速访问工具栏里的"保存"按钮）→选择"保存"命令→在弹出的"另存为"对话框中，设置保存位置，输入文件名称，选择保存类型→单击"保存"按钮完成。

如果是第一次保存，单击快速访问工具栏里的"保存"按钮，系统会打开"另存为"对话框；如果文件已保存过，单击按钮后系统会自动保存，将不再打开"另存为"对话框。

【例 5.1】新建一个主题为"聚合"的演示文稿，然后以"工作总结.pptx"为名保存在计算机桌面上。制作两张幻灯片，首先在标题幻灯片中输入主标题和副标题文本，然后新建第 2 张幻灯片，其版式为"内容与标题"，再在各占位符中输入演示文稿的目录内容。

操作步骤如下。

（1）选择"开始"→"所有程序"→"Microsoft Office"→"Microsoft PowerPoint 2010"命令，启动 PowerPoint 2010。

（2）选择"文件"→"新建"命令，在"可用的模板和主题"栏中选择"聚合"选项（见图 5-6），单击右侧的"创建"按钮 。

（3）在快速访问工具栏中单击"保存"按钮 ，打开"另存为"对话框，在上方的保存位置栏中单击第一个 按钮，在打开的下拉列表中选择"桌面"选项，在"文件名"文本框中输入"工作总结"，在"保存类型"下拉列表中选择"PowerPoint 演示文稿"选项，如图 5-7 所示。最后单击 保存(S) 按钮。

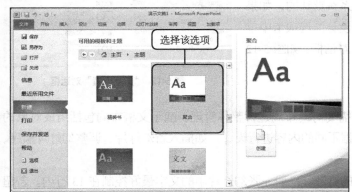

图 5-6　选择主题

图 5-7　设置保存参数

（4）新建的演示文稿有一张标题幻灯片，在"单击此处添加标题"占位符中单击，其中的文字将自动消失，切换到中文输入法输入"工作总结"。

（5）在副标题占位符中单击，然后输入"2015 年度 技术部王林"，如图 5-8 所示。

（6）在"幻灯片"浏览窗格中将光标定位到标题幻灯片后，选择"开始"→"幻灯片"组，单击"新建幻灯片"按钮 下的下拉按钮 ，在打开的下拉列表中选择"内容与标题"选项，如图 5-9 所示。

（7）在标题幻灯片后新建一张"内容与标题"版式的幻灯片，如图 5-10 所示。然后在各占位符中输入如图 5-11 所示的文本，在上方的内容占位符中输入文本时，系统默认在文本前添加项目符号，用户无须手动完成，按 Enter 键对文本进行分段，完成第 2 张幻灯片的制作。

图 5-8　制作标题幻灯片

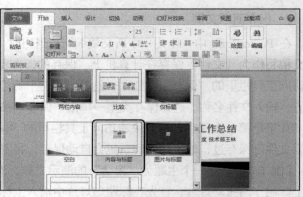

图 5-9　选择幻灯片版式

图 5-10　新建的幻灯片版式

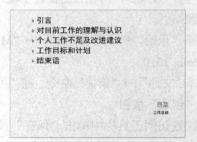

图 5-11　输入文本

3. 页面设置

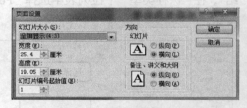

图 5-12　"页面设置"对话框

新建的演示文稿大小和页面布局是系统默认的，如果需要修改页面的大小和布局，则要在"设计"选项卡中单击"页面设置"命令，打开"页面设置"对话框，如图 5-12 所示。

4. 演示文稿布局

在制作演示文稿过程中，可以根据需要对其布局进行整体管理。演示文稿布局包括组成对象的种类、对象之间的位置等问题，需要根据不同的内容进行设计。如插入新幻灯片、调整幻灯片顺序、移动和复制幻灯片或者删除幻灯片等。

幻灯片布局时要考虑单张幻灯片中的行数，一般一张幻灯片中的文字最好控制在 13 行内。若超出 13 行，则幻灯片中的文字将小于 20 号，这样在放映时有可能使观众浏览文字感到费力。

（1）选择幻灯片

在普通视图中，选择一张幻灯片，单击大纲区中该幻灯片的编号或图标。在幻灯片浏览视图中，只要单击就可以选中某张幻灯片。如果要选择多张幻灯片，操作方法与在 Windows 资源管理器中选择多个文件的操作相同。

（2）插入新的幻灯片

演示文稿是由很多零散的幻灯片组成的，所以演示文稿不能只有一张幻灯片，而需要插入更多的幻灯片增强表达效果。插入新幻灯片的操作步骤如下：选中要插入新幻灯片位置的前一张幻灯片→在"开始"选项卡的"幻灯片"组中单击"新建幻灯片"按钮→在弹出的下拉列表中选择一种版式的幻灯片，即可插入一张新幻灯片；也可在"幻灯片"区选定要插入幻灯片的位置，按 Enter 键插入一张新幻灯片。

（3）移动和复制幻灯片

要调整幻灯片的顺序或是要插入一张与已有幻灯片相同的幻灯片，可以通过移动和复制幻灯片来节约时间和精力。常用的方法有以下几种。

① 在普通视图的幻灯片/大纲窗格中，选择要移动的幻灯片图标，按住鼠标左键不放将其拖动到目标位置释放鼠标，便可移动该幻灯片，在拖动的同时按住 Ctrl 键不放则可复制该幻灯片。

② 在普通视图的幻灯片/大纲窗格中，选择要移动的幻灯片图标，单击鼠标右键，在弹出的快捷菜单中选择"剪切"或"复制"命令，然后将鼠标光标定位到目标位置处，单击鼠标右键，在弹出的快捷菜单中选择"粘贴"命令。

③ 在普通视图的幻灯片/大纲窗格中，选择要移动的幻灯片图标，在"开始"选项卡的"剪贴板"组中单击"剪切"按钮 ✂ 剪切 或"复制"按钮 🗐 复制 ，鼠标光标定位到目标位置处，单击"粘贴"按钮 📋。

④ 在幻灯片浏览视图中，选择要移动的幻灯片缩略图，然后按住鼠标左键不放将其拖动至目标位置，释放鼠标即可，在拖动的同时按住 Ctrl 键不放则可复制该幻灯片。

（4）删除幻灯片

当不需要演示文稿中的幻灯片时，可将其删除，幻灯片的删除可在幻灯片浏览视图或幻灯片/大纲窗格中进行。操作方法如下：选定要删除的幻灯片→选择"开始"选项卡上的"幻灯片"组，单击删除按钮 🗙 删除 （或单击鼠标右键，在弹出的菜单中选择"删除幻灯片"命令），即可删除该幻灯片；选定要删除的幻灯片，按 Delete（或 Del）键。

5. 为幻灯片添加内容

在创建完演示文稿的基本结构之后，可以为幻灯片加上丰富多彩的内容。PowerPoint 2010 为用户提供了多种简便的方法，不仅可以添加文本，还可以为幻灯片插入图片、剪贴画、艺术字、形状、SmartArt 图形、图表和表格等内容。

（1）文本处理

添加文本时，用户可直接将文本输入幻灯片的文本占位符中，也可以在占位符之外的任何位置使用"插入"功能选项卡上的"文本框"命令创建文本框，在文本框里可以输入文本。完成文本输入后，可将文本选中，选择"开始"选项卡，在"字体"组中对文字的大小、字体、颜色进行设置。

（2）插入对象

当用户在创建、编辑一个演示文稿时，仅仅只有文本内容是不够的，为了增强演示文稿的视觉效果，可以插入艺术字、图片、音频和视频等对象内容。

1）插入艺术字。为了使幻灯片的标题生动，可以使用插入艺术字功能，生成特殊效果的标题。

操作方法如下：选择要插入艺术字的幻灯片→打开"插入"选项卡，在"文本"组中选择"艺术字"命令，系统弹出下拉列表，如图 5-13 所示。在该列表中选择所需的艺术字样式即可在幻灯片中插入"请在此输入您自己的内容"占位符，此时只需要直接输入文本即可。单击"格式"选项卡"艺术字样式"组中的按钮可对艺术字的填充色、轮廓色及效果等进行更改。

2）插入图片。在 PowerPoint 2010 中可以插入的图片分为剪贴画和来自文件的图片等。在操作时可以使用带有占位符的幻灯片版式进行插入，也可以利用命令进行插入。操作方法如下。

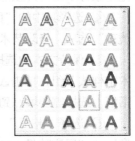

图 5-13　艺术字下拉列表

选择要插入图片的幻灯片→打开"插入"选项卡,单击"图像"组中的"图片"按钮,系统弹出"插入图片"对话框,如图 5-14 所示。在"查找范围"下拉列表中选择图片所在的文件夹并打开,在对话框中就显示出所有的图片。选择所需要的图片,然后单击"插入"按钮,选中的图片即可被插入当前幻灯片中。

选择带有图片占位符的版式,如图 5-15 所示。在欲插入的图片的位置单击,然后单击"插入来自文件的图片"按钮,系统弹出"插入图片"对话框。在"查找范围"下拉列表中选择图片所在的文件夹并打开,在对话框中就显示出所有的图片。选择所需要的图片,然后单击"插入"按钮,选中的图片即可被插入当前幻灯片中。

图 5-14 "插入图片"对话框

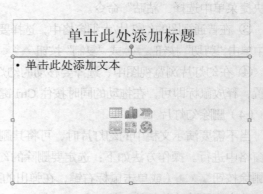

图 5-15 带有图片占位符的版式

【例 5.2】插入艺术字和图片。

新建一个名为"产品上市策划"的演示文稿,在第 2 张幻灯片中输入艺术字"目录"。要求样式为第 2 列的最后一排的效果,移动艺术字到幻灯片顶部,再设置其字体为"华文琥珀",然后设置艺术字的填充为图片"橙汁",艺术字映像效果为第一列最后一项。在第 4 张幻灯片中插入"饮料瓶"图片,只需选择图片,在其缩小后放在幻灯片右边,图片向左旋转一点角度,再删除其白色背景,并设置阴影效果为"左上对角透视";在第 11 张幻灯片中插入剪贴画"◀)"。

操作步骤如下。

① 选择"插入"→"文本"组,单击"艺术字"按钮◢下的下拉按钮▾,在打开的下拉列表中选择第 2 列的最后一排艺术字效果。

② 幻灯片将出现一个艺术字占位符,在"请在此放置您的文字"占位符中单击,输入"目录"。

③ 将鼠标指针移动到"目录"文本框四周的非控制点上,鼠标指针变为 ✛ 形状,按住鼠标不放拖动鼠标至幻灯片顶部,将艺术字"目录"移动到该位置。

④ 选择其中的"目录"文本,选择"开始"→"字体"组,在"字体"下拉列表中选择"华文琥珀"选项,修改艺术字的字体,如图 5-16 所示。

⑤ 保持文本的选择状态,此时将自动激活"绘图工具"的"格式"选项卡,选择"格式"→"艺术字样式"组,单击 ▲文本填充▾按钮,在打开的下拉列表中选择"图片"选项,打开"插入图片"对话框,选择需要填充到艺术字的图片"橙汁",单击 插入(S) ▾按钮。

⑥ 选择"格式"→"艺术字样式"组,单击 ▲文本效果▾按钮,在打开的下拉列表中选择"映像"→"紧密映像,8#pt 偏移量"选项,如图 5-17 所示,最终效果如图 5-18 所示。

图 5-16 移动艺术字并修改字体

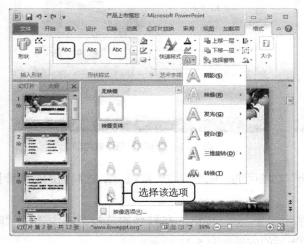

图 5-17 选择文本映像

图 5-18 插入并编辑艺术字效果

⑦ 在"幻灯片"浏览窗格中选择第 4 张幻灯片,选择"插入"→"图像"组,单击"图片"按钮 。

⑧ 打开"插入图片"对话框,选择需插入图片的保存位置,这里的位置为"桌面",在中间选择图片"饮料瓶",如图 5-19 所示。最后单击 插入(S) 按钮。

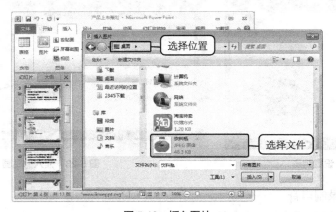

图 5-19 插入图片

⑨ 返回 PowerPoint 工作界面即可看到插入图片后的效果。将鼠标指针移动到图片四角的圆形控制点上，拖动鼠标调整图片大小。

⑩ 选择图片，将鼠标指针移到图片任意位置，当鼠标指针变为 ✥ 形状时，拖动鼠标到幻灯片右侧的空白位置，释放鼠标将图片移到该位置，如图 5-20 所示。

⑪ 将鼠标指针移动到图片上方的绿色控制点上，当鼠标指针变为 ↻ 形状时，向左拖动鼠标使图片向左旋转一定角度。

⑫ 继续保持图片的选择状态，选择"格式"→"调整"组，单击"删除背景"按钮 🖼，在幻灯片中使用鼠标拖动图片每一边中间的控制点，使饮料瓶的所有内容均显示出来，如图 5-21 所示。

图 5-20　移动图片

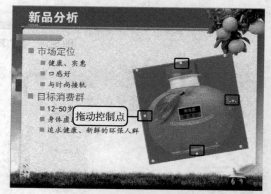

图 5-21　显示饮料瓶所有内容

⑬ 激活"背景消除"选项卡，单击"关闭"功能区的"保留更改"按钮 ✓，饮料瓶的白色背景将消失。

⑭ 选择"格式"→"图片样式"组，单击 🖼 图片效果 ▾ 按钮，在打开的下拉列表中选择"阴影"→"左上对角透视"选项，为图片设置阴影后的效果如图 5-22 所示。

⑮ 选择第 11 张幻灯片，单击占位符中的"剪贴画"按钮 🖼，打开"剪贴画"窗格，在"搜索文字"文本框中不输入任何内容（表示搜索所有剪贴画），单击选中"包括 Office.com 内容"复选框，单击 搜索 按钮，在下方的列表中选择需插入的剪贴画，该剪贴画将插入幻灯片的占位符中，如图 5-23 所示。

图 5-22　设置阴影

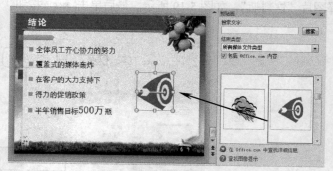

图 5-23　插入剪贴画

3）插入音频及录制声音

除了给演示文稿插入图片、艺术字等对象外，还可以插入音频，从而丰富演示文稿的表达效果。

① 插入音频。

图 5-24　下拉列表

插入文件或剪贴画音频的操作方法如下：选中要插入声音文件的幻灯片→选择"插入"选项卡，单击"媒体"组中的"音频"按钮，系统弹出下拉列表，如图 5-24 所示。列表中有"文件中的音频"和"剪贴画"两项选择。

●　选择"文件中的音频"，系统将弹出"插入音频"对话框，如图 5-25 所示。然后选择需要插入的声音文件，单击"确定"按钮。系统将弹出提示框，询问在放映幻灯片时如何播放声音，如图 5-26 所示。如果单击"自动"按钮，则放映时将自动播放声音；如果单击"在单击时"按钮，则放映时在用户单击鼠标后开始播放声音。

图 5-25　"插入音频"对话框

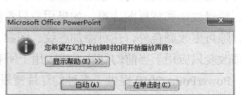

图 5-26　播放方式选择对话框

●　选择"剪贴画音频"，系统将打开"剪贴画"任务窗格，可以选择剪辑管理器中列出的声音文件，将其插入幻灯片中。

② 录制声音的操作方法如下。

●　选择"插入"功能选项卡中的"媒体"组中的"音频"下拉按钮，选择"录制音频"命令，系统弹出"录音"对话框，如图 5-27 所示。

●　单击开始录音按钮，即可开始录音。

●　录音完毕，单击停止录音按钮。

●　在"名称"文本框中输入文件名，单击"确定"按钮即可。

4）插入视频

可插入的视频文件扩展名包括.avi、.mov、.mpg、.mpeg 等。

另外，Microsoft Office 中的"剪贴画"功能将.gif 文件归为影片剪辑一类，实际上这些文件并不是数字视频，所以不是所有影片选型都适用于动态.gif 文件。操作方法如下。

① 在"普通"视图中选择要插入视频的幻灯片。

② 在"插入"选项卡的"媒体"组中单击"视频"按钮，系统弹出下拉列表，如图 5-28 所示。列表中有"文件中的视频""来自网站的视频"和"剪贴画视频"3 项选择。

图 5-27　"录音"对话框

图 5-28　下拉列表

- 选择"文件中的视频",系统将打开"插入视频"对话框,选择需要插入的视频文件,单击"确定"按钮。系统将弹出提示框,询问在放映幻灯片时如何播放影片。如果单击"自动"按钮,则放映时将自动播放影片;如果单击"在单击时"按钮,则放映时影片在用户单击鼠标后开始播放。

- 选择"来自网站的视频",系统将打开"从网站插入视频"对话框,在网页地址栏输入视频地址,获取 HTML 代码。将代码粘贴到"从网站插入视频"对话框的文本框里。单击"插入"按钮。

- 选择"剪贴画视频",系统将打开"剪贴画"任务窗格,选择剪辑管理器中列出的影片文件,就能将其插入幻灯片中。

任务三　演示文稿的设计与制作

1. 设置背景

设置背景

演示文稿的背景对整个演示文稿的放映来说是非常重要的,用户可以更改幻灯片、备注及讲义的背景色或背景设计。幻灯片背景色类型有过渡背景、背景图案、背景纹理和背景图片等。如果用户只希望更改背景以强调演示文稿的某些部分,除可更改颜色外,还可添加底纹、图案、纹理或图片。更改背景时,可以将这项改变只应用于当前幻灯片,或应用于所有幻灯片或幻灯片母版。

PowerPoint 2010 提供了多种幻灯片背景,用户也可以根据自己的需要自定义背景,设置背景的操作方法如下。

(1)在普通视图中选定要更改背景的幻灯片。

(2)选择"设计"选项卡中的"背景"组,单击"背景样式"按钮,系统弹出其下拉列表,如图 5-29 所示。

(3)在该下拉列表中选择需要的样式选项,此时幻灯片编辑区中将显示应用该样式的效果,如果不满意,还可以单击下拉列表下方的"设置背景格式"按钮,系统弹出"设置背景格式"对话框,如图 5-30 所示。

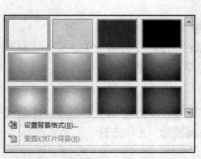

图 5-29　"背景样式"下拉列表

图 5-30　"设置背景格式"对话框

(4)单击"颜色"下拉按钮,系统显示"颜色"列表供选择。

(5)在"颜色"列表中选择"其他颜色"选项,打开"颜色"对话框,选择更多的其他颜色或者调配自己所需的颜色。

（6）在"背景"对话框中单击"全部应用"按钮，可将更改应用到所有的幻灯片和幻灯片母版中，否则只对当前幻灯片有效。单击"关闭"按钮完成设置。 如果要隐藏单个幻灯片上的背景图形，则可选中"设计"功能选项卡上的"背景"组中的"隐藏背景图形"复选框。

2. 设计母版

母版

母版是一种特殊的幻灯片，可以定义整个演示文稿的格式，控制演示文稿的整体外观。PowerPoint 2010 有 3 种主要母版，包括幻灯片母版、讲义母版、备注母版。

（1）幻灯片母版

幻灯片母版是为所有幻灯片设置的默认版式和格式，包括字形、占位符大小和位置、背景设计和配色方案。其目的是使用户进行全局更改（如替换字形），并使该更改应用到演示文稿中的所有幻灯片。

幻灯片母版是模板的一部分，存储的信息包括文本和对象在幻灯片上的放置位置、文本和对象占位符的大小、文本样式、背景、颜色主题、效果和动画。用户在"幻灯片母版"中进行的所有操作都将出现在所有幻灯片中，如果将一个或多个幻灯片母版另存为单个模板文件（.potx），将生成一个可用于创建新演示文稿的模板。幻灯片母版的操作方法如下。

① 选择"视图"功能选项卡→选择"母版视图"组上的"幻灯片母版"命令，进入"幻灯片母版"视图，如图 5-31 所示。

② 根据需要进行相关操作，方法和在普通幻灯片中的一样，如对占位符、文字格式、图片等操作。

（2）讲义母版

讲义母版的操作与幻灯片母版相似，只是进行格式化的是讲义，而不是幻灯片。讲义可以使观众更容易理解演示文稿中的内容，讲义一般包括幻灯片图像和演讲者提供的其他额外信息等。在打印讲义时，选择"文件"→"打

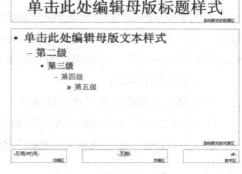

图 5-31 "幻灯片母版"视图

印"命令，然后从"打印"对话框的"打印内容"列表中选择"讲义"即可。在"讲义母版"中可增加页码（并非幻灯片编号）、页眉和页脚等，可在"讲义母版"工具栏选择在一页中打印 1、2、3、4、6、9 张幻灯片。

（3）备注母版

"备注母版"的操作与其他母版基本相似，对输入备注中的文本可以设定默认格式，也可以重新定位，并可以根据自己的意愿添加图形、填充色或背景等。备注要比讲义更有用。备注实际上可以当作讲义，尤其在对某个幻灯片需要提供补充信息时使用。备注页由单个幻灯片的图像及相关的附属文本区域组成，可以从"普通视图"中的"幻灯片视图"窗口下面的"备注"栏直接输入备注信息。

3. 应用文档主题

通过应用文档主题，用户可以快速而轻松地设置整个演示文稿的格式，赋予它专业和时尚的外观。文档主题是一组格式选项，包括一组主题颜色、一组主题字体和一组主题效果。

（1）应用文档主题

应用文档主题操作方法如下。

① 打开演示文稿→选择"设计"功能选项卡上的"主题"组。

② 单击所需的文档主题，或单击"其他"下拉按钮，在下拉列表中选择所需的文档主题即可。

（2）自定义文档主题

自定义文档主题主要从更改已使用的颜色、字体或线条和填充效果开始。对一个或多个这样的主题组件所做的更改将立即影响活动文档中已经应用的样式。如果要将这些更改应用到新文档，可以将它们另存为自定义文档主题。操作方法如下。

打开演示文稿→选择"设计"功能选项卡上的"主题"组中的"颜色""字体""效果"下拉按钮，分别进行设置。

单击"颜色"下拉按钮，系统显示"颜色"下拉列表，用户可以进行所需颜色的设置；单击"字体"下拉按钮，系统显示"字体"下拉列表，用户可以进行所需字体的设置；单击"效果"下拉按钮，系统显示"效果"下拉列表，用户可以进行所需效果的设置。

如果系统内置的颜色不能满足需要，用户可以单击"新建主题颜色"按钮，打开"新建主题颜色"对话框进行设置，在"名称"文本框输入一个新的主题颜色名称，单击"保存"按钮。可以使用类似方法设置字体。

4. 设置动画效果

利用 PowerPoint 2010 中提供的动画功能可以控制动画进入幻灯片的方式，以及多个对象动画的顺序。当设置动画效果时，可以使用 PowerPoint 2010 自带的预设动画，还可以创建自定义动画。为幻灯片设置动画效果可以增强幻灯片的视觉效果。

（1）设置预设动画

设置预设动画的具体操作方法如下。

① 选择要设置预设动画的幻灯片对象。

② 在"动画"功能选项卡"动画"组中单击下拉列表按钮，在打开的下拉列表中选择需要的动画效果。

③ 设置对象动画效果后，单击"预览"组中的"预览"按钮，对其进行预览。

（2）自定义动画

若想对幻灯片的动画进行更多设置，或为幻灯片中的图形等对象也指定动画效果，则可以通过自定义动画来实现。操作方法如下。

1）选择需设置自定义动画的幻灯片，单击"动画"功能选项卡，在"高级动画"组中选择"动画窗格"命令，打开"动画窗格"任务窗口，如图 5-32 所示。

2）在幻灯片编辑区中选择该张幻灯片中需设置动画效果的对象，然后单击"动画"功能选项卡，在"高级动画"组中选择"添加动画"命令，打开下拉列表，如图 5-33 所示。下拉列表包含了 4 种设置，各种设置的含义如下。

① 进入：用于设置在幻灯片放映时文本及对象进入放映界面的动画效果，如旋转、飞入或随机线条等效果。

② 强调：用于在放映过程中显示需要强调的部分动画效果，如放大/缩小等。

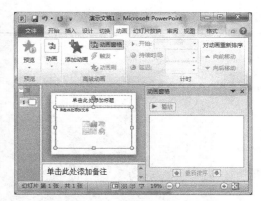

图 5-32　打开"动画窗格"任务窗口

图 5-33　"添加动画"下拉列表

③ 退出：用于设置放映幻灯片时相关内容退出放映界面时的动画效果，如飞出、擦除或旋转等效果。

④ 动作路径：用于指定放映所能通过的轨迹，如直线、转弯、循环等。设置好路径后，系统将在幻灯片编辑区中以红色箭头显示其路径的起始方向。

3）要修改某一动画效果，可在"动画窗格"中将其选中，然后在"动画"组列表中进行修改。如果想删除已添加的某个动画效果，则选择要设置的动画效果列表项，单击列表项右边的向下箭头按钮，系统弹出下拉菜单，在菜单里选择"删除"即可。

4）下拉菜单里还可以设置选择对象的动画效果的开始时间，其中有"单击开始""从上一项开始""从上一项之后开始"3 个选项。

【例 5.3】新建一个名为"市场分析"的演示文稿，为第 1 张幻灯片中的各对象设置动画。首先为标题设置"浮入"动画，为副标题设置"基本缩放"动画，并设置效果为"从屏幕底部缩小"，然后为副标题再次添加一个强调动画，修改效果的"对象颜色"为"红色"。接着为新增加的动画修改开始方式、持续时间和延迟时间。最后将标题动画的顺序调整到最后，并设置播放该动画时有"电压"声音。

操作步骤如下。

（1）选择第 1 张幻灯片的标题，选择"动画"→"动画"组，在其列表中选择"浮入"动画效果。

（2）选择副标题，选择"动画"→"高级动画"组，单击"添加动画"按钮 ，在打开的下拉列表中选择"更多进入效果"选项。

（3）打开"添加进入效果"对话框，选择"温和型"栏的"基本缩放"选项，如图 5-34 所示，单击 确定 按钮。

（4）选择"动画"→"动画"组，单击"效果选项"按钮 ，在打开的下拉列表中选择"从屏幕底部缩小"选项，修改动画效果，如图 5-35 所示。

（5）继续选择副标题，选择"动画"→"高级动画"组，单击"添加动画"按钮 ，在打开的下拉列表中选择"强调"栏的"对象颜色"选项。

（6）选择"动画"→"动画"组，单击"效果选项"按钮 ，在打开的下拉列表中选择"红色"选项。

（7）选择"动画"→"高级动画"组，单击 动画窗格 按钮，在工作界面右侧增加一个窗格，其中显示了当前幻灯片中所有对象已设置的动画。

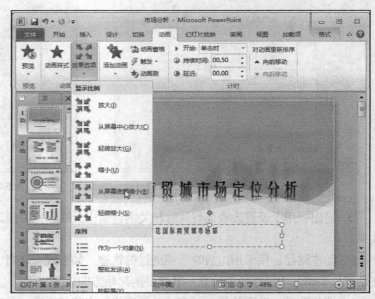

图 5-34 选择进入效果　　　　　　　　图 5-35 修改动画的效果选项

（8）选择"动画"→"计时"组，在"开始"下拉列表中选择"上一动画之后"选项，在"持续时间"数值框中输入"01:00"，在"延迟"数值框中输入"00:50"，如图 5-36 所示。

（9）选择动画窗格中的第一个选项，按住鼠标不放，将其拖动到最后，调整动画的播放顺序。

（10）在调整后的最后一个动画选项上单击鼠标右键，在弹出的快捷菜单中选择"效果选项"命令。

（11）打开"上浮"对话框，在"声音"下拉列表中选择"电压"选项，单击其后的按钮，在打开的列表中拖动滑块，调整音量大小，如图 5-37 所示，单击 确定 按钮。

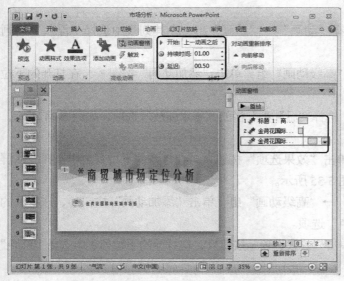

图 5-36 设置动画计时　　　　　　　　图 5-37 调整音量大小

5. 交互式演示文稿与插入动作按钮

（1）交互式演示文稿

在 PowerPoint 中，交互式的前提技术是超链接，超链接功能可以创建在任何幻灯片对象上，如文本、图形、表格或图片等。利用带有超链接功能的对象，可以制作具有交互功能的演示文稿。设置超链接的操作方法如下。

① 选定欲设置对象，单击功能区"插入"选项卡"链接"组中的"超链接"命令，系统弹出链接对话框，设置链接的位置，如图 5-38 所示。

② 选择"插入"选项卡上的"链接"组→单击"动作"命令按钮，系统显示"动作设置"对话框，如图 5-39 所示。

③ 在"动作设置"对话框中，"单击鼠标"选项卡用以设置单击对象来激活超链接功能；"鼠标移过"选项卡用以设置鼠标移过对象来激活超链接功能。大多数情况下，建议采用单击鼠标的方式，如果采用鼠标移过的方式，可能会出现意外的跳转。通常鼠标移过的方式适用于提示、播放声音或影片。

图 5-38　"插入超链接"对话框

图 5-39　"动作设置"对话框

④ 选择"超链接到"选项，打开下拉列表框并选择跳转目的地；"运行程序"选项可以创建和计算机中其他程序相连的链接；"播放声音"选项，能够实现单击某个对象并发出某种声音。单击"确定"按钮。

（2）插入动作按钮

利用 PowerPoint 提供的动作按钮，可以将动作按钮插入演示文稿并为之定义超级链接，从当前幻灯片中链接到另一张幻灯片、另一个程序，或互联网上的任何一个地方。动作按钮包括一些形状。通过使用这些常用的易理解符号转到下一张、上一张、第一张和最后一张幻灯片。在幻灯片中插入动作按钮的操作方法如下。

① 选择要插入动作按钮的幻灯片。

② 选择"插入"功能选项卡上的"插图"组→单击"形状"下拉命令按钮，在下拉列表中选择"动作按钮"选项，如图 5-40 所示。

图 5-40　选择"动作按钮"选项

③ 将鼠标指针移动到按钮选项上时，会出现黄色的提示框，指明按钮的作用。选择一种适合的动作按钮，在幻灯片中想要插入按钮的位置单击鼠标，或按住鼠标左键拖动，可插入一个动作按钮，并打开"动作设置"对话框，如图 5-39 所示。

④ 选中"超级链接"单选按钮，然后在下方的下拉列表中选择要链接的目标选项。

⑤ 在"动作设置"对话框中，选中"运行程序"单选按钮，再单击"浏览"按钮，系统会打开"选择一个要运行的程序"对话框。

⑥ 在对话框中选择一个程序后，单击"确定"按钮，可建立一个用来运行外部程序的动作按钮。

⑦ 选中"播放声音"复选框，在下方的下拉列表中可以设置一种单击动作按钮时的声音效果。

⑧ 全部设置完后，单击"确定"按钮，完成动作按钮的插入。用此方法可以在幻灯片中插入多个链接到不同位置和目标对象的动作按钮。

【例 5.4】新建一个名为"课件"的演示文稿，为第 4 张幻灯片的各项文本创建超链接，然后插入一个动作按钮，并链接到第 2 张幻灯片；最后在动作按钮下方插入艺术字"作者简介"。

操作步骤如下。

（1）打开"课件.pptx"演示文稿，选择第 4 张幻灯片，选择第一段正文文本，选择"插入"→"链接"组，单击"超链接"按钮🌐。

（2）打开"插入超链接"对话框，单击"链接到"列表中的"本文档中的位置"按钮🔗，在"请选择文档中的位置"列表中选择要链接到的第 5 张幻灯片，如图 5-41 所示，单击 确定 按钮。

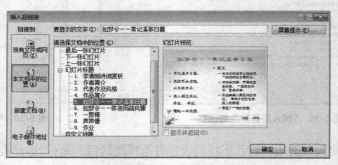

图 5-41 选择链接的目标位置

（3）返回幻灯片编辑区即可看到设置超链接的文本颜色已发生变化，并且文本下方有一条蓝色的线。使用相同方法，依次为各项文本设置超链接。

（4）选择"插入"→"链接"组，单击"形状"按钮🔲，在打开的下拉列表中选择"动作按钮"栏的第 5 个选项，如图 5-42 所示。

（5）此时鼠标指针变为+形状，在幻灯片右下角空白位置按住鼠标左键不放拖动鼠标，绘制一个动作按钮，如图 5-43 所示。

（6）系统自动打开"动作设置"对话框，单击选中"超链接到"单选项，在下方的下拉列表中选择"幻灯片"选项，如图 5-44 所示。

（7）系统打开"超链接到幻灯片"对话框，选择第 2 张幻灯片（见图 5-45），依次单击 确定 按钮，使超链接生效。

（8）返回 PowerPoint 编辑界面，选择绘制的动作按钮，选择"格式"→"形状样式"组，在中间的列表中选择第 4 排的第 2 个样式，如图 5-46 所示。

图 5-42　选择动作按钮

图 5-43　绘制动作按钮

图 5-44　"动作设置"对话框

图 5-45　选择超链接到的目标

（9）选择"插入"→"文本"组，单击"艺术字"按钮 A，在打开的下拉列表中选择第 4 排的第 2 个样式。

（10）在艺术字占位符中输入文字"作者简介"，设置其"字号"为 24，然后将设置好的艺术字移动到动作按钮下方，如图 5-47 所示。

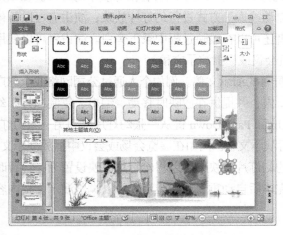

图 5-46　选择形状样式

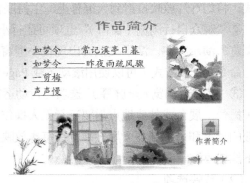

图 5-47　插入艺术字

提示

如果进入幻灯片母版，在其中绘制动作按钮，并创建好超链接，该动作按钮将应用到该幻灯片版式对应的所有幻灯片中。

6. 设置幻灯片的切换效果

切换是一种加在幻灯片之间的特殊效果。使用幻灯片切换后，幻灯片会变得更加生动。同时还可以为其设置 PowerPoint 自带的多种声音来陪衬切换效果，也可以调整切换速度。设置幻灯片切换效果的具体操作方法如下。

（1）单击演示文稿窗口的"幻灯片浏览视图"按钮，切换至幻灯片浏览视图。

（2）选择要添加效果的一张或一组幻灯片。

（3）选择"切换"选项卡，在"切换到此幻灯片"组中单击下拉按钮，系统弹出下拉列表。

（4）在该列表中选择需要的方案。

（5）在"声音"下拉列表中选择切换时播放的声音；如果要对演示文稿中所有的幻灯片应用相同的切换方式，可以单击"全部应用"按钮。

任务四　演示文稿的放映

1. 设置放映方式

幻灯片放映方式有演讲者放映、观众自行浏览和在展台浏览 3 种。设置方法如下：选择"幻灯片放映"功能选项卡上的"设置"组→单击"设置放映方式"按钮，系统打开图 5-48 所示的对话框，可以进行放映类型、放映选项、换片方式等参数设置。

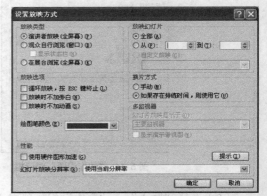

图 5-48　"设置放映方式"对话框

（1）放映类型

放映类型包括演讲者放映（全屏幕）、观众自行浏览（窗口）和在展台浏览（全屏幕）3 种方式。放映类型是单选项，单击单选按钮即可选中。

①"演讲者放映（全屏幕）"选项是最常用的方式，通常用于演讲者指导演示幻灯片。在该方式下，演讲者具有对放映的完全控制权，并可用自动或人工方式进行幻灯片放映；演讲者可以暂停幻灯片放映，以添加会议细节或即席反应；演讲者还可以在放映过程中录下旁白。演讲者可以使用此方式，将幻灯片放映投射到大屏幕上、主持联机会议或广播演示文稿。

②"观众自行浏览（窗口）"选项可运行小屏幕的演示文稿。例如个人通过公司网络或全球广域网浏览的演示文稿。演示文稿会出现在小型窗口内，并提供在放映时移动、编辑、复制和打印幻灯片的命令。在该方式下可以使用滚动条或 Page Up 和 Page Down 键从一张幻灯片移到另一张幻灯片。

③"在展台浏览（全屏幕）"选项可自动运行演示文稿。例如在展览会场或会议中播放演示文稿。如果摊位、展台或其他地点需要运行无人操作的幻灯片放映，可以将幻灯片放映设置为：运行时大多数的菜单和命令都不可用，并且在每次放映完毕后自动重新开始。观众可以浏览演示文稿内容，但不能更改演示文稿。

（2）放映选项

放映选项包括"循环放映，按 ESC 键终止""放映时不加旁白"和"放映时不加动画"选项。如果选择"循环放映，按 ESC 键终止"选项，可循环运行演示文稿。需要说明的是，如果用户选中的放映类型为"在展台浏览（全屏幕）"，此复选框将自动选中。

绘图笔颜色设置是选择放映幻灯片时绘图笔的颜色，便于用户在幻灯片上书写。

（3）换片方式

"换片方式"选项区域主要可进行"手动"或者"如果存在排练时间，则使用它"设置。

2. 自定义放映方式

采用自定义放映方式，可以将不同的幻灯片组合起来，并加以命名，然后在演示过程中跳转到这些幻灯片上，不必针对不同的听众创建多个几乎完全相同的演示文稿，从而达到"一稿多用"的目的。自定义放映方式的操作方法如下。

（1）选择"幻灯片放映"选项卡上的"开始放映幻灯片"组中的"自定义放映"下拉命令→执行"自定义放映"命令，系统弹出"自定义放映"对话框，如图 5-49 所示。

（2）单击"新建"按钮，系统弹出"定义自定义放映"对话框，在左侧列表框中按顺序选择需要放映的幻灯片，并添加至右侧列表框中。

（3）在"幻灯片放映名称"文本框中输入自定义放映名称，单击"确定"按钮。

图 5-49　"自定义放映"对话框

（4）单击"放映"按钮即可放映。

3. 设置放映时间

使用排练计时，可以利用预演的方式，为每张幻灯片设置放映时间，使幻灯片能够按照设置的排练计时时间自动进行放映。操作方法如下。

（1）打开演示文稿，选择"幻灯片放映"功能选项卡上的"设置"组→单击"排练计时"按钮，进入"预演幻灯片"模式，在屏幕上将会显示预演工具栏。

（2）在"预演"工具栏上单击"下一项"按钮，可排练下一张幻灯片的时间（时间的长短由用户自己定），单击"暂停"按钮，可以暂停计时，再单击可继续计时。单击"重复"按钮，将重新计时。

（3）排练结束时，系统打开一个对话框，询问是否保留新的幻灯片排练时间，单击"是"按钮，则会在每张幻灯片的左下角显示该幻灯片的放映时间。

【例 5.5】放映制作好的演示文稿，并使用超链接快速定位到"一剪梅"所在的幻灯片，然后返回上次查看的幻灯片，依次查看各幻灯片和对象，在最后一页标记重要内容，退出幻灯片放映视图。隐藏最后一张幻灯片，然后放映查看隐藏幻灯片后的效果，并在演示文稿中对各动画进行排练计时。

操作步骤如下。

（1）选择"幻灯片放映"→"开始放映幻灯片"组，单击"从头开始"按钮，进入幻灯片放映视图。

（2）系统将从演示文稿的第 1 张幻灯片开始放映，如图 5-50 所示。单击鼠标左键依次放映下一个动画或下一张幻灯片，如图 5-51 所示。

（3）当播放到第 4 张幻灯片时，将鼠标指针移动到"一剪梅"文本上，此时鼠标指针变为形状，如图 5-52 所示。

（4）单击鼠标，即可切换到超链接的目标幻灯片，此时可使用前面的方法单击鼠标进行幻灯片的放映。在幻灯片上单击鼠标右键，在弹出的快捷菜单中选择"上次查看过的"命令，如图 5-53 所示。

图 5-50　进入幻灯片放映视图

图 5-51　放映动画

图 5-52　单击超链接

图 5-53　定位幻灯片

（5）返回上一次查看的幻灯片，然后依次播放幻灯片中的各个对象，当播放到最后一张幻灯片的内容时，单击鼠标右键，在弹出的快捷菜单中选择"指针选项"→"墨迹颜色"→"红色"命令，然后再次单击鼠标右键，在弹出的快捷菜单中选择"指针选项"→"荧光笔"命令，如图5-54 所示。

（6）此时鼠标指针变为 ✎ 形状，按住鼠标左键不放并拖动鼠标，标记重要的内容，播完最后一张幻灯片后，会打开一个黑色页面，提示"放映结束，单击鼠标退出"，鼠标单击退出。

（7）由于前面标记了内容，系统将提示是否保留墨迹注释的对话框（见图5-55），单击 放弃⑴ 按钮，删除绘制的标注。

图 5-54　选择标记使用的笔

图 5-55　提示对话框

（8）在"幻灯片"浏览窗格中选择第9张幻灯片，选择"幻灯片放映"→"设置"组，单击"隐藏幻灯片"按钮，隐藏幻灯片，如图5-56 所示。

（9）在"幻灯片"浏览窗格中选择的幻灯片上将出现叉标志，选择"幻灯片放映"→"开始放映幻灯片"组，单击"从头开始"按钮，开始放映幻灯片，此时隐藏的幻灯片将不再放映出来。

（10）选择"幻灯片放映"→"设置"组，单击"排练计时"按钮，进入放映排练状态，同时打开"录制"工具栏，自动为该幻灯片计时，如图5-57 所示。

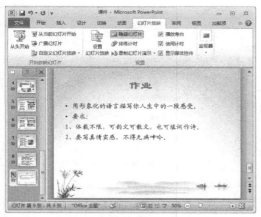

图 5-56 隐藏幻灯片

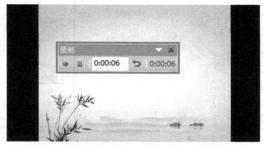

图 5-57 "录制"工具栏

（11）通过单击鼠标或按 Enter 键控制幻灯片中下一个动画出现的时间，如果用户确认该幻灯片的播放时间，可直接在"录制"工具栏的时间框中输入时间值。

（12）一张幻灯片播放完成后，单击鼠标切换到下一张幻灯片，"录制"工具栏中的时间将从头开始为该张幻灯片的放映进行计时。

（13）放映结束后，系统打开提示对话框，提示排练计时时间，并询问是否保留幻灯片的排练时间（见图 5-58），单击 ![是(Y)] 按钮进行保存。

（14）打开幻灯片浏览视图样式，每张幻灯片的左下角将显示幻灯片的播放时间，图 5-59 所示为前两张幻灯片在"幻灯片浏览"视图中显示的播放时间。

图 5-58 提示对话框

图 5-59 显示播放时间

任务五 演示文稿的打印和打包

1. 打印演示文稿

演示文稿不仅可以进行现场演示，还可以将其打印在纸张上，手执演讲或分发给观众作为演讲提示等。下面将前面制作并设置好的课件打印出来，要求一页纸上显示两张幻灯片。

打印演示文稿

（1）选择"文件"→"打印"命令，在窗口右侧的"份数"数值框中输入"2"，即打印两份，如图 5-60 所示。

（2）在"打印机"下拉列表中选择与计算机相连的打印机。

（3）在幻灯片的布局下拉列表中选择"2 张幻灯片"选项，单击选中"幻灯片加框""根据纸张调整大小"复选框，如图 5-61 所示。

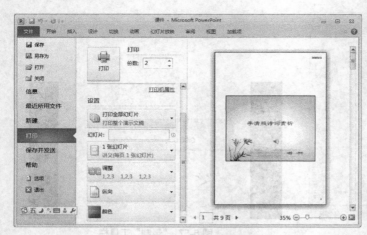

图 5-60 设置打印份数

图 5-61 设置幻灯片布局

（4）单击"打印"按钮🖨️，开始打印幻灯片。

2. 打包演示文稿

演示文稿制作好后，有时需要在其他计算机上进行放映，要想在其他没有安装 PowerPoint 2010 的计算机上也能正常播放其中的声音和视频等对象，除了将演示文稿保存为视频之外，还可将制作的演示文稿打包。下面将把前面设置好的课件打包到文件夹中，并命名为"课件"。

打包演示文稿

（1）选择"文件"→"保存并发送"命令，在工作界面右侧的"文件类型"栏中选择"将演示文稿打包成 CD"选项，然后单击"打包成 CD"按钮💿。

（2）系统打开"打包成 CD"对话框，单击 复制到文件夹(F)… 按钮，系统打开"复制到文件夹"对话框，在"文件夹名称"文本框中输入"课件"（见图 5-62），在"位置"文本框中输入打包后的文件夹的保存位置，单击 确定 按钮。

（3）系统打开提示对话框，提示是否保存链接文件（见图 5-63），单击 是(Y) 按钮。稍作等待后即可将演示文稿打包成文件夹。

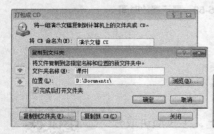

图 5-62 复制到文件夹

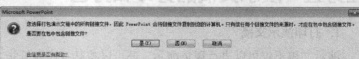

图 5-63 提示对话框

思考与习题

一、选择题

1. PowerPoint 2010 的文件的默认扩展名是（　　）。

    A．.docx　　　　　　B．.txt　　　　　　C．.xls　　　　　　D．.pptx

2. PowerPoint 系统是一个（　　　）软件。

   A. 文字处理　　　　　B. 表格处理　　　　　C. 图像处理　　　　　D. 文稿演示

3. PowerPoint 的核心是（　　　）。

   A. 标题　　　　　　　B. 版式　　　　　　　C. 幻灯片　　　　　　D. 母版

4. 用户编辑演示文稿时的主要视图是（　　　）。

   A. 普通视图　　　　　B. 幻灯片浏览视图　　C. 备注页视图　　　　D. 幻灯片放映视图

5. 幻灯片中占位符的作用是（　　　）。

   A. 表示文本长度　　　　　　　　　　　B. 限制插入对象的数量

   C. 表示图形大小　　　　　　　　　　　D. 为文本、图形预留位置

6. 使用（　　　）组合键可以退出 PowerPoint 2010。

   A. Ctrl+Shift　　　　B. Shift+Alt　　　　C. Ctrl+F4　　　　　D. Alt+F4

7. 在 PowerPoint 2010 中，撰写或设计演示文稿一般在（　　　）模式下进行。

   A. 普通视图　　　　　B. 幻灯片放映视图　　C. 幻灯片浏览视图　　D. 版式视图

8. 在演示文稿放映过程中，可随时按（　　　）键终止放映，返回原来的视图中。

   A. Enter　　　　　　B. Esc　　　　　　　C. Pause　　　　　　D. Ctrl

9. 单击（　　　）的相关命令可以插入文本框。

   A. 插入功能区　　　　B. 设计功能区　　　　C. 视图功能区　　　　D. 格式功能区

10. 设置幻灯片放映时间的命令是（　　　）。

   A. "幻灯片放映"菜单中的"预设动画"命令

   B. "幻灯片放映"菜单中的"动作设置"命令

   C. "幻灯片放映"菜单中的"排练计时"命令

   D. "插入"菜单中的"日期和时间"命令

11. PowerPoint 内置的动画效果中，不包含（　　　）。

   A. 百叶窗　　　　　　B. 溶解　　　　　　　C. 蛇形排列　　　　　D. 渐变

12. PowerPoint 提供了多种（　　　），它包含相应的母版和字体样式等，可供用户快速生成风格统一的演示文稿。

   A. 版式　　　　　　　B. 模板　　　　　　　C. 母版　　　　　　　D. 幻灯片

13. 如果要对当前幻灯片的标题文本占位符添加边框线，首先要（　　　）。

   A. 使用"颜色和线条"命令　　　　　　B. 选中标题文本占位符

   C. 切换至标题母版　　　　　　　　　　D. 切换至幻灯片母版

14. 若要使制作的幻灯片能够在放映时自动播放，应该为其设置（　　　）。

   A. 超级链接　　　　　B. 动作按钮　　　　　C. 排练计时　　　　　D. 录制旁白

15. 若演示文稿在演示时，需要从第 1 张幻灯片直接跳转到第 5 张幻灯片，则应在第 1 张幻灯片上添加（　　　），并对其进行相关设置。

   A. 动作按钮　　　　　B. 预设动画　　　　　C. 幻灯片切换　　　　D. 为自定义动画

16. 关于 PowerPoint 的叙述中，（　　　）是不正确的。

   A. PowerPoint 可以调整全部幻灯片的配色方案

   B. PowerPoint 可以更改动画对象的出现顺序

  C. 在放映幻灯片时可以修改动画效果

  D. PowerPoint 可以设置幻灯片切换效果

17. 在 PowerPoint 中，使用（ ）组合键可以为选定的文本添加下画线。

  A. Alt+O   B. Ctrl+O   C. Ctrl+U   D. Alt+U

18. 在 PowerPoint 中，幻灯片（ ）。

  A. 各个对象的动画效果出现顺序是固定的，不能随便调整

  B. 各个对象都可以使用不同的动画效果，并可以按任意顺序出现

  C. 每个对象都只能使用相同的动画效果

  D. 不能进行自定义动画设置

19. 如果一张幻灯片中的数据比较多，很重要，不能减少，可行的处理方法是（ ）。

  A. 用动画分批展示数据   B. 缩小字号，以容纳全部数据

  C. 采用多种颜色展示不同的数据   D. 采用美观的图案背景

20. 若将一张幻灯片中的图片及文本框设置成一致的动画效果后，则（ ）动画效果。

  A. 图片和文本框都没有   B. 图片没有而文本框有

  C. 图片和文本框都有   D. 图片有而文本框没有

二、简答题

1. PowerPoint 2010 窗口由哪些部分组成？

2. PowerPoint 的主要功能是什么？

3. 什么是演示文稿的母版？有什么作用？

4. 什么是自定义放映？如何创建自定义放映？

三、案例分析与应用

  请使用 PowerPoint 2010 制作一个演示文稿，介绍 Excel 2010 的主要组成及功能，每项组成最少用一张幻灯片介绍，要求如下。

1. 有必要的文字说明；

2. 幻灯片上配置相应的图片；

3. 幻灯片上的对象有动画效果；

4. 幻灯片有切换效果；

5. 能自动播放。

06 第6章 计算机网络和信息检索

内容概述

在当今互联网时代，面对无限宽广的信息海洋，怎样从中汲取有用的信息是我们要面对的问题。因此，大学生应该掌握计算机网络的基本知识，具备在网络环境下进行信息检索的能力和基本的信息素养。本章主要介绍计算机网络的概念，计算机网络的分类，互联网的基本概念和接入方式，信息与信息检索的概念，利用互联网进行信息检索的方法，下载与上传文件的方法，以及电子邮箱、QQ、微博、微信等现代通信工具的使用方法。

学习目标

- 了解计算机网络的概念，掌握计算机网络的分类方法。
- 掌握互联网的基础知识，了解互联网接入方法。
- 熟悉信息的概念，培养信息素养，具备一定的信息技术能力。
- 熟练使用 IE 浏览器，掌握通过网络进行信息搜索、查找网上信息的方法。
- 掌握利用网络下载和上传文件的方法。
- 熟练掌握常用的通信工具（如电子邮箱、QQ、微信、微博等）的使用方法。

任务一　计算机网络基础

1. 计算机网络的概念

计算机网络（Computer Network）是计算机技术与通信技术相结合的产物，最早出现于 20 世纪 50 年代。它是指分布在不同地理位置上的具有独立功能的多台计算机、终端及其附属设备，通过通信设备和通信线路相互连接起来，在网络操作系统和网络协议的管理和控制下，实现数据传输和资源共享的计算机系统。

将两台计算机用通信线路连接起来可构成最简单的计算机网络，而Internet（也称因特网或互联网）则是将世界各地的计算机连接起来的最大规模的计算机网络。

计算机网络的功能主要表现为资源共享与快速通信。资源共享可降低资源的使用费用，共享的资源包括硬件资源（如存储器、打印机等）、软件资源（如各种应用软件）及信息资源（如网上图书馆、网上大学等）。计算机网络为联网的计算机提供了有力的快速通信手段，计算机之间可以传输各种电子数据、发布新闻等。计算机网络广泛应用于军事、经济、科研、教育、商业、家庭等各个领域。

2. 计算机网络的分类

计算机网络按网络覆盖范围分为局域网、城域网、广域网和互联网。

（1）局域网

局域网（Local Area Network，LAN）又称局部区域网，一般由 PC 通过高速通信线路相连，覆盖半径为几十米到几千米，通常用于连接一间办公室、一栋大楼或一所学校范围内的主机。局域网的覆盖范围小，数据传输速率及可靠性都比较高。

（2）城域网

城域网（Metropolitan Area Network，MAN）是在一个城市范围内建立的计算机网络。覆盖半径一般为几千米至几十千米。城域网通常使用与局域网相似的技术。城域网的一个重要作用是作为城市的骨干网，将同一城市内不同地点的主机、数据库及局域网连接起来。

（3）广域网

广域网（Wide Area Network，WAN）又称远程网，是远距离大范围的计算机网络。覆盖半径一般为几十千米至几千千米。这类网络的作用是实现远距离计算机之间的数据传输和信息共享。广域网可以是跨地区、跨城市、跨国家的计算机网络。广域网通常借用传统的公用通信网络（如公用电话网）进行通信，其数据传输率比局域网低。由于广域网的范围很大，联网的计算机众多，因此广域网上的信息量非常大，共享的信息资源极为丰富。

（4）互联网

互联网（Internet）是指通过网络互联设备，将分布在不同地理位置、同种类型或不同类型的两个或两个以上的独立网络进行连接，使之成为更大规模的网络系统，以实现更大范围的数据通信和资源共享。

3. 无线计算机网络

近年来，无线蜂窝电话通信技术得到了飞速发展，随着便携计算机、个人数字设备（PDA）及智能手机的普遍使用，使用无线通信技术与计算机网络互联越来越快捷、方便。无线计算机网络通常分为无线局域网、无线城域网、无线广域网和无线个人区域网。

（1）无线局域网

无线局域网（Wireless Local Area Network，WLAN）与传统的局域网主要不同之处就是传输介质不同，传统局域网都是通过有形的传输介质进行连接的，如同轴电缆、双绞线和光纤等，而无线局域网则是以空气作为传输介质、通过发射/接收无线电波（或者微波、红外线等）进行数据传输的。所以，无线局域网的最大特点就是"自由"，只要在网络的覆盖范围内，可以在任何一个地方与其他主机相连，或者随时随地接入无线网络，甚至接入 Internet。

（2）无线城域网

无线城域网（WMAN）是指在地域上覆盖城市及其郊区范围的分布节点之间传输信息的本地分

配无线网络。无线城域网可提供"最后一千米"的多种宽带无线接入（固定的、移动的和便携的）方式。许多情况下，WMAN 可用来替代现有的有线宽带接入，所以可称无线本地环路。

（3）无线个人区域网

无线个人区域网（WPAN）就是在个人工作地方把属于个人使用的电子设备（如便携计算机、便携打印机及蜂窝电话等）用无线技术连接起来自组网络，不需要使用接入点 AP，整个网络的范围为 10m 左右。WPAN 可以是一个人使用，也可以是若干人共同使用。WPAN 是以个人为中心来使用的无线个人区域网，它实际上就是一个低功率、小范围、低速率和低价格的电缆替代技术。

4. Internet 简介

Internet 也称因特网或互联网，它实际上是由 Interconnection 和 Network 两个词组合而成的。从字面的意义上看，它包含着相互连接和网络的概念。它是一个建立在网络互联基础上的最大的、开放的全球性网络。Internet 的基本定义是：它是全球最大的计算机网络通信系统，把世界各地的计算机通过网络线路连接起来，进行数据和信息的传输和交换，实现资源共享。网络与我们的生活和工作联系日益密切，以至于每天不与网络来个"亲密接触"，我们的生活中就缺少了乐趣和色彩，就会感到乏味。特别是由于近几年无线网络和移动互联的迅速发展、4G 通信和智能手机的迅速普及，更是让网络的触角伸向有线网络不能够达到的地方，基本上实现了"有人的地方就有网络"。所以对网络这个无处不在的信息传播手段，每个人都应该有足够的了解。

Internet 具有以下几个方面的特点。

（1）Internet 把世界各地的计算机通过通信设备和通信线路（包括有线和无线）连接起来，进行数据和信息的传输和交换，实现资源共享。这是计算机网络最基本也是最核心的功能。

（2）从通信的角度看，Internet 是一个应用广泛的、理想的信息交流媒介。利用它可以实现邮件、文字、音频、视频等各种信息的全球范围内乃至与太空的传送和转发。

（3）从获取信息的角度看，Internet 是一个庞大的信息资源库，网络上遍布无数个涵盖不同行业、不同领域、不同范围的各种信息，这些信息为人们的日常生活和工作提供各种服务。

（4）从娱乐休闲的角度看，Internet 是一个超大的"娱乐大厅"，它能提供各种娱乐，包括音乐、电影、电视、体育、风景、文化、社交等各种娱乐服务，还能提供互动环境，增加了娱乐的趣味。

（5）从商业的角度看，Internet 是一个既能省钱又能赚钱的"大商场"，用户不仅可以利用 Internet 足不出户地得到各种免费经济信息、商品信息，还可以进行动态实时跟踪，直接在网上进行交易，提高了效率，买卖双方摆脱了传统的商业模式。

5. Internet 的基本概念

（1）TCP/IP

TCP/IP（Transmission Control Protocol/Internet Protocol）的中文意思是传输控制协议/网际协议，是 Internet 的基本通信协议。它规定计算机和电子设备如何连入互联网，以及数据如何在它们之间传输的标准。它实际上是一组协议，称为协议簇。它包含的协议很多，有上百个。TCP 和 IP 只是其中保证互联网上数据完整传输的两个最基本的重要协议，所以就用 TCP/IP 来代表整个协议簇。

TCP/IP 的体系结构有 4 层，从下至上包括网络接口层、网络层、传输层、应用层，其中 IP 位于网络层，TCP 处于传输层。TCP/IP 中基本的传输单位是数据包（Packets）。大的数据在网络中传输时被分割成小的数据包（Packets），在每个数据包上都加有固定的首部并有相应的编号，以保证被分割成一个个小包的数据到达目的主机时，能够按照编号还原成原来大的数据。IP 是给互联网的每一台联网主机规定一个上网地址，还负责在每个数据包的首部上加上数据包的目标主机地址，以保证数据能够传送到正确的目的地。

如果传输过程中出现数据丢失、数据失真等情况，TCP 负责要求数据重传，重新组包，直到所有数据安全正确地传输到目的地。所以，IP 保证数据的传输，TCP 保证数据传输的质量。

（2）IP 地址

在 Internet 中如何标识每一台计算机，以及如何实现计算机之间的通信呢？就像识别一个人的身份需要身份证一样，在网络中识别计算机身份的标志就是 IP 地址，一般称其为主机 IP 地址。

IP 地址是 IP 提供的一种统一的地址格式，由 32 位（4 个字节）的二进制数组成。但是为了书写方便，人们常将每个字节作为一段用十进制表示，每一段之间又用"."分隔，每一段的数字范围为 0～255。基本格式为 www.xxx.yyy.zzz。例如，211.4.56.37 就是一个合法的 IP 地址。

IP 地址由两部分组成，第一部分是用于标识该地址的所从属的网络号，第二部分用于指明该网络上某个特定主机的主机号。例如，IP 地址 211.4.56.37 中"211.4.56.0"是网络号，而后面的"37"代表该网络中第 37 号计算机。

IP 地址分为 A、B、C、D、E 5 类，最常用的是 A、B、C 3 类（IP 地址范围及最大主机数见表 6-1），D、E 类作为多播地址和保留地址使用。

表 6–1　　　　　　　　　　　A、B、C 3 类 IP 地址范围及最大主机数

类别	最大网络数	IP 地址范围	最大主机数
A	126（2^7–2）	0.0.0.0～127.255.255.255	16777214
B	16384（2^{14}）	128.0.0.0～191.255.255.255	65534
C	2097152（2^{21}）	192.0.0.0～223.255.255.255	254

A 类地址：0.0.0.0～127.255.255.255，最左边的第一段号码 0～127 代表网络号，后面的三段号码 0.0.0～255.255.255 是主机号。A 类地址一般用于大型网络，此类地址分配的网络号少，但是可分配的主机最多。

B 类地址：128.0.0.0～191.255.255.255，左面的两段号码 128.0～191.255 代表网络号，后面两段号码是主机号。B 类地址一般用于中型网络。

C 类地址：192.0.0.0～223.255.255.255，左面的三段号码 192.0.0～223.255.255 代表网络号，后面一段号码是主机号。C 类地址一般用于小型网络，此类地址分配的网络号多，但是可分配的主机最少。

D 类地址：224.0.0.0～239.255.255.255。D 类地址是一个专门保留的地址。它并不指向特定的网络，目前这一类地址被用在多点广播（Multicast）中。多点广播地址用来一次寻址一组计算机，它标识共享同一协议的一组计算机。

E 类地址：240.0.0.0～254.255.255.255。E 类地址是为特殊使用而保留的。

另外，全零（"0.0.0.0"）的 IP 地址对应当前主机；全"1"的 IP 地址（"255.255.255.255"）是当前子网的广播地址。

如果计算机的 IP 地址是面向 Internet 的，是基于全球范围的，则该 IP 地址称为公有地址。

公有地址（Public address）由 Inter NIC（Internet Network Information Center，互联网信息中心）负责管理。这些 IP 地址分配给注册并向 Inter NIC 提出申请的组织机构。通过它可以直接访

问互联网。

私有地址（Private address）属于非注册地址，专门为组织机构内部使用，私有地址必须经过地址转换成为公有地址后才能够访问互联网。

下列是内部使用的私有地址：A 类　10.0.0.0～10.255.255.255；B 类　172.16.0.0～172.31.255.255；C 类　192.168.0.0～192.168.255.255。

（3）域名和域名服务系统

① 域名

域名（Domain Name）是在互联网上唯一标识一个网站所用的专有名称，它的作用是映射互联网上服务器的 IP 地址来联通服务器。或者说，域名用字符来表示的 Internet 上一个的节点主机或者网站地址。域名一般由用户的主机名、所属的机构或计算机网络名称及国家或行业名称一起组成。

域名的组成：域名系统采用层次结构，各层次用圆点"."分隔开，例如 www.sina.com.cn，从右到左依次是二级域名、子域名等，分别表示不同国家或地区的名称、组织类型、组织名称、分组织名称、计算机名称等。一般而言，最右边的子域名被称为顶级域名（Top Level Domain Name），既可以是表明不同国家或地区的地理性顶级域名，也可以是表明不同组织类型的组织性顶级域名。

例如，地理性顶级域名以两个字母的缩写形式来表示某个国家或地区，见表 6-2。

表 6-2　　　　　　　　　　　　　　地理性顶级域名

域名	国家	域名	国家	域名	国家	域名	国家
cn	中国	ca	加拿大	de	德国	se	瑞典
uk	英国	us	美国	dh	瑞士	sg	新加坡
au	澳大利亚	jp	日本	fr	法国	nl	荷兰

由于 Internet 起源于美国，由美国扩展到全球，因此，Internet 顶级域名的默认值是美国。当一个 Internet 标准地址的顶级域名不是地理性顶级域名时，该地址所标识的主机很可能位于美国国内。

例如，组织性顶级域名表明对该 Internet 主机负有责任的组织类型，见表 6-3。

表 6-3　　　　　　　　　　　　　　组织性顶级域名

域名	组织类型	域名	组织类型
com	商业组织	net	网络技术组织
edu	教育机构	gov	政府机构
mil	军队	org	非营利性组织

例如，标准地址 xiaohuali@scut.edu.cn 表明用户 xiaohuali 所使用的主机是中国教育科研网内华南理工大学的计算机。

② 域名服务系统

在计算机网络中，计算机是无法识别域名的，必须使用一个域名服务系统（Domain Name System，DNS）进行"翻译"，TCP/IP 提供了域名服务系统 DNS，负责实现域名与 IP 地址之间的转换，使 Internet 上每一个网站的主机都有唯一的 IP 地址与其域名相对应。网站的域名就相当于一个人的名字，而 IP

地址就相当于一个人的身份证号。显然，对人们来说，记住名字比记住身份证号码要容易得多，但对计算机来说，识别 IP 地址比识别域名更加容易。

TCP/IP 规定的 Internet 标准域名地址形式为用户名 ID@域名。

其中，用户名 ID（User Id）标识某地址处接收信息的具体用户，通常采用真实姓名的简写形式或入网名。

（4）WWW 的基本概念

WWW 是 World Wide Web 的缩写，又称 Web 网或万维网，是一种建立在 Internet 上的全球性的、交互的、动态的、多平台的、分布式的信息浏览系统，也是 Internet 上被广泛应用的一种信息服务。在 WWW 上可以看见来自世界各地的信息，信息的内容可以是文本信息，也可以是图形、图像、声音及视频等多媒体信息，这些信息都以超文本链接方式组织在一起，供用户浏览、阅读和使用。

WWW 服务采用的是客户/服务器工作模式，即分为 Web 客户端和 Web 服务器端。万维网的 Web 客户端使用浏览器程序访问 Web 服务器上的网站页面。

万维网服务的工作原理是：用户在客户端通过浏览器向 Web 服务器发出 HTTP 请求，如访问网页的请求，Web 服务器会响应客户的请求，在 Web 服务器上进行查找，并将查找到的信息资源以页面的形式传送到客户端的浏览器上并显示，如图 6-1 所示。

图 6-1　Web 服务的工作原理

① 超文本和超媒体

用户阅读超文本（Hypertext）文档时，从其中一个位置跳到另一个位置，或从一个文档跳到另一个文档，可以按非顺序的方式进行，即不必从头至尾逐章逐节获取信息，可以在文档里跳来跳去。这是由于超文本里包含着可用作链接的一些文字、短语或图标，用户只需要在其上用鼠标轻轻一点，就能立即跳转到相应的位置。这些文字和短语一般有下画线或以不同颜色标示，当鼠标指针指向它们时，鼠标指针将变为手形。

超媒体（Hyper Media）是超文本的扩展，是超文本与多媒体的组合。在超媒体中，不仅可以链接到文本，还可以链接到其他媒体，如声音、图形图像和影视动画等。因此，超媒体把单调的文本文档变成了生动活泼、丰富有趣的多媒体文档。

② 超文本传输协议

超文本传输协议（Hypertext Transfer Protocol，HTTP）是万维网中客户端浏览器与 Web 服务器之间的应用层通信协议，是一种面向对象的协议，允许传送任意类型的数据对象。它是互联网上应用最为广泛的一种网络协议。所有的万维网文件都必须遵守这个标准。

在万维网的 Web 服务器上存放的都是超文本信息，客户端需要通过 HTTP 向 WWW 服务器发送访问的请求，而 Web 服务器响应用户的请求，就通过 HTTP 向客户端发送应答并将结果以网页形式在客户端浏览器上显示。

③ 超文本标记语言

万维网上的网站页面由超文本标记语言（HTML，Hyper Text Markup Language）编写，再通过超链接将各种信息及网页相互连接起来，形成这种网页的组织和管理模式。

超文本标记语言就是一种制作 WWW 网页的标准语言，它是一种描述性语言，定义了许多命令即"标签（Tag）"，用来标记要显示的文字、表格、图像、动画、声音、链接等。用 HTML 描述的文档是普通文本（ASCII）文件，可以用文本编辑器（如"记事本"）创建，文件的扩展名是.htm 或.html。当用户用浏览器从 WWW 服务器读取某个页面的 HTML 文档后，按照 HTML 文档中的各种标签，根据浏览器所使用的显示器的尺寸和分辨率大小，重新排版后将读取的页面在用户的显示器上显示出来。

④ 统一资源定位符

万维网上的信息资源以网页和超链接的形式存储在 Web 服务器上，那些页面或链接统称为"资源"。这些"资源"是可以被用户访问的任何对象，包括文件目录、文件、图像、声音、视频及电子邮件地址等。万维网上的"资源"使用"统一资源标识符（Uniform Resource Locator，URL）"进行定位和标识。

URL 语法结构为"协议名称://主机名称[：端口号/存放文件的路径/网页文件名称]"。

例如，当用户在客户端主机浏览器的地址框中输入 http://www.microsoft.com:80/exploring/exploring.html。

其中，"http"代表超文本传输协议；"://"是分隔符；"www."代表一个 Web（万维网）服务器；"microsoft.com:80"是微软公司 Web 服务器的域名地址，80 是端口号；"exploring/exploring.html"是网页文件名及所在文件路径。

由于万维网上的资源多种多样，相对不同资源的访问方式也不同，例如，使用 FTP 等同样可以访问万维网，因此，URL 还指出访问某个资源时使用的访问方式，例如 ftp://www.abchina.com.cn/money/main/exploring.html。

⑤ 网页

万维网上的资源以网页（Web Page）的形式提供给用户。网页是基于超文本技术的一种文档。网页既可以用超文本标记语言 HTML 书写，也可以用网页编辑软件制作。常用的网页制作软件有Dreamweaver 等。当客户端与 Web 服务器建立连接后，用户浏览的是从 Web 服务器中返回的一张张网页；用户浏览某个网站时，浏览器首先显示的网页称为主页（HomePage）。主页通过"超链接"技术连接到其他的网页。

任务二　信息检索基础

1. 信息检索概述

在当今社会，我们每天都沉浸在信息的海洋里。那么什么是信息？作为大学生，我们应该有什么样的信息能力？下面几个基本概念是我们应该了解的。

（1）数据

数据是未经组织的数字、声音、图像、文字等的原始状态，是客观存在的不相关的事实。

（2）信息

信息是以有意义的形式加以组织、排列和处理的有意义的数据，是给予一定意义和相互联系的事实。

（3）知识

知识是用于生产的有意义的信息。信息经过加工处理，应用于生产，才能转变成知识。

（4）数据、信息与知识之间的关系

数据是形成信息的基础，也是信息的组成部分。信息是数据更高层次的内容，需要对数据进行处理,例如采集、选择、组织、压缩等才能够将数据提炼成信息,被提炼的数据还要有相互关联才成为信息。知识则是在信息基础上的提升,必须对信息的内容进行提炼、比较、挖掘、分析、概括、判断和推论。

总之,数据是基础,信息是经过处理的数据,而知识是信息的进一步提炼和概括。

2. 信息时代与大学生信息素养要求

（1）信息素养的含义

作为大学生,不仅应该具备知识素养、人文素养,在当今的信息社会还必须具备信息素养。信息素养是由信息知识、信息能力、信息意识与信息伦理道德 3 个部分组成的信息综合素质。

① 信息知识:是关于信息的理论、知识和方法,包括信息的基本知识、计算机知识和网络知识、文化素养、外语能力等。

② 信息能力:指能够有效地利用信息知识、信息设备和信息资源来获取信息、加工处理信息和创造新生信息的能力。具体来说,我们应该有信息工具使用能力(这些工具包括文字处理工具、网络浏览器、搜索引擎、电子邮件、网页制作工具等),也要有获取和识别信息的能力、加工处理信息的能力和创造、传递新信息的能力。

③ 信息意识与信息伦理道德:信息意识是指人们在信息活动中产生的认识、观念和需求的总和。我们要充分认识到信息在当前时代中的重要作用,要根据学习和工作的需要认识到信息内在需求的重要性,还要对信息有充分的敏感和洞察力。信息时代中的大量信息充斥网络、手机及其他各种媒体,信息也有两面性,一方面是"正能量"信息,对社会发展和人类进步有积极意义,是我们积极倡导和利用的;另一方面是"负能量"信息,对社会发展和人类进步带来负面影响,我们应该有意识地予以鉴别和防范。所以,我们应该具有信息责任感,遵守国家法律法规,遵循社会公共道德规范,规范自身的各种信息行为,成为信息社会的守法公民。

（2）大学生信息素养的基本要求

对信息时代的大学生,我们提出以下几个基本要求。

① 具有高效获取信息的能力。

② 具有评判信息是非的能力。

③ 具有收集、存储、快速提取和运用信息的能力。

④ 具有运用多种媒体形式表达信息、创造性地使用信息的能力。

⑤ 具有将信息能力转化为自主高效地学习与交流的能力。

⑥ 具有在信息环境中的道德、法律和社会责任意识。

高度信息化的社会使我们有了快速便捷获取信息、运用信息的手段和机会,尤其是 3G 乃至 4G 智能手机的广泛普及,更加让我们随时随地都可以得到来自全世界的各种信息,给我们提供了学习知识、信息交流、信息表达的更多机会。可以说,具有一定的信息素养已经成为我们在信息社会中赖以生存的基本能力。

任务三　Internet 接入

1. Internet 接入方式

我们已经知道,Internet 是一个全球性的互连网络,在任何一个地方,只要有了网络互连的连接介质（有线或无线），有了计算机（支持 TCP/IP），就能通过不同的手段接入 Internet。

目前常见的 Internet 上网方式包括 ADSL（Asymmetric Digital Subscriber Line，非对称数字用户线路）接入、局域网接入、有线电视接入等几种方式。一般家庭或个人用户只要向当地的 ISP（即服务提供商）申请账号，进行硬件安装和网络配置就可以接入 Internet，方便地上网。

2. 接入 Internet 的网络设备

常见的接入 Internet 的网络设备有调制解调器、网卡、无线路由器。

（1）调制解调器

调制解调器（Modem）是一种用于进行数字信号和模拟信号相互转换的设备，这在 ADSL 接入时是非常重要的，如图 6-2 所示。因为电话线传输的是模拟信号，而计算机能够识别和产生的是数字信号，所以从原理上讲，在数据通信的信号发送方，计算机发出数字信号通过电话线传输是不行的，必须先把计算机产生的数字信号转换（调制）成模拟信号才能在电话线上传送。在信号的接收方，电话线接收到的是模拟信号，是不能被计算机识别的，必须把模拟信号转换（解调）成数字信号才行。也就是说，在 ADSL 模式下，整个数据发送和接收必须经过调制解调器对数据进行处理，否则是不能上网的。

（2）网卡

网卡称为网络适配器，因为一般情况下把它做成一张卡，插在计算机主板上，所以也常被称为网卡。现在计算机主板上一般都集成有网卡。网卡是局域网中连接计算机和传输介质的接口，实现计算机与局域网传输介质之间的物理连接。

（3）无线路由器

无线路由器是家庭或小型办公区域常用的一种接入互联网的设备，它的外形如图 6-3 所示。它带有天线、电源接口和若干个网络接口。它既有有线功能，保证接有线网卡的计算机上网，又有无线功能，把信号转成无线信号，使多台装有无线网卡的计算机特别是笔记本电脑无线连接到网络，甚至我们随身带的智能手机都可以通过无线路由实现无线上网（Wi-Fi 上网）。所以它是组建小型有线、无线局域网的非常便利的设备。

图 6-2　ADSL 调制解调器（Modem）

图 6-3　无线路由器

3. ADSL 接入操作

虽然在无线路由器部分提到了 ADSL 的作用，但是一般情况下用 ADSL 接入互联网是不用无线路由的，而且服务提供商（ISP）的服务只是负责将 ADSL 安装调试好，不负责安装配置无线路由的接入。那么用 ADSL 接入互联网，应该怎样进行操作呢？

使用 ADSL 上网，计算机上要装有网卡，一般的计算机在购买时主板上就有内置网卡，不需要购买。除此之外，计算机还要有一台调制解调器（Modem）、一条电话线和一条双绞线（接入网络的电缆线）。

（1）确认网卡驱动程序安装是否正确

正常情况下，操作系统能够自动认出计算机上的网卡并能自动安装驱动程序，但是也有的网卡不是主流网卡，导致操作系统不能认出，从而不能正确安装驱动程序。鉴别网卡驱动程序是否正确安装的步骤如下。

① 在桌面的"计算机"上单击鼠标右键，系统弹出快捷菜单，如图 6-4 所示。选择"属性"，系统弹出图 6-5 所示界面。单击"设备管理器"，进入图 6-6 所示界面。然后单击"网络适配器"旁边的小三角，展开网卡驱动程序的状态。在网卡驱动上单击鼠标右键，在弹出的快捷菜单中选择"属性"，可以看到如果网卡正常，在"常规"标签上会提示"这个设备运转正常"。

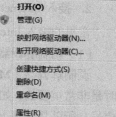

图 6-4　快捷菜单

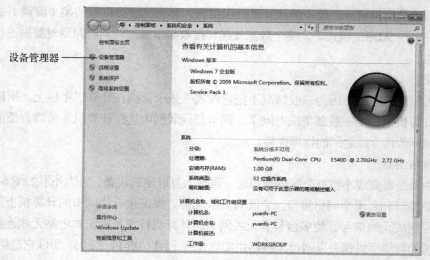

图 6-5　控制面板主页

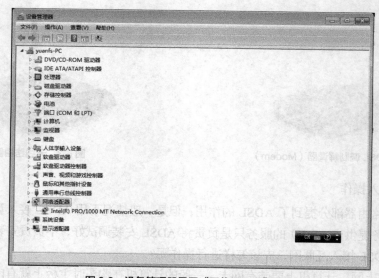

图 6-6　设备管理器显示"网络适配器"状态

② 如果"网络适配器"中显示网卡图标上有一个黄色的"！"，说明该网卡驱动程序不正常，需要更新。在网卡图标上单击鼠标右键，在弹出的快捷菜单中选择"更新驱动程序软件"，可以进行网卡驱动程序的更新。

（2）安装 ADSL 调制解调器

安装 ADSL 时，服务提供商（ISP）会提供信号分离器（也叫滤波分离器）和 ADSL 调制解调器。安装 ADSL 调制解调器的过程分成连接信号分离器和连接 ADSL 调制解调器两个步骤。

① 连接信号分离器。ADSL 信号分离器有 3 个接口，分别为 Line（电话接入线）、Phone（电话信号输出线）、Modem（数据信号输出线）。接法：将来自 ISP 端的电话线接入信号分离器的输入端 Line 端口。然后将信号分离器附带的电话线一端接入分离器的输出端口 Phone，另一端接电话机，以保证上网时能够正常打电话。

② 连接 ADSL 调制解调器。首先，使用 ADSL 调制解调器附送的电话线一端连接 ADSL 信号分离器 Modem 端口，另一端连接 ADSL 调制解调器的 ADSL 插孔。然后使用 ADSL 调制解调器附送的双绞线一端连接 ADSL 调制解调器的 10BaseT 插孔，另一端连接计算机网卡中的网线插孔，然后接通 ADSL 调制解调器电源。

（3）在 Windows 7 中建立 ADSL 拨号连接，步骤如下。

① 打开"控制面板"窗口，单击"网络和 Internet"→单击"网络和共享中心"→选择"更改网络设置"下的"设置新的连接或网络"选项，系统弹出图 6-7 所示的对话框。

② 选择"连接到 Internet"→单击"下一步"按钮，系统打开图 6-8 对话框，单击"宽带（PPPoE）（R）"。

图 6-7　"设置连接或网络"对话框

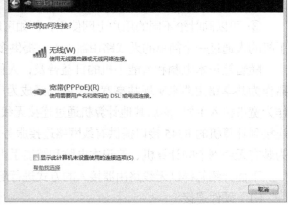

图 6-8　"连接到 Internet"对话框（一）

③ 经过图 6-8 的选定后，进入图 6-9 所示界面，需要输入服务提供商提供的用户名和密码，还要给连接起个名称（默认是"宽带连接"），然后单击"连接"按钮，计算机开始连通网络，如图 6-10 所示。如果连接正常的话，系统会在桌面建立起一个网络连接图标，下次双击就可启动该连接。

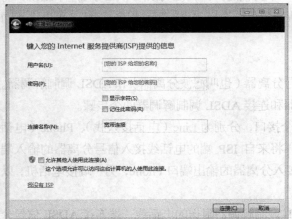

图 6-9 "连接到 Internet"对话框（二）　　　　图 6-10 "连接到 Internet"对话框（三）

4. 多用户共享宽带上网

共享宽带上网是小型办公环境或家庭多用户上网的最佳方式。用户可以向网络服务提供商（ISP）申请一个账户（例如 ADSL 账户），让多个人或多台计算机同时通过一个宽带通道上网，这就是多用户共享宽带上网。这种方式的主要优点如下。

① 网络结构简单，宽带利用率高，可以保证一条电话线和申请的一个账户能够同时被多用户使用。

② 对于小型公司或家庭来说，只需建立一个简单的无线环境下的局域网，不仅组网容易，而且经济实惠，可以让大家都用一个用户上网，降低了整体的上网费用。如果手机用户用无线路由上网，即所谓的 Wi-Fi 上网，还可以节省上网流量费。

③ 可以同时给不同的用户上网使用，例如可以同时让几个使用台式计算机、笔记本电脑、智能手机的人通过一个简单的无线路由器上网，提供多样化的服务。

随着笔记本电脑和智能手机的日益普及，人们对无线上网的需求越来越大，所以使用无线路由器作为共享路由器来实现共享宽带上网已经成为广泛使用的模式。在这种模式中，使用无线路由器作为宽带接入主机，然后其他计算机通过连接无线路由器访问互联网。无线路由器上面有 RJ45 接口，连接到计算机的 RJ45 接口提供有线网络连接服务。它还带有天线，同时提供无线接入网络的服务，为装有无线网卡的计算机、笔记本电脑和智能手机提供无线上网服务。

下面介绍怎样以无线路由器接入的方式进行配置实现多用户宽带上网。

（1）硬件连接

如图 6-11 所示，带有天线的是无线路由器，它的后面有两类接口，第一类是 WAN 接口，要把 ADSL 调制解调器连接的网线插入这个接口。一般只有一个 WAN 接口，通过 ADSL Modem 接入外网，连接到 Internet。第二类是 LAN 接口，一般情况下有几个这类接口，图 6-11 中有 4 个 LAN 接口，用于将没有无线功能的计算机使用网线连接进来实现上网，而有无线功能的计算机（或笔记本电脑）可以通过天线信号接入（需要进行参数配置）实现上网。注意一定要将无线路由器的电源插头插入电源插座上供电才能保障它的正常工作。

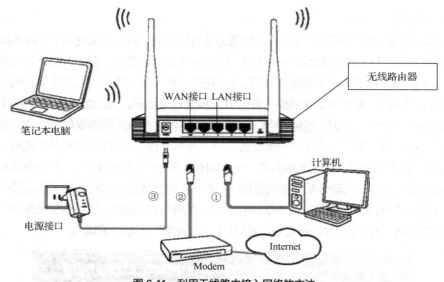

WAN接口　LAN接口

无线路由器

笔记本电脑

计算机

电源接口

③　②　①

Modem

Internet

图 6-11　利用无线路由接入网络的方法

（2）用 ADSL 接入的计算机配置

大多数情况下在接入无线路由器之前，用户已经通过网络服务提供商（ISP）完成了一台计算机的 ADSL 接入，已经可以上网了，接入无线路由器是为了扩充原来的网络功能。如果网络服务提供商在接入 ADSL 时要求做计算机的配置，那么就按照该要求做。一般的操作是：在已经接入 ADSL 的这台计算机中，打开"控制面板"窗口，单击"网络和共享中心"图标，或者在任务栏右侧的网络图标单击，系统弹出"打开网络和共享中心"菜单，在"查看活动网络"栏下选择"本地链接"选项，系统打开图 6-12 所示的"本地链接 状态"对话框，单击"属性"按钮，系统打开图 6-13 所示的对话框，选中"Internet 协议版本 4（TCP/IPv4）"单选按钮→单击"属性"按钮，系统打开图 6-14 所示的对话框，输入网络服务提供商给定的"IP 地址""子网掩码""默认网关""首选 DNS 服务器"等。不过网络服务提供商在大多数情况下在图 6-14 的配置中是要求将 IP 地址配置成"自动获得 IP 地址"，DNS 服务器配置成"自动获得 DNS 服务器地址"。当接入的计算机通过 ADSL 上网时，双击桌面的 ADSL 登录图标，输入用户名和密码（这两个参数需要由服务提供商提供）就可以上网。

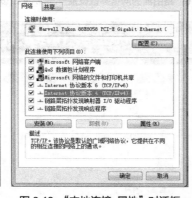

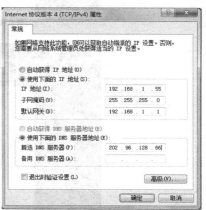

图 6-12　"本地链接 状态"对话框　　**图 6-13　"本地连接 属性"对话框**　　**图 6-14　"Internet 协议版本 4（TCP/IPv4）属性"对话框**

（3）路由器配置

对于买来的无线路由器，不同厂家的产品配置方法有所不同，但只要按说明书来做就很容易进行操作，这里以 TP-Link 的无线宽带路由器为例介绍。按图 6-11 接好设备后，在接入的计算机浏览器中输入"http://192.168.1.1"就可以进入路由器配置界面，主要配置几组参数。第一组是选择"网络参数"→"LAN口设置"，如图 6-15 所示。要输入登录到路由器的 IP 地址和子网掩码。第二组选择"网络参数"→"WAN口设置"，如图 6-16 所示。要设置上网账号和上网口令，这两个参数是网络提供商给的，当然登录后用户可以修改自己的密码。第三组选择"无线设置"→"基本设置"，选好无线网卡和该网卡选用什么模式（见图 6-17）。第四组选择"DHCP 服务器"→"DHCP 服务"（见图 6-18）。其中的地址池可以保证为接入无线路由器的计算机自动分配在该网段的 IP 地址（注意地址池的起始段到结束段一定要与路由器 192.168.1.1 在一个网段，即前 3 位在 192.168.1 内），系统会自动确认"主 DNS 服务器"的 IP 地址，如果不行，需要向网络服务提供商询问，但是这几个"可选项"不是必须填的。

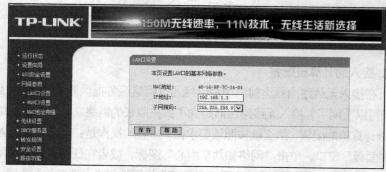

图 6-15　路由器的网络参数设置——LAN 口设置

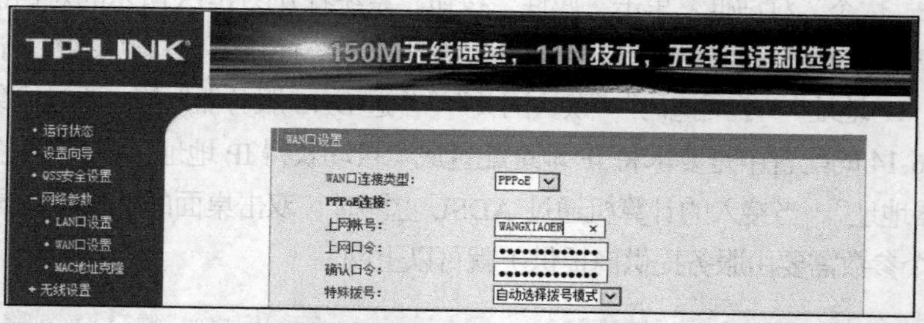

图 6-16　路由器的网络参数设置——WAN 口设置

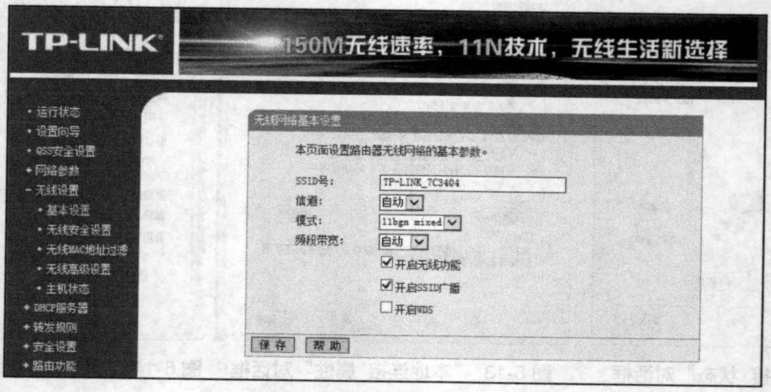

图 6-17　无线网卡的工作模式设置

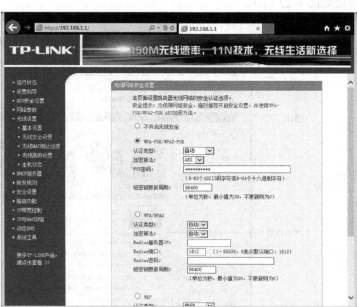

图 6-18　启用 DHCP 服务器

总之，以上配置只要掌握两个关键点，一般情况下就能顺利完成。第一，按图 6-11 所示连接好硬件设备；第二，仔细阅读无线路由器说明书，按照说明书要求一步一步操作。

路由器安装完之后，所有接入进来的计算机上网的 IP 地址等参数配置都可以选取"自动获得 IP 地址"和"自动获得 DNS 服务器地址"，实现了网络中所有计算机通过该路由器共享 Internet 链接，如图 6-19 所示。

另外，还要强调的是无线上网接入有一个弱点就是安全问题，只要某个无线路由器的无线信号能够被接收到，在该范围内所有装有无线网卡的计算机都有可能利用这个无线路由器上网。所以，我们还要在"无线设置"→"无线安全设置"下面设置路由器的密码（见图 6-20），其中有几种加密的算法，用户可以根据需要自己选择。如果选择"不开启无线安全"，无线路由器就会被别人利用上网。

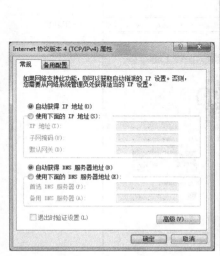

图 6-19　接入无线路由器构建的
局域网计算机 IP 地址设置

图 6-20　无线路由器加密设置

任务四　Internet 浏览与信息检索

1. 使用 Internet 浏览信息

计算机网络最重要的功能就是资源共享，一个用户通过什么样的工具才能够很方便地看到或者听到遍布于世界各地的各种信息资源呢？就是用浏览器去访问网站、浏览网页。所以在 Internet 中怎样设置好浏览器、用什么方法更加快捷方便地获取有用的信息是最重要的。

目前最知名的浏览器当然就是 Windows 自带的 Internet Explorer（IE），此外还有一些广受用户喜欢的浏览器，例如 Google Chrome（谷歌公司）、Mozilla Firefox（开源）和 Safari（苹果公司）。国内比较知名的有搜狗浏览器、360 浏览器、腾讯 QQ 浏览器、世界之窗、傲游浏览器和百度浏览器等。这些浏览器各有千秋，很难下个结论判定它们的优劣。这里重点介绍微软公司的操作系统 Windows 7 自带的 Internet Explorer（IE）8 浏览器。

启动 IE 浏览器最方便的方法就是单击任务栏上的浏览器按钮（见图 6-21），当然也可以双击桌面上的 IE 快捷图标来启动，或者在任务栏单击"开始"→"所有程序"→"Internet Explorer"。

IE 浏览器使用方便，界面友好，用户能够很方便地浏览各种站点的信息，搜索网上所需要的信息。

浏览器按钮

图 6-21　任务栏上的浏览器按钮

只要网络通畅，在 IE 浏览器地址栏输入网站地址，按 Enter 键就可以进入网站主页。IE 浏览器界面如图 6-22 所示。

图 6-22　IE 浏览器界面

（1）地址栏：用户在此输入需要访问的网站地址。单击右侧的下拉按钮，用户可以看到近期访问过的网站地址。

（2）收藏夹：单击后可以选"添加到收藏夹"，将当前网页收藏到计算机的"收藏夹"中，以后再想使用这个网页时可以从"收藏夹"找出，单击就可以进入该网页。"收藏夹"标签还可以用于管理收藏的网页，同时管理装进收藏夹的网页地址、管理 RSS 订阅源和管理历史记录。

（3）导航栏：不是 IE 所有的，是一般页面常见结构中进行不同页面和栏目切换的选项卡，实际上是一种超链接。

（4）菜单栏：提供了文件、编辑、查看、收藏夹、工具、帮助等菜单。

（5）工具按钮：分别提供兼容性视图、刷新和停止等阅读视图时的操作工具。

（6）搜索栏：提供搜索信息的输入位置。

（7）工具栏：提供返回主页、阅读邮件、打印等功能。

在工具栏中最常用的是"工具"→"Internet 选项"，选择该选项后系统打开图 6-23 所示的对话框。该对话框有 7 个选项卡，即"常规""安全""隐私""内容""连接""程序"和"高级"。

①"常规"选项卡（见图 6-23）：可以设置 IE 浏览器的默认主页，即启动浏览器后自动打开的网站主页，也可以通过"浏览历史记录"区域的相关按钮删除浏览的历史记录、设置 Internet 临时文件。单击"搜索"区域的"设置"按钮，可以设置搜索工具等参数。单击"选项卡"区域的"设置"按钮可以设置更改网页在选项卡中显示的方式。单击"外观"区域的相关按钮可以确定浏览器的外观，一般不用改动。

②"安全"选项卡（见图 6-24）：主要有两个区域，第一个区域是"选择要查看的区域或更改安全设置"。其中，"Internet"用于设定除了列在受信任和受限站点之外的所有网站；"本地 Intranet"用于企业内部网设定；"可信站点"→"站点"可以把用户认为是可以信任的站点列表加进去；"受限站点"→"站点"可以把用户认为可能对自己的计算机或文件损坏的站点加进去，以免某些不良站点损坏自己的计算机。第二个区域用来设置安全级别，对不同的区域可以设置"低""中低""中""中-高"和"高" 5 个级别。

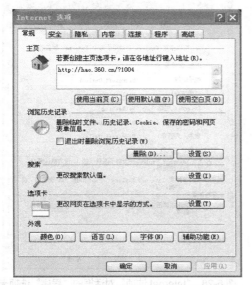

图 6-23　"Internet 选项"对话框的"常规"选项卡

图 6-24　"Internet 选项"对话框的"安全"选项卡

③ "隐私"选项卡（见图 6-25）：可以设置对某些站点进行"允许"或"阻止"访问的托管，也可以设定对弹出窗口进行阻止，还可以基于 InPrivate 筛选策略确定隐私筛选功能。

④ "内容"选项卡（见图 6-26）：主要内容包括设置"内容审查程序"，对网页的内容进行分级审查、许可站点的审查、常规审查和高级审查；设置"证书"，导入证书可以实现加密连接和使用标识的证书，增强网络使用的安全性。

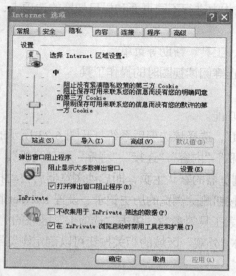

图 6-25 "Internet 选项"对话框的"隐私"选项卡

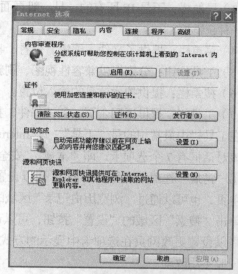

图 6-26 "Internet 选项"对话框的"内容"选项卡

⑤ "连接"选项卡（见图 6-27）：主要设置以什么方式连接上网，如果是局域网上网，是否使用代理服务器等。

⑥ "程序"选项卡（见图 6-28）：主要用于指定几个常见的 Internet 应用程序、默认的 Web 浏览器和管理加载项。

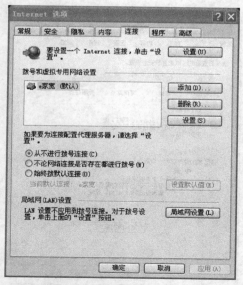

图 6-27 "Internet 选项"对话框的"连接"选项卡

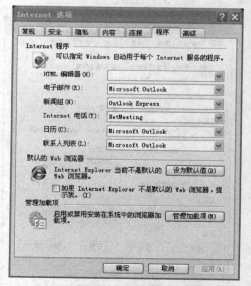

图 6-28 "Internet 选项"对话框的"程序"选项卡

⑦ "高级"选项卡（见图 6-29）："高级"选项卡的设置比较复杂，主要针对浏览器的高级用户。其中设置的内容分为安全设置、浏览器设置、多媒体设置、辅助功能设置等几大类，主要保证浏览器使用更加安全可靠。

图 6-29 "Internet 选项"对话框的"高级"选项卡

2. 使用 Internet 检索信息

利用网络进行信息检索是当今人们最常用的获取信息资源的手段。信息检索是指知识有序化识别和查找的过程。广义的信息检索实际上包含信息检索和存储两个方面，而狭义的信息检索是指根据用户查找信息的需要，利用检索工具，从信息集合中查找出所需信息的过程。

由于海量信息充斥网络，如果没有一个合适而又高效的查找信息工具，对用户来说是不可想象的。搜索引擎就是这样一个在网络上查找有用信息的最佳工具，它是随着 Web 信息技术的应用迅速发展起来的信息检索技术，也是一种快速浏览和检索的工具。

（1）搜索引擎的工作原理

搜索引擎实际上是 Internet 上的某个站点，它有庞大的数据库，保存着 Internet 上无数网页的检索信息，并不断更新。我们使用的搜索引擎，实际上只是一个搜索引擎系统的检索界面，当你输入关键词进行查询时，搜索引擎会从庞大的数据库中找到符合该关键词的所有相关网页的索引，经过复杂的算法进行排序后，按照与搜索关键词的相关度高低依次排列，呈现在结果网页中。最终网页罗列的是指向一些相关网页地址的超级链接网页。不同的搜索引擎，网页索引数据库不同，排名规则也不尽相同，所以，当我们以同一关键词用不同的搜索引擎查询时，搜索结果也就不尽相同。

目前，国内比较知名的 Internet 搜索引擎有百度、360、搜狗等，国外比较知名的搜索引擎有谷歌、雅虎等。

（2）利用搜索引擎搜索信息的方法

其实不管使用哪种搜索引擎，进行信息搜索都是很简单的事情，只要在搜索引擎的文本框中输入要搜索的文字，按 Enter 键或者单击搜索引擎按钮，搜索引擎就会根据列出的关键字找出一系列的搜索结果。当然，如果能够掌握一些搜索技巧，还是能够提高搜索的效率和精度的，下面做一些简单介绍。

① 搜索的关键字要尽量准确，能够比较精确地表达自己所要查找的信息。关键词不能太口语化，不能使用错别字，利用组合词搜索比用分离词搜索好。

② 查找短语，需要用英文的双引号将其括住。

③ 如果需要在指定的网站上查找某个词，需要加"site"。例如，需要在指定的百度网站上查找"计算机"，应该输入"计算机 site:www.baidu.com"。

④ 查找包含标题的内容，要用"intitle:"，例如，查找标题含有"中秋明月"的标题，可输入"intitle: 中秋明月"。

⑤ 限制查找用"in"。例如，只搜索 URL 中的 MP3 网页，可输入"inurl:MP3"。

⑥ 限制查找文件类型用"filetype:"。在冒号后面要加上文档格式，例如 DOC、PDF、XLS 等。

例如，查找"宋词中关于明月的 PDF 文档"，就可以输入："宋词 明月 filetype:pdf"。

任务五　文件的下载与上传

在互联网中，我们不仅可以通过浏览器阅读大量的信息，还可以从网络上把一些自己需要的资源从远程的服务器中保存到本地计算机，或者把自己的文件通过网络传送到远方的服务器或计算机，这两种方式在网络中称为"下载（Download）"和"上传（Upload）"。

1. 文件下载方式

下载或上传的工具有很多，常用的有迅雷（Thunder）、网际快车（FlashGet）、电驴（eMule）、CuteFTP 等。互联网上可以提供下载的资源非常多，而且可以提供的下载方式也很多，常见的有 HTTP、FTP、P2P 等。下面分别介绍这几种下载方式。

（1）HTTP 下载

HTTP 即超文本传输协议（HyperText Transfer Protocol），是互联网上应用最为广泛的一种网络传输协议，所有的 WWW 文件都必须遵守这个标准，它是 WWW 的核心。它详细规定了浏览器和万维网服务器之间互相通信的规则、通过因特网传送万维网文档的数据传送协议。

HTTP 的使用方式是用 Web 浏览器从 Web 服务器读取某个页面文件，如果浏览器读取的是 HTML 格式或可显示的图像文件，浏览器会在自己的窗口上把该文件的内容显示出来。但是在 HTML 页面中如果有"下载"的链接，可以通过该链接按步骤操作，系统会打开对话框提示用户保存在本地，实现文件的"下载"。下载过程如图 6-30 所示。

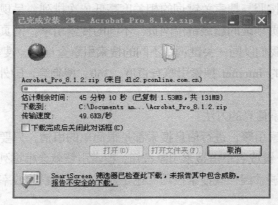

图 6-30　文件下载过程

（2）FTP 下载

FTP（File Transfer Protocol）即文件传输协议，是 TCP/IP 协议簇中一个重要的协议，主要用于实现 Internet 的文件传输。尽管目前大多数人采用 HTTP 的下载，因为它是基于网页环境的下载，使用方便直观，但还是有一些 FTP 服务器在网络上为用户提供服务，所以了解 FTP 下载也是必要的。

（3）P2P 下载

P2P 下载是指点对点下载（Point to Point），两个对应点的用户相互之间可以实现同时下载和上传所需文件。这样可以将两个用户直接连接起来，通过互联网直接交互，中间无须通过服务器中转。

【例 6.1】使用 FTP 下载文件。

① 在使用 FTP 服务器下载和上传之前，用户必须知道该服务器的 IP 地址或该服务器的域名。本例使用 FTP 服务器软件 Serv-U，安装该软件并进行配置即可当作 FTP 服务器使用。用户可以在 Serv-U 的官网下载中文版。

② 当 FTP 服务器配置好以后，即可启动运行。在客户端的计算机浏览器地址栏中输入 FTP 服务器的 IP 地址或域名，并且要输入 FTP 协议名，本例的 FTP 协议和 IP 地址为"ftp://192.168.1.104"，如图 6-31 所示。

输入 FTP 协议和 FTP
服务器 IP 地址

图 6-31　登录 FTP 服务器之前的界面

③ 按 Enter 键，在系统打开的对话框中将具有登录权限的用户名和密码输入（见图 6-32），单击"登录"按钮即可进入 FTP 下载页面。有的 FTP 服务器开放度较高，允许匿名登录，则可以选中"匿名登录"，不用输入用户名和密码，实现 FTP 下载，不过这种情况比较少。

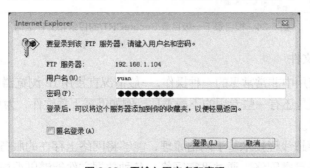

图 6-32　需输入用户名和密码

④ 登录成功后，出现图 6-33 所示的界面，可以看到已经设定好的 FTP 服务器提供上传和下载的目录结构。再单击下一级目录，可以清楚地看到根目录下的下一级目录和文件（见图 6-34）。对下载操作，

用户可以直接在该目录中下载相应的文件；对上传操作，如果在 FTP 服务器设置过程中给予登录用户足够的权限，那么该用户就可以通过"复制""粘贴"的操作，将本地文件上传到远程服务器。

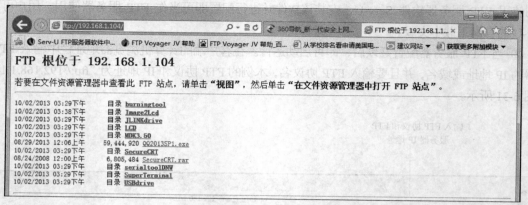

图 6-33　登录 FTP 服务器后可看到可供下载的文件目录

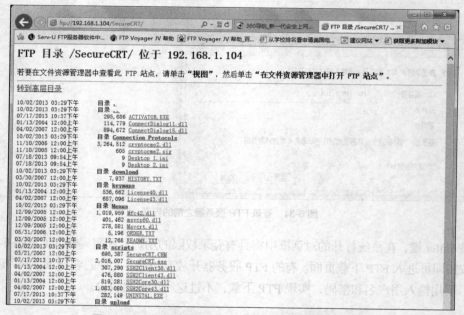

图 6-34　根目录下一级目录/SecureCRT/的目录和文件结构

2.　使用迅雷下载文件

文件下载是网络应用中非常常见的一种操作，一般情况直接用 IE 浏览器或其他的浏览器（如 360 浏览器）实现下载，但是还有一些专用的下载工具，例如迅雷下载软件，为用户提供了更大的方便，并且提高了下载的速率。

迅雷使用的多资源超线程技术基于网格原理，能够将网络上存在的服务器和计算机资源进行有效的整合，构成独特的迅雷网络，通过迅雷网络，各种数据文件能够以很快的速度进行传递。多资源超线程技术还具有互联网下载负载均衡功能，在不降低用户体验的前提下，迅雷网络可以对服务器资源进行均衡，有效降低了服务器负载。

迅雷是一个专用下载软件，不支持上传资源。它能够自动监测用户计算机中所有的下载行为，当用户需要下载时，它会自动启动并弹出图 6-35 所示的下载对话框，提示了要下载的文件名称，确定了该对话框中的存储路径后，单击"立即下载"按钮，迅雷就可以开始下载文件。当回到迅雷管理界面时，可以看到图 6-36 所示的正在下载的文件状态。可以看到正在下载的文件的传输速率、下载文件的进度和下载后文件的大小。下载完毕后，可以单击"全部任务"，对所有任务进行有效管理（见图 6-37）。

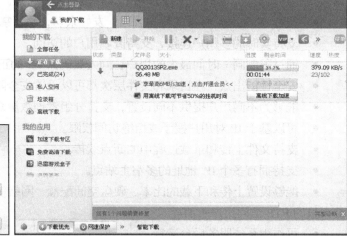

图 6-35　迅雷下载对话框　　　　　　　　　　图 6-36　迅雷正在下载的文件状态

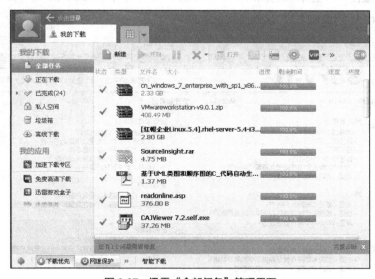

图 6-37　迅雷"全部任务"管理界面

3．使用 FTP 上传文件

FTP

FTP 服务器是在互联网上提供存储空间的计算机，它们依照 FTP 提供服务。当它们运行时，用户就可以连接到服务器上下载文件，也可以将自己的文件上传到 FTP 服务器中。前面已经以 Serv-U 为例简单介绍过 FTP 服务器的用法，现在做进一步介绍。

Serv-U 是目前常用的 FTP 服务器软件之一。用户使用 Serv-U 能够将任何一台 PC 设置成一个 FTP

服务器，这样，用户或其他使用者就能够使用 FTP，通过在同一网络上的任何一台 PC 与 FTP 服务器连接，进行文件或目录的复制、移动、创建和删除等。这里提到的 FTP 是专门被用来规定计算机之间进行文件传输的标准和规则，正是因为有了像 FTP 这样的专门协议，人们才能够通过不同类型的计算机，使用不同类型的操作系统，对不同类型的文件进行相互传递。

虽然目前 FTP 服务器端软件种类繁多，相互之间各有优势，但是 Serv-U 凭借其独特功能得以崭露头角。具体来说，Serv-U FTP 服务器软件具有如下特点。

- 符合 Windows 标准的用户界面，友好亲切，易于掌握。
- 支持实时的多用户连接，支持匿名用户的访问。
- 通过限制同一时间最大的用户访问人数确保 PC 的正常运行。
- 安全性能出众，在目录和文件层次都可以设置安全防范措施。
- 能够为不同用户提供不同设置，支持分组管理数量众多的用户。
- 可以基于 IP 对用户授予或拒绝访问权限。
- 支持文件上传和下载过程中的断点续传。
- 支持拥有多个 IP 地址的多宿主站点。
- 能够设置上传和下载的比率、硬盘空间配额、网络使用带宽等，从而保证用户有限的资源不被大量的 FTP 访问用户所消耗。
- 可作为系统服务后台运行。
- 可自用设置在用户登录或退出时的显示信息，支持具有 UNIX 风格的外部链接。

图 6-38 是 Serv-U 构造的 FTP 服务器管理界面。

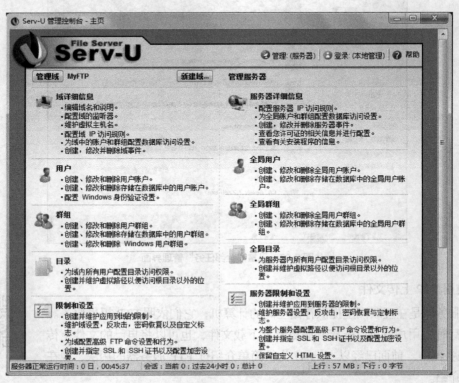

图 6-38　Serv-U 构造的 FTP 服务器管理界面

作为一个使用由 Serv-U 构造的 FTP 服务器的用户，可以从该软件套件中使用 FTP Voyager JV 客户端，很方便地从 Serv-U 的 FTP 服务器上传和下载软件。

FTP Voyager JV 是一款功能完备、基于 Java 的传输客户端产品，其对应的基于 Serv-U 的 FTP 服务器为用户提供一种使用方便的文件传输方法。

FTP Voyager JV 客户端工作界面如图 6-39 所示。

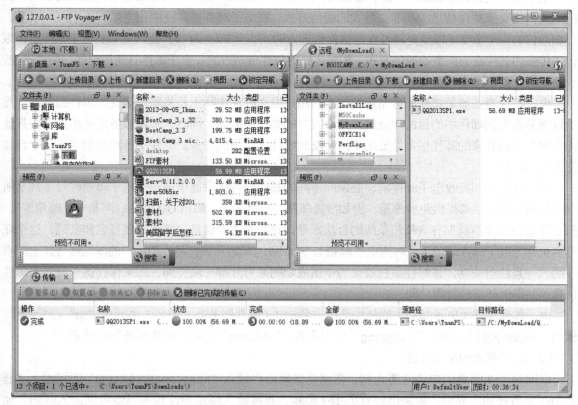

图 6-39　FTP Voyager JV 客户端工作界面

① 主菜单：位于应用程序窗口的顶部。它包含所有 FTP Voyager JV 可以执行的操作。

② 本地窗格：位于应用程序窗口的顶部左边。它显示了客户端的本地文件系统。

③ 远程窗格：位于应用程序窗口的顶部右边。它显示了服务器的远程文件系统。

④ 传输窗格：位于应用程序窗口的底部。它显示了客户端与服务器间的文件传输的状态。

⑤ 状态栏：位于应用程序窗口的底部。它显示了 FTP Voyager JV 按钮与操作的动态描述，以及本地/远程列表信息，例如文件/文件夹数量与选定的文件/文件夹数量。

利用 FTP Voyager JV 进行文件的上传和下载主要在"本地"和"远程"之间进行传送。在进行文件传输之前，要先用 FTP Voyager JV 连通远程的 FTP 服务器，界面结构如图 6-39 所示。"本地"是将下载的文件存放在本地的区域，"远程"是将本地文件上传到远端的 FTP 服务器。例如，要将本地的文件上传到远程的服务器，直接将本地的文件拖到远程的某个文件夹下面，传输窗格就会显示传输过程，直到完成。传输成功后，远程的文件夹下面保存有刚刚传输成功的文件。所以，FTP Voyager JV 工具大大方便了基于 FTP 的文件的上传和下载。

任务六　即时通信与网络交流

1. 电子邮件

（1）认识电子邮件

电子邮件也称为 E-mail，是目前 Internet 中最为广泛的应用之一，也是发送者和接受者使用计算机通过网络交换邮件信息实现非交互式的通信方式。在电子邮件被广泛应用之前，人们互相联系、互相通信的一个重要手段就是通过发送信件给远方的人。当 Internet 被广泛应用后，电子邮件迅速取代了传统的信件成为新型的通信方式。相对传统的信件传送方式，电子邮件有使用简便、传送迅速、收费低廉（更多地是免费邮箱）、全球快速发送、保存方便、功能强大、多种服务等优点。

电子邮件服务器是邮件服务系统的核心。用户发送邮件实际上是将邮件提交给邮件服务器，然后该服务器根据邮件中的目的地址转发到接收方的邮件服务器；同时，邮件服务器还承担着将其他邮件服务器转发来的邮件根据地址的不同转发到收件人邮箱的任务。邮件服务器就相当于一个自动工作的"邮局"。

用户在发送和接收电子邮件前，必须向不同的邮件服务提供商申请一个电子邮箱账号（几乎所有的知名门户网站都提供免费邮箱，例如搜狐邮箱、新浪邮箱、腾讯 QQ 邮箱、网易 163 邮箱等），只要注册一个邮箱就拥有该邮箱系统的合法账号，该账号主要信息包括邮箱账号名和密码，这个账号名也称为电子邮件地址（或称为电子邮箱）。对相应的邮箱系统，每一个用户的邮箱账号是全球唯一的。一旦注册成功，该邮件系统就会为申请成功的账号开辟一块空间，用来保存这个账号的邮件信息，并提供邮箱的管理功能。

电子邮件地址（电子邮箱）的结构是用户名@电子邮件服务器的域名，中间用"@"符号隔开。例如 wanggang@163.com，"wanggang"是用户名，"163.com"是电子邮件服务器的域名。

（2）电子邮箱的申请注册

以网易 163 邮箱的申请注册为例。在浏览器地址栏输入"http://email.163.com"即可进入"登录 163 免费邮箱"界面。如果已经有了 163 邮箱，直接输入邮箱地址和密码就可以进入邮箱。如果还没有申请 163 邮箱，可以单击右下角的"注册网易免费邮箱"，进入邮箱注册申请界面。有两种方式注册"邮件地址"：一种是"注册字母邮箱"，如图 6-40 所示。这种方法让用户申请的账号用户名是以字母的形式呈现的，其邮件服务器的域名默认为"163.com"。用户名要易记，同时又不能与其他的用户名重复。系统建议用户名用手机号注册，因为手机号是唯一的，不会重复而且容易记得住。另外一种是"注册手机号码邮箱"。不管用哪种方法注册，都要保证有唯一的账号。另外，还要输入"密码""确认密码"和"验证码"，如果达到邮箱申请的要求就可以申请成功。

（3）电子邮箱的使用

① 邮箱的登录

电子邮箱申请成功后，可以直接在邮箱主页上登录，进入邮箱进行邮件的收发和管理。图 6-41 显示了 163 邮箱 6.0 版的管理界面。

② 邮件的接收

单击"收信"或者"收件箱"按钮，可以看到收到了哪些邮件，邮件列表按收到邮件的日期排列，清晰有序。

图 6-40 163 邮箱注册申请界面

③ 邮件的发送

单击"写信"按钮，填好收件人邮件地址、邮件主题、邮件内容和添加附件（根据实际需要）后，单击"发送"按钮就可以发送邮件到指定的邮箱地址。如果邮件要发送给多人，可以在收件人输入框中输入多个邮箱地址，但要用"，"隔开，这样就可以将一个邮件同时发送给多个人。

④ 电子邮箱管理

邮件的收发是最基本的邮箱管理，除了收发邮件之外，163 邮箱还提供了很多附加的功能，例如"通讯录"提供了经常联系人的邮箱列表，"文件夹切换区"还提供了另外的一些功能，用于邮箱的管理和一些应用。

图 6-41 163 邮箱的管理界面

2. 腾讯QQ

腾讯QQ几乎是每个年轻人都会用到的一个即时通信（IM）软件。当你一看到QQ登录界面那个可爱的小企鹅，就一定会感到格外亲切。腾讯QQ最常用的功能是在线聊天，除了在线文字聊天以外，还支持语音聊天。如果计算机安装了摄像头及驱动程序，还可以实现在线视频聊天，所以它是一款很受广大用户特别是年轻人喜欢的在线即时通信软件。近几年智能手机的快速普及，使用户可以随时随地实现在线聊天。据初步统计，我国的QQ注册用户超过10亿个，有效用户估计超过5亿个，如此巨大的用户使用量说明了腾讯QQ的影响力。除了在线聊天，QQ的功能还包括点对点传送文件、文件共享、实现群聊（多人聊天）、远程协助、网络硬盘、QQ邮箱、QQ游戏、QQLive（在线直播）、手机QQ、QQ空间、QQ（腾讯）微博等。

（1）QQ的申请与基本使用

在使用QQ之前，要先下载QQ的PC版或者手机版，按要求安装即可。安装成功后双击桌面的"腾讯QQ"图标，系统打开图6-42所示的QQ登录界面。如果已经有了QQ账号，就可以直接登录；如果没有，则需要进行账号注册，单击"注册账号"按钮，按要求输入必要的信息，再单击"立即注册"按钮就可以了。QQ的注册方法与电子邮箱的注册方法一样，只要按照要求一步一步操作就可以顺利完成。需要说明的是这里使用的是QQ2013版，不同的版本界面可能略有差别，但基本原理是一样的。

登录成功后，进入QQ主界面，如图6-43所示。主要的操作内容如下。

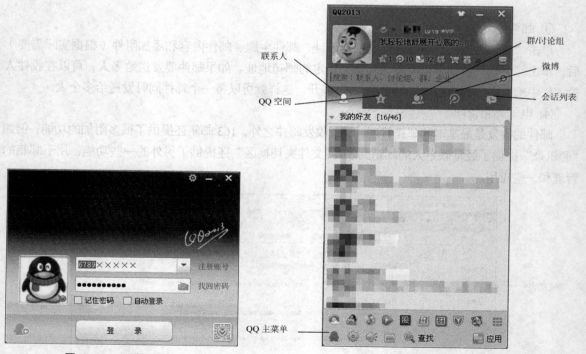

图6-42　QQ登录界面　　　　　　　　　　图6-43　QQ主界面

① 联系人：QQ好友列表，双击好友头像就可以进入图6-44所示的对话窗口。上面的窗口是聊天的内容显示，下面的窗口是聊天内容输入窗口。在这个窗口内，发送方先输入要发送的消息，当确认无误后，单击"发送"按钮（或者按Ctrl+Enter组合键），即可将聊天的内容发送给对方。

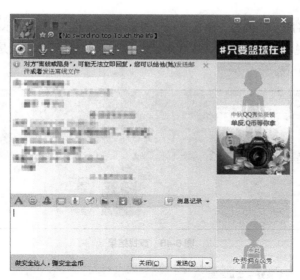

图 6-44　QQ 聊天对话窗口

② QQ 空间：包括"好友动态"和"特别关心"，可以了解好友近来的状况及对某些好友予以特别关心。

③ 群/讨论组：单击这个选项卡可以创建"群"或"讨论组"，还可以进入相应的"群"或"讨论组"，进行多人的聊天。

④ 微博：可以进入腾讯微博空间，看到腾讯微博主页上发了什么微博，并可以发布自己的微博。

⑤ 会话列表：把你与好友聊天的对象和内容列出来。

（2）QQ 查找好友、添加好友和基本设置

查找分为"查找""找人""找群""找企业"4 项，最常见的是通过查找功能将需要 QQ 聊天的人添加为"好友"。方法如下。

① 如图 6-45 所示，单击"查找"选项卡，在"查找"按钮旁边的文本框中填入已知的对方 QQ 号，单击"查找"按钮。

图 6-45　"查找"对话框

② 结果出现图 6-46 所示的内容，单击"+好友"，在弹出的图 6-47 所示的对话框中"备注姓名"（用于进行 QQ 聊天时说明对方的身份，以免混淆）和加入"分组"（一般是加入"我的好友"）。这个时候等待对方的回复响应。

图 6-46 查找结果

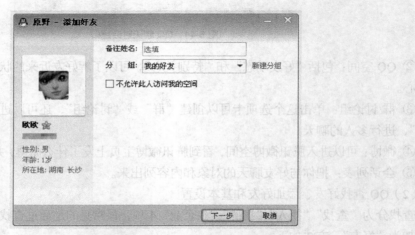

图 6-47 对添加的好友添加"备注姓名"和加入"分组"

③ 对方确认并加你为"好友"后，你们就可以聊天了。

添加为好友的另一个办法就是先由对方提出添加好友，然后你这一方予以验证、确认。

"查找"功能还可以根据某个人的 QQ 信息查找个人、查找 QQ 群、查找企业。

QQ 常用基本功能的设置如下。

① 个人信息管理：单击 QQ 主界面左下角的小企鹅，在弹出的主菜单中选中"我的 QQ 中心"，就可以对 QQ 好友、个人资料信息、账号、QQ 群、好友动态等进行管理和设置。

② 好友管理：随着时间的增长，QQ 好友会越来越多，可能要将不同的好友进行分类组织。单击 QQ 主界面左下角的小企鹅，在弹出的主菜单中选中"好友管理"，在弹出中"好友管理器"中对好友进行管理。如果想删除好友，可以在 QQ 主界面选中该好友，单击鼠标右键，在弹出的快捷菜单中选择"删除好友"。或者在"好友管理器"中选中该好友，单击鼠标右键，在弹出的快捷菜单中选择"删除好友"。

（3）利用 QQ 进行语音、视频聊天

① 实现 QQ 语音、视频聊天的前提条件是通信的双方计算机必须同时配备相关的语音、视频设备，例如声卡、话筒、摄像头、耳机等，并且成功地安装了相应的驱动程序。

② 当已经与 QQ 聊天的对方联系上，单击聊天窗口左上方的摄像头图标（"开始视频会话"），进入等待对方响应状态，如果对方接受，双方就开始进入 UDP 连接。

③ 连接成功，双方建立了视频聊天通信，互相可以看到对方实时状态，进行视频聊天。

④ 如果想进行语音聊天，方法与视频聊天过程是一样的，只是启动语音聊天需要单击聊天窗口左上角第二个话筒图标（"开始语音会话"），等待对方接受之后开始语音聊天。

另外，QQ 还允许进行多人的视频和音频在线聊天。

（4）利用 QQ 进行文件传输

在聊天窗口中单击第三个"传送文件"按钮，可以实现与对方"发送文件""发送离线文件""发送微云文件"。其中"发送文件"是实时发送文件，文件接收方与发送方双方必须同时在线。"发送离线文件"是接收方可以在发送文件的同时并不在线，等有机会上线时再接收发送过来的文件。"微云"是腾讯公司为用户精心打造的一项智能云服务，用户可以通过微云方便地在手机和计算机之间同步文件、推送照片和传输数据。"发送微云文件"就是利用腾讯的"微云"传送文件。

文件发送后，接收方还有接收的方式，共有 3 种，包括"接收""另存为"和"拒绝"，接收文件方一定要注意文件保存的目录位置，搞清楚接收的文件存放在什么地方。

（5）QQ 远程协助功能

QQ 是以它的即时通信（聊天）功能流行的，但实际上随着网络应用的内容越来越多，QQ 的应用范围已经远远超过聊天本身了。QQ 远程协助就是一项很有实用价值的功能，可以让一方远程浏览并控制对方的计算机。利用这个功能，可以让计算机专业技术水平高的一方帮助另一方解决计算机操作和使用中的问题。

在与对方聊天的窗口中，单击"远程桌面"，系统弹出含有"请求控制对方电脑"和"邀请对方远程协助"的菜单，如图 6-48 所示。前者用于对方请求你来控制他的计算机时使用，后者用于自己的计算机有问题，请求对方控制你自己的计算机。

在远程协助功能操作时要注意如下几点。

① 远程协助功能的"邀请对方远程协助"是将自己的计算机操作权交给了远方的另外一个人，使用这个功能时要谨慎，一定要将计算机的安全放在第一位。

② 当提交申请的一方提交后，会在对方聊天窗口出现提示，单击"接受"提示后向申请方提示，申请方再次单击"接受"，即双方都"接受"互认后才能实现远程协助。

③ 成功连接后，控制方就可以看到申请方的桌面了。对方的各种操作可以实时看到，但此时还不能控制对方的计算机。要想控制对方的计算机还需要申请方再次"申请控制"，双方再次互相接受。

④ 对方计算机被控制后有时候会看起来效果不好，可以由申请方单击图 6-48 的"设置"更改显示的参数，当然需要兼顾当时的网络速度、带宽和计算机本身硬件配置的高低。

图 6-48　远程控制菜单

3. 博客

博客最初的名称是 Weblog，由 Web 和 log 两个单词组成，按字面意思就是网络日志。博客是一种由个人管理、不定期发布新的文章和其他信息的网站。博客上的文章通常根据发布的时间，以倒序方式由新到旧排列。一个典型的博客结合了文字、图像、其他博客或网站的链接及其他与主题相关的媒体，能够让读者以互动的方式留下意见。大部分博客的内容以文字为主，有一些博客专注于艺术、摄影、视频、音乐、播客等各种主题。博客是社会媒体网络的一部分，比较常见的有新浪博客、搜狐博客等。

博客是一种可以让任何人都发表自己的思想、见解、观感、情怀等的平台，可以让"博主"尽情展示自己的文字功底和精美图片。图 6-49 是新浪博客上一个博客页面，上面有"首页""博文目录""图片""关于我"几个栏目。从栏目可以看出，"博主"主要发布的信息是"博文"和"图片"。

图 6-49　一个典型的"博客"界面

4. 微博

微博即微型博客（MicroBlog）的简称，是一个基于用户关系信息分享、传播及获取的平台。之所以称为微博，一个关键的原因是它发布的都是"短消息"，内容长度不能超过 140 个字，并且实现即时分享。由于智能手机和其他无线设备的迅速普及，发布短小精悍的信息成为大众追捧的方式，微博的影响力也以爆炸式地增长，在近几年大大超过博客。

最早的较知名的微博是美国的 Twitter。2009 年 8 月，我国的门户网站新浪推出"新浪微博"内测版，成为门户网站中第一家提供微博服务的网站，微博正式进入中文上网主流人群的视野。随着微博在网民中的日益火热，在微博中诞生的各种网络热词也迅速走红网络，微博效应正在逐渐形成。

微博的定义：微博是一种通过关注机制分享简短实时信息的广播式的社交网络平台。

（1）关注机制：你可以对某些感兴趣的微博用户加"关注"，以便及时了解对方的动态。当然，如果你的微博写得好或者你有一定的影响力，别人也会"关注"你，成为你的"粉丝"。

（2）简短：通常为 140 字（包括标点符号）。如何有效地利用短短的 140 个字不断地发布有影响力的内容，吸引广大网友的兴趣和注意力，是每个微博作者都在努力的方向。

（3）实时信息：微博更新越快，消息内容越新，越迎合大众的主流兴趣，吸引力就越大。

（4）广播式：微博是公开的信息，谁都可以浏览。在传播信息时要注意遵守国家法律，要避免哗众取宠，不能造谣传谣。

（5）社交网络平台：微博实际上已经发展成为一个社交网络和公共服务平台。

微博提供了这样一个平台：你既可以作为观众，在微博上浏览你感兴趣的信息；也可以作为发布者，在微博上发布文字内容供别人浏览；还可以发布图片，分享视频等。微博最大的特点是发布信息快速，信息传播的速度快。例如某人有 200 万听众（粉丝），他发布的信息会在瞬间传播给 200 万人。

【例 6.2】微博的注册与使用（以新浪微博为例）。

（1）注册新浪微博账号

进入新浪微博页面（见图 6-50），单击"立即注册"按钮，就可以进入图 6-51 的页面，必须输入邮箱、密码、昵称、验证码，通过验证后即可开通自己的微博。

（2）使用微博

已经有了微博账号就可以在图 6-50 所示的登录选项中输入自己的账号和密码，进入自己的微博，如图 6-52 所示。在微博文本编辑框内输入想发布的内容（不要超过 140 个字，包括标点符号），单击"发布"按钮就可以将微博发布出去，所有对你的微博内容有兴趣的人就会看到你的"杰作"了。在发布时还可以附上"表情""图片""视频""话题""长微博"等。

图 6-50　新浪微博页面

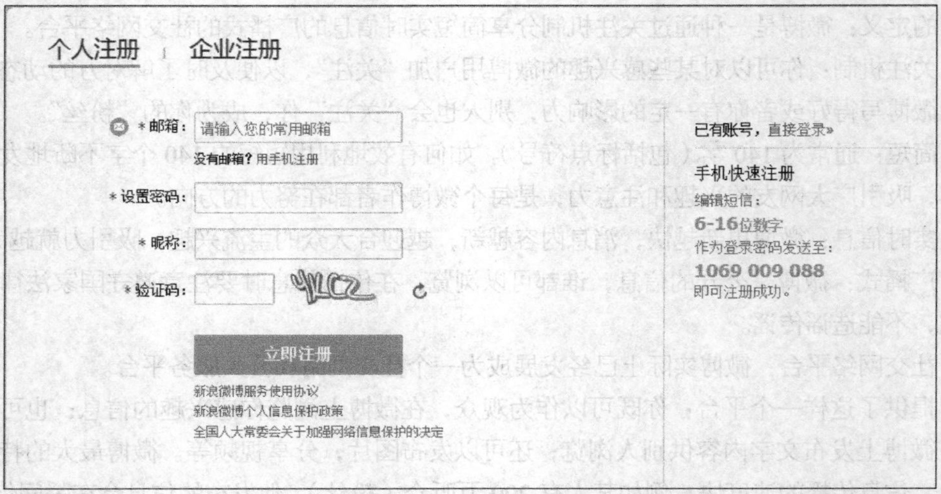

个人注册 | 企业注册
* 邮箱：请输入您的常用邮箱
没有邮箱？用手机注册
* 设置密码：
* 昵称：
* 验证码：
立即注册
新浪微博服务使用协议
新浪微博个人信息保护政策
全国人大常委会关于加强网络信息保护的决定
已有账号，直接登录»
手机快速注册
编辑短信：
6-16位数字
作为登录密码发送至：
1069 009 088
即可注册成功。

图 6-51　新浪微博注册内容

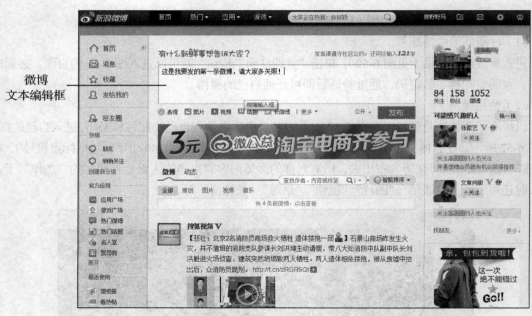

微博
文本编辑框
新浪微博
首页
热门
应用
游戏
有什么新鲜事想告诉大家？
这是我要发的第一条微博，请大家多关照！
微博输入框
表情
图片
视频
话题
长微博
更多
公开
发布
3元 微公益 淘宝电商齐参与
微博
动态
全部
原创
图片
视频
音乐
有4条新微博，点击查看
84 关注
158 粉丝
1052 微博
可能感兴趣的人
换一换
亲，包包到货啦！
这一次
绝不能错过
Go!!

图 6-52　某个微博首页

5. 微信

微信（Wechat）是腾讯公司于 2011 年 1 月 21 日推出的一个为智能终端提供即时通信服务的免费应用程序。微信自推出以来，功能不断丰富和完善，用户增长迅速，截至 2018 年 3 月，微信用户已达 10.4 亿户，微信已成为人们的一种生活方式。微信支持跨通信运营商、跨操作系统平台通过网络快速发送语音短信、视频、图片和文字，提供聊天、朋友圈、公众平台、小程序、微信支付等功能，并提供多种语言界面。下面以手机操作微信为例进行介绍。

（1）微信安装与账号注册

登录微信官网，单击“免费下载”按钮进入下载页面（见图 6-53），根据智能终端操作系统选择下载合适的 App 并安装。

图 6-53　下载微信 App 官网页面

微信账号注册：微信推荐使用手机号注册，并支持 100 多个国家和地区的手机号。手机下载安装最新版本微信软件后，打开软件，直接点击"注册账号"，填写相应的注册信息，手机号码应该填写没有注册过微信账号的新号码，密码应该是 8～16 位的数字、字符组合，不能是 8 个纯数字，填写完成以后点击"注册"。

微信号是用户在微信中的唯一识别号，必须大于或等于 6 位，注册成功后允许修改一次。昵称是微信号的别名，允许多次更改。

（2）微信聊天与朋友圈

微信支持发送语音短信、视频、图片（包括表情）和文字，支持多人群聊（目前最高可支持 500 人的群聊）。

添加好友：微信支持查找微信号、查看 QQ 好友、查看手机通讯录、分享微信号、摇一摇、扫描二维码和漂流瓶等多种方式添加好友。

① 群聊：打开微信"发现"界面，点击右上角的"+"按钮，在弹出的菜单中点击"发起群聊"，就可点击"选择一个群"进行聊天，或者点击"面对面建群"聊天。面对面建群时，通过和身边的朋友输入同样的 4 个数字进入同一个群聊。

② 朋友圈：用户可以通过朋友圈发表文字和图片，同时可通过其他软件将文章或者音乐分享到朋友圈。用户可以对好友新发的朋友圈进行"评论"或"点赞"，用户只能看相同好友的评论或点赞。

③ 查看和发送朋友圈：打开微信"发现"界面，点击顶部"朋友圈"功能项，即可查看朋友圈；点击右上角的相机按钮，即可拍摄或选择相片发送朋友圈；如果想将纯文字信息发送朋友圈，则要长按相机按钮，进入发表文字编辑框，输入完成后点击"发表"按钮。

④ 朋友圈分组：打开微信"我"界面，点击"设置"，在列表中点击"隐私"。在弹出的菜单中点击"朋友圈分组"选项，点击"新建分组"或者右上角的"编辑"按钮，即可将微信的好友添加到指定的分组。添加方法：选中多个联系人，然后点击右上角的"确定"按钮。

（3）微信公众平台

通过微信公众平台，个人、企业和组织都可以打造一个微信公众号，可以群发文字、图片、语音 3 个类别的内容。公众号一般分为服务号和订阅号。服务号给企业和组织提供更强大的业务服务与用户管理能力，帮助企业快速实现全新的公众号服务平台。订阅号为媒体和个人提供一种新的信息传播方式，构建与读者之间更好的沟通与管理模式。截至 2017 年年底，微信公众号已超过 1000 万个，公众号已成为用户在微信平台上使用的主要功能之一。

注册微信公众号的操作步骤：登录微信官网，单击"公众平台"，出现注册界面（见图 6-54），单击"立即注册"按钮，然后单击选择要建立的账号类型，在弹出的对话框中按提示填写相关信息，最后单击"注册"按钮。

图 6-54　微信公众号登录页面

（4）微信小程序

微信小程序是一种新的开放平台，开发者可以快速地开发一个小程序，小程序可以在微信内被便捷地获取和传播，同时具有出色的使用体验，迅速受到微信用户的广泛关注。截至 2018 年 3 月，微信小程序月活跃用户已经超过 4 亿户，上线小程序数量高达 58 万个，主要涉及零售、电商、生活服务、政务、民生等 200 多个领域。

小程序的开放注册范围包括个人、企业、政府、媒体、其他组织。平台提供一系列工具帮助开发者快速接入并完成小程序开发。

① 小程序开发工具

开发文档：介绍小程序的开发框架、基础组件、API（Application Programming Interface，应用程序编程接口）及相关开发问题。

开发者工具：集成开发调试、代码编辑、小程序预览及发布等功能。

设计指南：提出设计原则及规范，帮助建立友好、高效、一致的用户体验。

小程序体验 DEMO：可体验小程序组件及 API 功能，并提供调试功能供开发者使用。

② 小程序开发流程

注册：在微信公众平台注册小程序，完成注册后可以同步进行信息完善和开发。

小程序信息完善：填写小程序基本信息，包括名称、头像、介绍及服务范围等。

开发小程序：完成小程序开发者绑定、开发信息配置后，开发者可下载开发者工具、参考开发文档进行小程序的开发和调试。

提交审核和发布：完成小程序开发后，提交代码至微信团队审核，审核通过后即可发布。

③ 小程序的使用

打开微信，点击"发现"，在界面的最下方即可看到"小程序"功能项（见图 6-55），点击"小程序"进入搜索和浏览界面（见图 6-56），在顶部搜索框中点击右边的放大镜按钮，即可输入小程序名进行查找，或者在浏览页面直接选择小程序运行。

图 6-55　发现"小程序"功能项　　　图 6-56　"小程序"搜索和浏览界面

（5）微信支付

微信支付是集成在微信客户端的支付功能，向用户提供安全、快捷、高效的支付服务，以绑定银行卡的快捷支付为基础。随着消费者支付观念转变及移动支付技术不断成熟，移动支付已逐渐成为国内大部分城市用户主要的支付方式。微信支付凭借社交工具入口的优势，将庞大的社交用户群体同金融和支付对接，已成为人们广泛使用的移动支付手段。

① 微信支付方式：微信公众平台支付、App（第三方应用商城）支付、二维码扫描支付、刷卡支付，以及用户展示条码、商户扫描后完成支付。

② 微信支付设置：为了使手机具备微信支付功能，必须首先绑定至少一个银行卡。打开微信→点击"我"→点击"钱包"→点击"银行卡"→点击"添加银行卡"→输入密码和银行卡账号。

③ 微信收付款：打开微信"我"的"钱包"，点击"收付款"，出现二维码界面，商家扫描该二维码即可进行收款。点击"二维码收款"，别人扫描该二维码即可向"我"（手机用户）付款。

④ 微信红包：微信绑定银行卡后，在聊天界面对话框里就能边聊天边发红包了。点击对话框右边的"+"按钮，然后再点击"红包"，输入总金额、红包个数和留言，完成后续操作即可。

思考与习题

一、思考题

1. 互联网使用的协议集是什么？举例说明有哪些协议。

2. 什么是 IP 地址？IP 地址有几类？每一类请各举一例 IP 地址。

3. 什么是域名？域名是怎样分级的？

4. 什么是 WWW？什么是 HTTP？什么是 FTP？

5. 什么是 URL？它的语法结构是怎样的？

6. 网页是由什么语言编写的？举例说明一个网页文件的扩展名是什么。

7. 什么是数据？什么是信息？它们之间的关系是什么？

8. 简述数据、信息与知识之间的关系。

9. 什么是调制解调器（Modem）？什么是 ADSL？

10. 什么是上传？什么是下载？

11. 怎样在 QQ 上将某个人加为好友？

12. 是否任何一台计算机都可以实现 QQ 视频聊天？要满足什么条件吗？

13. 微博和博客有什么相同点和不同点？

二、填空题

1. 信息素养是由_____、_____、_____ 3 个部分组成的信息综合素质。

2. 常见的接入 Internet 的网络设备有_____、_____、_____。

3. TCP/IP 的结构有 4 层，包括_____、_____、_____、_____，其中 IP 位于_____层，TCP 处于_____层。

4. P2P 下载是指_____。

5. 有个电子邮箱是 wanggang@163.com，其中 "wanggang" 是指_____，"163.com" 是指_____。

三、操作练习题

1. 了解 IE 浏览器的工作界面，了解 "地址栏" "收藏夹" "导航栏" "菜单栏" "工具按钮" "搜索栏" "工具栏" 的功能。

2. 通过 IE 浏览器打开搜狐网，注意该网站首页的地址为 www.sohu.com。继续打开下一级的网页，留意该网页的地址结构，与 URL 语法结构比较，领会 "统一资源定位器" 的含义。

3. 通过百度搜索查询 "百度文库" 中有关 "计算机应用基础" 的模拟考题文档，并将其中 3 个文档下载到本地计算机上。

4. 通过百度搜索带有 "木棉花" 的图片页面，选择一幅木棉花图片保存到自己的磁盘中，文件名为 "木棉花"，格式为 jpg。

5. 下载并安装迅雷软件，利用该软件进行文件的下载，仔细了解该软件的使用方法。

6. 申请一个 163 邮箱，熟悉该邮箱的管理及邮件的接收和发送。

四、综合实训项目

1. 在 IE 浏览器的工具栏中，经常需要对 "工具" → "Internet 选项" 进行配置，它包含 7 个选项卡，即 "常规" "安全" "隐私" "内容" "连接" "程序" 和 "高级"。仔细了解各选项卡的功能，掌握对它们进行配置的方法。

2. 认真了解 "多用户共享宽带上网" 的原理，能够自己进行该网络环境的配置。

3. 熟练地使用腾讯 QQ，除了基本的聊天功能以外，要求能进行如下操作。

（1）建立 QQ 群或者 QQ 组，实现多人互动聊天。

（2）开通 QQ 空间，熟练使用该空间的各项功能并撰写 QQ 博客（日志）。

（3）与同学相互配合，实现 QQ 远程协助。

（4）使用智能手机实现手机的 QQ 上网。

（5）注册自己的 QQ 微博账户，发布自己的微博。

07 第7章　计算机新技术简介

内容概述

在当今科学技术快速发展的时代，云计算、大数据、物联网、人工智能已经成为计算机科学技术、互联网技术及相关领域热门的研究课题和研究方向。本章简单介绍云计算、大数据、物联网、人工智能的基本概念及相关技术研究与应用。

学习目标

- 了解云计算的基本概念与基本特性。
- 了解大数据的基本概念与相关技术。
- 了解物联网的基本概念与相关技术。
- 了解人工智能的基本概念与主要研究领域。

任务一　云计算

1. 云计算的基本概念

云计算（Cloud Computing）是分布式计算（Distributed Computing）、并行计算（Parallel Computing）、网络存储技术（Network Storage Technologies）、虚拟化（Virtualization）、负载均衡（Load Balance）等计算机技术和互联网技术融合发展的产物。

美国国家标准与技术研究院（National Institute of Standards and Technology，NIST）这样定义：云计算是一种按使用量付费的计算资源共享模式，这种模式提供可用的、便捷的、按需的网络访问，进入可配置的计算资源共享池（包括网络、服务器、存储、应用软件、服务等），这些资源能够被快速提供，只需投入很少的管理工作，或与服务供应商进行很少的交互。

云计算的基本原理是通过网络使计算分布在大量的分布式计算机上，而非局限在本地计算机或远程服务器中，这使用户能够根据需求快速访问和获取"云"端的计算机软硬件资源。用户本地计算机只需要通过互联网发送一个需求信息，"云"端就会有成千上万的计算机为用户提供需要的资源并将结果返回到本地计算机。在云计算环境下，由于用户直接面对的不再是复杂的硬件和软件，而是最终的服务，因此，用户不需要拥有看得见、摸得着的硬件设施，只需按使用量支付相应费用，即可得到所需服务。

2. 云计算的基本形式

（1）软件即服务（Software as a Service，SaaS）

这种类型的云计算通过浏览器把程序传给成千上万的用户。从用户角度来看，这样会省去在服务器和软件授权上的开支；从供应商角度来看，这样只需要维持一个程序就够了，能够减少成本。

（2）实用计算（Utility Computing）

这个理论很早就出现了，但是近年来才在 Amazon、IBM 和其他提供存储服务及虚拟服务器的公司中使用。这种云计算是为 IT 行业创造虚拟的数据中心，使其能够把内存、I/O 设备、存储和计算能力集中成为一个虚拟的资源池，为整个网络提供服务。

（3）网络即服务（Network as a Service，NaaS）

同 SaaS 关系密切，网络服务提供者们能够提供 API 让开发者能够开发更多基于互联网的应用，而不是提供单机程序。

（4）平台即服务（Platform as s Service，Paas）

这种形式的云计算把开发环境作为一种服务来提供。用户可以使用中间商的设备来开发自己的程序并通过互联网和其服务器传到用户手中。

（5）管理服务提供商

这种应用主要面向 IT 行业而不是终端用户，常用于邮件病毒扫描、程序监控等。

（6）商业服务平台

这种云计算为用户和提供商之间的互动提供了一个平台。例如用户个人开支管理系统，能够根据用户的设置来管理其开支并协调其订购的各种服务。

3. 云计算的基本特性

美国国家标准和技术研究院提出了云计算的 5 个基本特性。

（1）按需分配的自助服务。消费者可以在需要的时候，不必与服务提供商接触，单方面地自动获得计算能力，例如服务器时间、网络和存储。

（2）宽带网络访问。用户通过基于网络的标准机制访问计算能力，这些标准机制提倡使用各种异构的胖/瘦客户端（移动电话、平板电脑、笔记本电脑和个人工作站）。

（3）资源池化。服务提供商的资源使用多租户模式，服务多个消费者，依据用户的需求，不同的物理和虚拟资源被动态地分配和再分配。同时还有位置无关的特性，用户通常不能掌控或者了解资源的具体位置，不过用户可以在更高层次的抽象层指定位置。典型的资源包括存储、处理、内存和网络带宽。

（4）快速弹性。弹性的提供或者释放计算能力，以快速伸缩匹配等量的需求，在某些情况下，这种伸缩是自动的。对消费者来说，这种可分配的计算能力通常显得几乎无限。

（5）可评测的服务。通过利用与服务匹配的抽象层次的计算能力（如存储、处理、带宽和活跃用户账号数），云系统自动控制和优化资源的使用。资源使用可以被监视、控制报告，提供透明度给服务提供商和服务使用者。

任务二 大数据

1. 大数据的基本概念

21 世纪是个信息爆炸的世纪，移动互联、社交网络、电子商务、物联网等极大地拓展了互联网的边界和应用范围，导致各种数据正在爆炸式迅速增长。大数据（Big Data）是指无法在一定时间范围内使用单台计算机和常规软件工具进行获取、管理和处理的数据集合。通过使用新处理模式，可以使海量、高增长率和多样化的大数据，成为具有更强的决策力、洞察力和优化能力的信息资产。

麦肯锡全球研究所对大数据给出这样的定义：一种规模大到在获取、存储、管理、分析方面大大超出了传统数据库软件工具能力范围的数据集合，具有海量的数据规模、快速的数据流转、多样的数据类型和价值密度低四大特征。

显然，大数据的战略意义不在于掌握庞大的数据信息，而在于对这些数据进行挖掘处理，把其变成有意义、有用的信息，从而实现数据的"增值"。

现今伴随云计算、物联网，大数据技术正在成为 IT 产业的一次颠覆性技术革命，对国家治理模式、企业决策、组织和业务流程优化及个人生活方式等都将产生巨大深远的影响。

2. 大数据的特征

（1）数据量大

大数据的起始计量单位至少是 PB、EB 或 ZB。非结构化数据的超大规模和增长，比结构化数据增长快 10～50 倍，是传统数据仓库规模的 10～50 倍。

（2）类型繁多

大数据的类型可以包括网络日志、音频、视频、图片、地理位置信息等，具有异构性和多样性的特点，没有明显的模式，也没有连贯的语法和句义，多类型的数据对数据的处理能力提出了更高的要求。

（3）价值密度低

大数据价值密度相对较低。如随着物联网的广泛应用，信息感知无处不在，信息海量，但价值密度较低，存在大量不相关信息。因此需要对未来趋势与模式做可预测分析，利用机器学习、人工智能等进行深度复杂分析。而如何通过强大的机器算法更迅速地完成数据的价值提炼，是大数据时代亟待解决的难题。

（4）速度快、时效高

处理速度快，时效性要求高，需要实时分析而非批量式分析，数据的输入、处理和分析连贯性地处理，这是大数据区分于传统数据挖掘最显著的特征。面对大数据的全新特征，既有的技术架构和路线，已经无法高效地处理如此海量的数据，而对相关组织来说，如果投入巨大采集的信息无法通过及时处理反馈有效信息，那将是得不偿失的。可以说，大数据时代对人类的数据驾驭能力提出了新的挑战，也为人们获得更为深刻、全面的洞察能力提供了前所未有的空间与潜力。

3. 大数据的相关技术

面对大数据时代的到来，技术人员纷纷研发和采用了一批新技术，主要包括分布式缓存、基于 MPP 的分布式数据库、分布式文件系统、各种 NoSQL 分布式存储方案等。充分利用这些技术，加上企业全面地分析的数据，可更好地提高分析结果的真实性。大数据分析意味着企业能够从这些新的数据中获取新的洞察力，并将其与已知业务的各个细节相融合。以下是一些目前应用较为广泛的技术。

（1）分析技术

① 数据处理：自然语言处理技术。

② 统计和分析：A/B test、top N 排行榜、地域占比、文本情感分析。

③ 数据挖掘：关联规则分析、分类、聚类。

④ 模型预测：预测模型、机器学习、建模仿真。

（2）大数据技术

① 数据采集：ETL 工具。

② 数据存取：关系数据库、NoSQL、SQL 等。

③ 基础架构支持：云存储、分布式文件系统等。

④ 计算结果展现：云计算、标签云、关系图等。

（3）数据存储技术

① 结构化数据：海量数据的查询、统计、更新等操作效率低。

② 非结构化数据：图片、视频、Word 文本、PDF、PPT 等文件存储，不利于检索、查询和存储。

③ 半结构化数据：转换为结构化存储，按照非结构化存储。

（4）解决方案

① Hadoop（MapReduce 技术）。

② 流计算（Twitter 的 Storm 和 Yahoo！的 S4）。

4. 大数据与云计算

云计算的模式是业务模式，本质是数据处理技术。大数据是资产，云计算为数据资产提供存储、访问和计算。大数据与云计算是相辅相成的。

（1）云计算及其分布式结构

当前云计算更偏重海量存储和计算，以及提供的云服务，运行云应用，但是缺乏盘活数据资产的能力，挖掘价值性信息和预测性分析。为国家、企业、个人提供决策和服务，是大数据的核心主题，也是云计算的最终方向。

大数据处理技术正在改变目前计算机的运行模式，改变着这个世界：它能处理几乎各种类型的海量数据，无论是微博、电子邮件、文档、音频、视频，还是其他形态的数据；它工作的速度非常快——几乎实时；它具有普及性，因为它所用的都是最普通、低成本的硬件，而云计算将计算任务分布在大量计算机构成的资源池上，使用户能够按需获取计算力、存储空间和信息服务。云计算及其技术给了人们廉价获取巨量计算和存储的能力，云计算分布式架构能够很好地支持大数据存储和处理需求。这样的低成本硬件+低成本软件+低成本运维，更加经济和实用，使大数据处理和利用成为可能。

（2）云数据库

NoSQL 被广泛地称为云数据库，因为其处理数据的模式完全分布于各种低成本服务器和存储磁盘，因此它可以帮助网页和各种交互性应用快速处理过程中的海量数据。它采用分布式技术结合了一系列技术，可以对海量数据进行实时分析，满足了大数据环境下一部分业务需求，但是还无法彻底解决大数据存储管理需求。云计算对关系型数据库的发展将产生巨大的影响，而绝大多数大型业务系统（如银行系统、证券交易系统等）、电子商务系统所使用的数据库还是基于关系型的数据库，随着云计算的大量应用，势必对这些系统的构建产生影响，进而影响整个业务系统及电子商务技术的发展和系统的运行模式。

基于关系型数据库服务的云数据库产品将是云数据库的主要发展方向，云数据库提供了海量数据的并行处理能力和良好的可伸缩性等特性，提供同时支持在线分析处理（OLAP）和在线事务处理（OLTP）能力，提供了超强性能的数据库云服务，并成为集群环境和云计算环境的理想平台。它是一个高度可扩展、安全和可容错的软件，客户能通过整合降低 IT 成本，管理多个数据，提高所有应用程序的性能，实时性做出更好的业务决策服务。

因此，云数据库要能够满足以下条件。

① 海量数据处理：对类似搜索引擎和电信运营商级的经营分析系统这样大型的应用而言，需要能够处理 PB 级的数据，同时应对百万级的流量。

② 大规模集群管理：分布式应用可以更加简单地部署、应用和管理。

③ 低延迟读写速度：快速的响应速度能够极大地提高用户的满意度。

④ 建设及运营成本：云计算应用的基本要求是希望在硬件成本、软件成本及人力成本方面都有大幅度降低。

由此可见，云数据库必须采用一些支撑云环境的相关技术，例如数据节点动态伸缩与热插拔、对所有数据提供多个副本的故障检测与转移机制和容错机制等。

任务三　物联网

1. 物联网的基本概念

物联网（Internet of Things，IoT）是新一代信息技术的重要组成部分。顾名思义，物联网就是物物相连的互联网。这有两层意思：其一，物联网的核心和基础仍然是互联网，是在互联网基础上的延伸和扩展的网络；其二，其用户端延伸和扩展到了任何物品与物品之间，进行信息交换和通信。

1999 年，美国麻省理工学院最先提出物联网的定义：通过射频识别（RFID）（RFID+互联网）、红外感应器、全球定位系统、激光扫描器、气体感应器等信息传感设备，按约定的协议，把任何物品与互联网连接起来，进行信息交换和通信，以实现智能化识别、定位、跟踪、监控和管理的一种网络。简而言之，物联网就是"物物相连的互联网"。

国际电信联盟（International Telecommunication Union，ITU）发布的 ITU 互联网报告对物联网做了如下定义：通过二维码识读设备、射频识别（RFID）装置、红外感应器、全球定位系统和激光扫描器等信息传感设备，按约定的协议，把任何物品与互联网相连接，进行信息交换和通信，以实现智能化识别、定位、跟踪、监控和管理的一种网络。

总而言之，物联网的目的是把所有物品通过信息传感设备与互联网连接起来，进行信息交换，即物物相息，以实现智能化识别和管理。

2. 物联网的相关技术

在物联网应用中有如下 3 项关键技术。

（1）传感器技术

传感器技术是计算机应用中的关键技术。众所周知，到目前为止绝大部分计算机处理的都是数字信号。自从有计算机以来，就需要传感器把模拟信号转换成数字信号，这样计算机才能处理。

（2）RFID 标签技术

RFID 标签技术是一种传感器技术，是融合了无线射频技术和嵌入式技术为一体的综合技术，在自动识别、物品物流管理方面有着广阔的应用前景。

（3）嵌入式系统技术

嵌入式系统技术是综合了计算机软硬件、传感器技术、集成电路技术、电子应用技术为一体的复杂技术。经过几十年的演变，以嵌入式系统为特征的智能终端产品随处可见——小到人们身边的手机，大到航天的卫星系统。嵌入式系统改变着人们的生活，推动着工业生产及国防工业的发展。如果把物联网用人体做一个简单比喻，传感器相当于人的眼睛、鼻子、皮肤等感官；网络就是神经系统，用来传递信息；嵌入式系统则是人的大脑，在接收到信息后要进行分类处理。这个例子形象地描述了传感器、嵌入式系统在物联网中的位置与作用。

3. 物联网的用途

物联网用途广泛，遍及智能交通、环境保护、政府工作、公共安全、平安家居、智能消防、工业监测、环境监测、路灯照明管控、景观照明管控、楼宇照明管控、广场照明管控、老人护理、个人健康、花卉栽培、水系监测、食品溯源等多个领域。

4. 物联网的发展

物联网将是下一个推动世界高速发展的"重要生产力"，是继通信网之后的又一个万亿级信息产业。

物联网一方面可以提高经济效益，大大节约成本；另一方面可以为全球经济的复苏提供技术动力。美国、欧盟等都在投入巨资深入探索物联网，我国也把发展物联网上升为国家战略。物联网的推广将会成为推进我国经济发展的又一个驱动器，为产业开拓了又一个潜力无穷的发展机会。物联网需求按亿计的传感器和电子标签，将大大推进信息技术元件的生产，同时增加大量的就业机会。

任务四　人工智能

1. 人工智能的基本概念

（1）智能的概念

关于智能的概念，有以下三大观点。

① 思维理论：认为智能的核心是思维，人的一切智能都来自大脑的思维活动，人类的一切知识都是人类思维的产物。

② 知识阈值理论：认为智能行为取决于知识的数量及其一般化的程度，一个系统之所以有智能，是因为它具有可运用的知识。智能被定义为：智能就是在巨大的知识搜索空间迅速找到一个满意解的能力。

③ 进化理论：认为人的本质能力是在动态环境中的行走能力、对外界事务的感知能力、维持生命和繁衍生息的能力。而智能是某种复杂系统所表现的性质，是没有明显的可操作的内部表达的情

况下产生的，也可以在没有明显的推理系统出现的情况下产生。用控制取代表示，否定抽象对于智能及智能模拟的必要。

总而言之，智能就是知识与智力的总和。其中，知识是一切智能行为的基础，而智力是获取知识并应用知识求解问题的能力。

（2）智能的特征

① 具有感知能力。通过视觉、听觉、触觉、嗅觉等感觉器官感知外部世界的能力。人工智能的机器感知主要研究机器视觉和机器听觉方面。

② 具有记忆思维能力。

- 记忆：用于存储由感知器官感知到的外部信息及由思维所产生的知识。
- 思维：用于对记忆的信息进行处理，即利用已有的知识对信息进行分析、计算、比较、判断、推理、联想及决策。

③ 具有学习能力。通过学习能够获取知识。

④ 具有行为能力。感知能力可以看作信息的输入，行为能力可以看作信息的输出，它们都受到神经系统控制。

（3）人工智能

人工智能是一门研究如何构造智能机器或智能系统，使它能模拟、延伸、扩展人类智能的学科。

（4）人工智能的发展历程

人工智能的发展大致经历了如下 3 个重要阶段。

① 20 世纪 50—70 年代，人工智能的"推理时代"。这一时期，人们一般认为只要机器被赋予逻辑推理能力就可以实现人工智能。不过此后人们发现，只是具备了逻辑推理能力，机器还远远达不到智能化的水平。

② 20 世纪 70—90 年代，人工智能的"知识工程"时代。

这一时期，人们认为要让机器变得有智能，就应该设法让机器学习知识，于是专家系统得到了大量的开发。后来人们发现，把知识总结出来再灌输给计算机相当困难。举个例子来说，想要开发一个疾病诊断的人工智能系统，首先要找好多有经验的医生，总结出疾病的规律和知识，随后让机器进行学习，但是在知识总结的阶段已经花费了大量的人工成本，机器只不过是一台执行知识库的自动化工具而已，无法达到真正意义上的智能水平，进而取代人力工作。

③ 2000 年至今，人工智能的"数据挖掘"时代。随着各种机器学习算法的提出和应用，特别是深度学习技术的发展，人们希望机器能够通过大量数据分析，自动学习知识并实现智能化水平。这一时期，随着计算机硬件水平的提升，大数据分析技术的发展，机器采集、存储、处理数据的水平有了大幅提高，特别是深度学习技术对知识的理解比之前浅层学习有了很大的进步。

2. 人工智能研究的基本内容

（1）知识表示

① 符号表示法：用各种包含具体含义的符号，以各种不同的方式和顺序组合起来表示知识的一类方法。主要用来表示路机型知识。目前使用的知识表示法有一阶谓词逻辑表示法、产生式表示法、框架表示法、语义网络表示法、状态空间表示法、神经网络表示法、脚本表示法、过程表示法、**Petri** 网络表示法及面向对象表示法等。

② 连接机制表示法：用神经网络表示知识的一种方法。它把各种物理对象以不同的方式及顺序

连接起来，并在其间互相传递及加工各种包含具体意义的信息，以此来表示相关的概念及知识。它适用于表示各种形象性的知识。

（2）机器感知

使机器具有类似于人的感知能力，其中以机器视觉与机器听觉为主。对应人工智能两个专门的研究领域——模式识别和自然语言理解。

（3）机器思维

机器思维指对通过感知得来的外部信息及机器内部的各种工作信息进行有目的的处理。它是人工智能研究中最重要、最关键的部分。

（4）机器学习

研究如何使机器具有类似于人的学习能力，使它能通过学习自动地获取知识。实现难度较大，与脑科学、神经心理学、机器视觉、机器听觉等都有密切联系。

（5）机器行为

与人的行为能力对应，机器行为主要是指机器的表达能力，即"说""写""画"等能力。

3. 人工智能的主要研究领域

（1）自动定理证明

内威尔、西蒙与鲁宾逊先后对人工智能进行了卓有成效的研究，提出相应的理论及方法，为自动定理证明奠定基础。我国吴文俊院士提出并实现的几何定理机器证明"吴氏方法"，是机器定理证明领域的一项标志性成果。

（2）博弈

人工智能研究博弈的目的并不是让计算机与人进行下棋、打牌之类的游戏，而是通过对博弈的研究来检验某些人工智能技术是否能实现对人类智慧的模拟，促进人工智能的研究。

（3）模式识别

它是研究对象描述和分类方法的学科。模式是对一个物体或者某些其他感兴趣实体定量的或者结构的描述，而模式类是指具有某些共同属性的模式集合。用机器进行模式识别的主要内容是研究一种自动技术，依靠这种技术，机器可以自动地或者尽可能少地在人工干预下把模式分配到它们各自的模式类中去。

传统模式识别方法有统计模式识别和结构模式识别等类型。近年来迅速发展的模糊数学及人工神经网络技术已经应用到模式识别中，形成模糊模式识别、神经网络模式识别等方法，展示了巨大的发展潜力。

（4）机器视觉

用机器代替人眼测量和判断，是模式识别研究的一个重要方面。机器视觉与模式识别存在很大程度的交叉性，两者的主要区别是机器视觉更注重三维视觉信息的处理，而模式识别仅仅关心模式的类别。此外模式识别还包括听觉等非视觉信息。

（5）自然语言理解

研究如何让计算机理解人类自然语言，是人工智能中十分重要的一个研究领域，也是研究能够实现人与计算机之间用自然语言进行通信的理论与方法。需要达到如下3个目标。

① 计算机能正确理解人们用自然语言输入的信息，并能正确回答输入信息中的有关问题。

② 对输入的自然原因信息，计算机能够产生相应的摘要，能用不同词语复述输入信息的内容。

③ 计算机能把用某一种自然语言表示的信息自动翻译为另一种自然语言表示的相同信息。

（6）智能信息检索

智能信息检索系统应具有如下功能。

① 能理解自然语言。允许用户使用自然语言提出检索要求和询问。

② 具有推理能力。能根据数据库存储的事实，推理产生用户要求和询问的答案。

③ 系统具有一定的常识性知识。

（7）数据挖掘与知识发现

数据挖掘的目的是从数据库中找出有意义的模式。这些模式可以是一组规则、聚类、决策树、依赖网络或以其他方式表示的知识。一个典型的数据挖掘过程可以分成 4 个阶段，即数据预处理、建模、模型评估及模型应用。

知识发现系统通过各种学习方法，自动处理数据库中大量的原始数据，提炼出具有必然性的、有意义的知识，从而揭示出蕴含在这些数据后的内在联系和本质规律，实现知识的自动获取。

（8）专家系统

专家系统是一个智能的计算机程序，运用知识和推理步骤来解决只有专家才能解决的疑难问题。

（9）自动化程序设计

自动化程序设计是将自然语言描述的程序自动转换成可执行程序的技术，是人工智能与软件工程相结合的课题。

（10）人工神经网络

人工神经网络是指用大量简单处理单元经广泛连接而组成的人工网络，用来模拟大脑神经系统的结构和功能。它已经在模式识别、图像处理、组合优化、自动控制、信息处理、机器学习等领域得到日益广泛的应用。

此外还有机器人、组合优化问题、分布式人工智能与多智能体、智能控制、智能仿真、智能 CAD、智能 CAI、智能管理与智能决策、智能多媒体系统、智能操作系统、智能计算机系统、智能通信、智能网络系统、人工生命等研究领域。

思考与习题

1. 云计算的概念是什么？云计算有哪些基本特性？
2. 大数据的概念是什么？有什么特征？有哪些相关技术？
3. 大数据与云计算有什么关系？
4. 物联网的概念是什么？有哪些相关技术与应用？
5. 人工智能的研究内容是什么？人工智能有哪些研究领域？

参 考 文 献

[1] 教育部考试中心. 全国计算机等级考试一级教程：计算机基础及 MS Office 应用（2013 年版）. 北京：高等教育出版社，2013.

[2] 朱建芳. 大学计算机基础. 北京：高等教育出版社，2014.

[3] 郑德庆. 计算机应用基础（Windows+Office 2010）. 北京：中国铁道出版社，2011.

[4] 朱建芳，周建辉. C 语言程序设计. 北京：中国水利水电出版社，2010.

[5] 甘勇，尚展垒，叶志伟，等. 大学计算机基础（微课版）. 北京：人民邮电出版社，2017.